"十三五"普通高等教育本科规划教材

材料合成与制备

Material Synthesization and Preparation

马景灵　主编
熊　毅　曲明贵　副主编

化学工业出版社
·北京·

本书是根据高等学校材料科学与工程学院学生通识教学的需要而编写的教科书。针对新材料的发展趋势，总结和概括了传统材料和新型材料的合成和制备方法，简要介绍各种新型材料的制备技术。通过本课程的学习，使学生在掌握传统材料制备技术的基础上，对目前常见新型材料制备方法的发展概况、制备原理、操作设备以及制备工艺方法等有一定的了解和掌握。

本书共9章，内容涉及金属材料、无机非金属材料、高分子材料等传统工程材料以及新型功能材料的制备技术和过程。全书先简要介绍了传统材料的制备技术，然后以新材料的制备技术为重点，力图系统、连贯、简洁，使学生在了解和熟悉冶金、粉末冶金这些经典的材料制备方法的基础上，学习掌握单晶材料、非晶材料、薄膜材料和纳米材料等新材料的各种制备技术，最后简要介绍了功能陶瓷的制备技术。

本教材适合工科院校材料类专业教学使用，也可作为材料类工程技术人员的参考资料。

图书在版编目（CIP）数据

材料合成与制备/马景灵主编. —北京：化学工业出版社，2016.12（2024.7重印）
“十三五”普通高等教育本科规划教材
ISBN 978-7-122-28644-4

Ⅰ.①材…　Ⅱ.①马…　Ⅲ.①合成材料-材料制备-高等学校-教材　Ⅳ.①TB324

中国版本图书馆CIP数据核字（2016）第304886号

责任编辑：王　婧　杨　菁　　文字编辑：杨欣欣
责任校对：王素芹　　装帧设计：韩　飞

出版发行：化学工业出版社（北京市东城区青年湖南街13号　邮政编码100011）
印　　刷：北京云浩印刷有限责任公司
装　　订：三河市振勇印装有限公司
787mm×1092mm　1/16　印张12¼　字数297千字　2024年7月北京第1版第6次印刷

购书咨询：010-64518888　　售后服务：010-64518899
网　　址：http：//www.cip.com.cn
凡购买本书，如有缺损质量问题，本社销售中心负责调换。

定　　价：39.00元

前言

本书是根据高等学校材料科学与工程学院的教学需要而编写的教材。本书针对21世纪新材料的发展趋势，总结概括了几种传统及热点形态材料和新材料的常用合成和制备方法。通过本课程的学习，能够使学生对传统及几种常见新材料制备方法的发展概况、制备原理、操作设备以及制备工艺方法等有一定的了解和掌握。

本书内容涉及金属材料、无机非金属材料、高分子材料等传统工程材料，以及单晶材料、非晶材料、薄膜材料和纳米材料等新型材料的制备技术和过程。前几章简要介绍传统材料的制备技术，然后重点介绍了新材料的制备技术，力图系统、连贯、简洁，使学生在了解和熟悉冶金、粉末冶金这些经典的材料制备方法的基础上，学习掌握新型材料的各种制备技术，最后简要介绍了功能陶瓷的制备技术。本教材适合材料各专业本科教学使用。

本书第1章由河南科技大学文九巴编写，第2章由河南科技大学任凤章编写，第3章、第9章、第4章第1～2节由河南科技大学熊毅编写，第4章第3节、第5章、第6章由河南科技大学马景灵编写，第7章、第8章由燕山大学曲明贵编写，全书由马景灵主编，熊毅、曲明贵副主编。本教材在内容上参考和借鉴了许多传统教材以及最近的有关材料制备技术的论文和资料，主要参考文献列于书后，在此谨向所有参考文献的作者诚致谢意。

本书不但是材料类本科专业学生的教材，而且也可以作为研究生和从事材料工作技术人员的参考书。

限于作者水平，在编写中难免存在着疏漏和不妥之处，恳切希望同行和读者批评指正，以利于今后的补充、修改和完善。

编者

2016年6月

目 录

第1章　引言

1.1　材料与工程材料

1.1.1　材料

材料是人类赖以生存和发展的物质基础。20世纪70年代，人们把信息、材料和能源誉为当代文明的三大支柱。80年代，以高新技术为代表的新技术革命又把新材料、信息技术和生物技术并列为新技术革命的重要标志。这主要是因为材料与国民经济建设、国防建设和人民生活密切相关。材料除了具有重要性和普遍性以外，还具有多样性。

材料是人类用于制造物品、器件、构件、机器或其他产品的物质。材料是物质，但不是所有物质都可以称为材料。如燃料和化学原料、工业化学品、食物和药物，一般都不算是材料。但是这个定义并不那么严格，如炸药、固体火箭推进剂，一般称之为“含能材料”，因为它属于火炮或火箭的组成部分。材料的发展由简单到复杂，由以经验为主到以科学知识为基础，逐步形成了材料科学与工程这一独立学科。材料是人类从事生产和生活的物质基础，是人类文明的重要支柱。材料的进步取决于社会生产力和科学技术的进步，同时，材料的发展也推动社会经济和科学技术的发展。因此，材料对于人类和社会的发展具有极为重要的作用。

1.1.2　材料科学与工程

将金属、陶瓷、聚合物、半导体、超导体、介电材料、木材、沙石及复合材料等主要用于工业和工程领域的材料称为工程材料。工程材料应具备工程应用价值的物理性能或力学性能。

材料科学所包括的内容往往被理解为研究材料的组成、结构与性质的关系，探索自然规律。这属于基础研究。实际上，材料科学是面向实际、为经济建设服务的，是一门应用科学。研究与发展材料的目的在于应用，而又必须通过合理的工艺流程才能制备出具有实用价值的材料来，通过批量生产才能成为工程材料。所以，在“材料科学”这个名词出现后不久，就提出了“材料科学与工程”。工程是指研究材料在制备过程中的工艺和工程技术问题。许多大学的冶金系、材料系也就此改变了名称，多数改为“材料科学与工程系”，偏重基础方面的就称“材料科学系”，偏重工艺方面的称“材料工程系”。也有不肯放弃“冶金”而称为“冶金与材料科学系”的。同时，有关材料科学或材料科学与工程方面的杂志和书籍也应运而生。第一部《材料科学与工程百科全书》由美国麻省理工学院的科学家主编，由英国帕加蒙出版社（Pergamon Press）自1986年陆续出版。它对材料科学与工程下的定义为：材料科学与工程就是研究有关材料组成、结构、制备工艺流程与材料性能和用途关系的知识及其运用。换言之，材料科学与工程主要研究材料组成、结构、生产过程、材料性能与使用效能以及它们之间的关系。因而把组成与结构（composition-structure）、合成与生产过程（synthesis-processing）、性质（properties）及使用效能（performance）称之为材料科学与工程的四个基本要素（basic elements）。材料科学与工程的科学方面偏重于研究材料的合成与制备、组成与结构、性能及使用效能各组元本身及其相互间关系的规律；工程方面则着重于研究如何利用这些规律性的研究成果以新的或更有效的方式开发并生产出材料，提高材料的使用效能，以满足社会的需要。工程研究中还应包括材料制备与表征所需的仪器、设备的设计与制造。在材料科学与工程的发展中，科学与工程彼此密切结合，构成一个学科整体。

1.1.3 工程材料的分类

1.1.3.1 根据性能特征分类

根据材料的性能特征，工程材料可分为结构材料和功能材料。

（1）结构材料　是以利用其力学性能为主的工程材料的统称，又称机械工程材料，人们主要是利用它们的力学性能来实现承担或传递载荷的目的。结构材料主要用于制造工程建筑中的构件，以及机械装备中的支撑件、连接件、运动件、传动件、紧固件、弹性件、工具、模具等。这些结构零件都是在受力状态下工作的，因此力学性能（强度、硬度、塑性、韧性等）是其主要性能指标。材料研究和制备的目的就是要获得能够满足工程制造中某种或某些特定性能要求的材料。

（2）功能材料　是指以利用其物理性能为主的工程材料，即指在电、磁、声、光、热等性能方面有特殊功能的材料，例如磁性材料、电子材料、信息材料、敏感材料、能源材料、生物技术材料等。

1.1.3.2 根据组成与结构特点分类

根据组成与结构特点，可以分为金属材料、无机非金属材料、高分子材料和复合材料。

（1）金属材料　金属材料是最重要的工程材料，包括金属和以金属为基的合金。工业上把金属和其合金分为黑色金属和有色金属两大部分。

① 黑色金属材料：指铁和以铁为基的合金（钢、铸铁和铁合金），是应用最广的金属材料。以铁为基的合金材料占整个结构材料和工具材料的90%以上。黑色金属材料的工程性能比较优越，价格也较便宜，是最重要的工程金属材料。

② 有色金属材料：指黑色金属以外的所有金属及其合金。有色金属按照性能和特点又可分为：轻金属、易熔金属、难熔金属、贵金属、稀土金属和碱土金属。它们是重要的有特殊用途的材料。

（2）无机非金属材料　无机非金属材料也是重要的工程材料，包括耐火材料、耐火隔热材料、耐蚀（酸）非金属材料和陶瓷材料等。

（3）高分子材料　高分子材料为有机合成材料，也称聚合物。它具有较高的强度、良好的塑性、较强的耐腐蚀性能、很好的绝缘性和重量轻等优良性能，在工程上是发展最快的一类新型结构材料。高分子材料种类很多，工程上通常根据力学性能和使用状态将其分为三大类：塑料、橡胶、合成纤维。

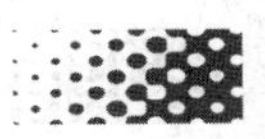

(4) 复合材料　复合材料就是用两种或两种以上不同材料组合的材料，其性能是其他单一种类材料所不具备的。复合材料可以由各种不同种类的材料复合组成。它在强度、刚度和耐蚀性方面比单纯的金属、陶瓷和聚合物都优越，是特殊的工程材料，具有广阔的发展前景。

1.1.3.3　根据用途分类

可分为建筑材料、能源材料、机械工程材料、电子工程材料等。

1.2　材料合成与制备

1.2.1　材料合成与制备的概念

材料合成与制备是随着材料科学的发展和材料工程的进步，以及材料的合成、加工与成形制造技术的不断创新而提出的，并正在为人们所接受，成为国内外高校材料及其相关专业学生的一门专业课或专业基础课。

材料合成主要指促使原子、分子结合而构成材料的化学与物理过程。合成研究既包括有关寻找新合成方法的科学问题，也包括以适用的数量和形态合成材料的技术问题；既包括新材料的合成，也包括已有材料的新合成方法（如溶胶-凝胶法）及其新形态（如纤维、薄膜）的合成。

材料制备也研究如何控制原子与分子使之构成有用的材料，这一点是与合成相同的，但材料制备还包括在更为宏观尺度上或以更大规模控制材料的结构，使之具备所需的性能和使用效能，即包括材料的加工、处理、装配和制造。简而言之，材料合成与制备就是将原子、分子聚合起来并最终转变为有用产品的一系列连续过程。

材料合成与制备是提高材料质量、降低生产成本和提高经济效益的关键，也是开发新材料、新器件的中心环节。在材料合成与制备中，工程性的研究固然重要，基础研究也不应忽视。对材料合成与制备的动力学过程的研究可以揭示过程的本质，为改进制备方法建立新的制备技术提供科学基础。

以晶体材料为例，在晶体生产中如果不了解原料合成与生产各阶段发生的物理化学过程、热量与质量的传输、固液界面的变化和缺陷的生成以及环境参数对这些过程的影响，就不可能建立并掌握生长参数优化的制备方法，生长出具有所需组成、完整性、均匀性和所需物理性能的晶体材料。以陶瓷材料为例，陶瓷材料的最严重的问题是可靠性差，原因是制备过程落后以致材料的微结构和特性缺少均匀性和重复性。研究结果已表明，若粉料在材料制备中发生团聚，则材料难免出现分布不均匀的气孔从而导致性能不均一。因为粉料团聚一旦在制备的早期阶段形成，实际上就不可能在不存在液相的情况下通过煅烧或烧结消除其影响。这说明为提高材料的可靠性，必须对制备过程中的每阶段所发生的化学、物理变化认真加以研究并做出必要的表征。还有，陶瓷材料中颗粒间界的强度远远低于颗粒或晶粒本身的强度。这说明，为了提高材料强度，对颗粒间界的结构、本质和在制备中的变化过程以及这些过程如何受制备条件的影响进行基础性的研究，是极其重要的。

从以上例子可以看出，把材料合成与制备简单地与工艺等同起来而忽略其基础研究的科学内涵是不恰当的。早在20世纪60年代，美国材料顾问委员会在美国国防部支持下先后组织了两个特别委员会对陶瓷材料制备领域进行了调研，获得了这样的结论："为了实现具有均匀性和重复性的无缺陷显微结构以便提高可靠性，陶瓷制备科学是必需的。"

材料合成与制备包含了广泛而重要的材料科学与工程的内容，是每一个材料工作者都必须了解和掌握的专业知识。

1.2.2 材料合成与制备的意义

材料合成与制备是新材料的获取和应用的关键，也是对材料进行加工、成形和应用的品质保证，已成为材料研究与材料加工领域非常引人注目和活跃的技术热点。

其实，工程材料及材料合成与制备的地位和作用，早已超出了技术经济的范畴，而与整个人类社会有密不可分的关系。高新技术的发展、资源和能源的有效利用、通信技术的进步、工业产品质量和环境保护的改善、人民生活水平的提高等都与材料及材料的制备密切相关。人类在关注经济发展的同时，也不得不面对材料和能源等资源的短缺，以及人类生存环境的破坏和恶化。因此，把自然资源和人类需要、社会发展和人类生存联系在一起的材料循环，必然会引起全社会的高度重视。在材料的生产和使用方面，我们中华民族有过辉煌的成就，为人类文明做出了巨大的贡献。新中国成立之后，特别是改革开放后多年来，我国在国民经济的各个领域都取得了令世人瞩目的成就，其中有很多都与工程材料及其合成与制备的发展有着密切关系。

1.3 本课程的学习内容和方法

在结构材料中，金属材料发挥着非常重要的作用，而陶瓷材料及高分子材料等的发展和应用也非常广泛，这些是本教材内容体系的重要组成部分。新材料，如单晶体、非晶材料、薄膜材料、纳米材料等的研究进展令人瞩目，这是本教材讲述的重点。

材料制备不仅包括在化学成分上制造新材料的工艺方法，也包括对新材料的组织结构、元素分布等材料内在品质的合成，从而保证对材料的性能和质量的要求。此外，材料制备还应包括对制备工艺的研究和改进，以满足工业化生产成本和效率的要求。例如，通过对铁矿石的高炉冶炼可以提取出生铁这种金属材料，但由于其力学性能远远达不到工业应用的要求，还需要经过进一步的制备过程，通过改变其化学成分和组织结构来制备性能更优良的各种新材料，如通过平炉或电炉等精炼方法得到钢材或纯铁，通过冲天炉冶炼得到铸铁。对铸铁而言，通过在熔炼过程中的工艺处理，又可以制备具有不同特性的各种铸铁材料。如炉前孕育处理可得到孕育铸铁，球化处理可得到球墨铸铁或蠕墨铸铁，加入合金元素可得到合金铸铁，经固态石墨化处理可以得到可锻铸铁等，从而产生一系列各具性能和质量特色的铁基金属结构材料以供工程设计选用。

现在，随着生产的发展和生活的进步，人们对材料提出了更高的要求，既要求特殊的高性能，也要求特殊的高质量和低廉的生产成本或对资源环境的最小损害，从而促进了新材料的研制和新的材料制备技术的产生。如随着城市化的发展，大口径球墨铸铁排污管的需求日益增加，如何大规模、低成本地进行工业化生产就成为材料制备的重要课题。再比如，通过粉末冶金这种材料制备技术，可以利用粉末烧结成形解决高熔点材料的制备问题，生产粉末冶金制品，通过复合材料制备技术可以大大提高基体材料的综合力学性能。此外，利用各种微细粉体制备技术可以制造出各具特色的纳米材料等。

那么，怎样才能迅速地理解和掌握范围如此广泛的材料制备技术的内容呢？除了在学习本课程之前应具备一定的材料科学基础知识外，学习中还应注意以下问题和方法。

① 材料合成与制备不仅是一门专业理论课，还是一门重要的工程实践课。学习的目的不单是了解各种材料的制备原理和方法，更重要的是如何利用这些原理和方法处理和解决材料工程中的实际问题。因此，在学习中首先要清楚所要制备的材料有什么用途和特殊要求，其主要的制备方法是什么，如何选择适当的制备方法和工艺。其次，在学习各种材料的制备原理和方法时，要理解人们创造这种方法的起因和目的，它适用于哪些材料或条件，有什么优点和不足，必要时可通过实验验证该制备技术的原理，了解和掌握制备的工艺和过程，学会相关设备的使用及生产工艺参数的设计和控制。这样才能更好地理解和掌握所学习及实验的内容，为将来从事实际的材料制备工作打下良好的基础。

② 材料合成与制备这门课不是像物理、化学或金属学那样严密的理论课，它是以这些理论为基础，在解决生产和科研的实际问题中经验的积累，因此是一门创新课。所以在学习中不应过于拘泥和教条，关键是要理解这些制备技术和工艺的原理及创新点，充分发挥自己的想象力。只要符合材料科学的基本理论，只要能解决生产或实践中的问题，就可以进行各种大胆的设想和尝试。

③ 材料合成与制备这门课体系庞大，内容繁多，教材及学习中不可能均有涉猎或面面俱到，授课和实验只能选择重点内容进行。因此，如果学生对本讲义中或其他某一领域的内容有兴趣。可以参阅教学参考书或其他资料，但更重要的是在以后的工作中进行实践和经验积累。本课程的作用主要是为今后的应用和进一步深入学习打好基础和提供线索。在内容的处理上，本教材注意贯穿工程材料科学的主线，加强各种材料的制备方法和新技术、新工艺的内容，并力图使学生能够在熟悉传统的材料合成及制备的基础上，了解新材料的发展状况和制备方法，认识不断出现的各种新的材料制备技术的特点、原理和应用范围，掌握一些重要材料的制备方法和主要制备技术的基本原理和工艺路线与参数。

1.4 材料合成与制备的发展

研究新材料的最终目的是为了应用，而一种新材料能否得到应用直接取决于它是否能够合成与制备出来，以及制备工艺是否简便、稳定和制备成本的高低。通过本课程的学习，我们将学习多种材料合成与制备的方法，其中包括传统材料的制备方法、新材料的制备方法，还要学习新的材料制备技术。在实际生产过程中，往往需要根据对材料要求的不同来选择适当的合成与制备方法。其实，所有的材料合成与制备方法，都是随着新材料的出现和对材料要求的提高而产生的，随着科学技术的进步而发展的，而且还在不断的探索和完善之中。

参考文献

[1] 于文斌，程南璞，吴安如．材料制备技术．重庆：西南师范大学出版社，2006.
[2] 杨瑞成．材料科学与工程导论．哈尔滨：哈尔滨工业大学出版社，2002.

思考题

1. “材料科学”与“材料工程”的含义是什么？
2. 材料合成与制备的含义是什么？
3. 工程材料的分类有哪些？

第2章 常用金属材料的制备

金属材料的生产制备过程是基于矿产资源开发利用的冶金工程。迄今，地球上已发现的九十多种金属元素，除金、银、铂等金属元素能以单质状态存在外，绝大多数都以氧化物（例如 Fe_2O_3）、硫化物（例如 CuS）、砷化物（例如 NiAs）、碳酸盐（例如 $MgCO_3$）、硅酸盐和硫酸盐等形态存在于各类矿物中，并与脉石、杂质共生形成不同的金属矿床。因此，要获得各种金属及其合金材料，必须首先将金属元素从其矿物中提取出来，然后对提取的粗金属产品进行精炼提纯及合金化处理，浇注成锭，制备出所需成分、组织和规格的金属材料。

本章选择了在工业生产中有重大作用、产量大、应用面广且工艺典型的钢铁、铝、铜、镁材料为代表，介绍它们的制备过程。

2.1 冶金工艺

2.1.1 火法冶金

利用高温加热从矿石中提取金属或其化合物的方法称为火法冶金。其技术原理是将矿石或原材料加热到熔点以上，使之熔化为液态，经过与熔剂发生物理、化学反应，使所需金属与杂质分离，再冷凝为固体而提取金属原材料。此法可通过对原料精炼达到提纯及合金化目的，以制备高质量的锭坯。火法冶金是金属材料最重要的传统制备方法。钢铁及大多数有色金属（铝、铜、镍、铅、锌等）材料主要靠火法冶金方法生产。火法冶金的缺点是污染环境；优点是效率高且成本较低。火法冶金至今仍是生产金属材料的主要方法。

（1）火法冶金的基本过程　利用火法冶金提取金属或其化合物时通常包括矿石准备、冶炼和精炼三个过程。

① 矿石准备。因采掘的矿石含有大量无用的脉石，所以需要经过选矿以获得含有较多金属元素的精矿。选矿后还需要对矿石进行焙烧、球化或烧结等工序处理使其适合冶炼。

② 冶炼。将处理好的矿石在高温下用气体或固体还原剂还原出金属单质的过程称为冶炼。金属冶炼所采用的还原剂包括焦炭、氢和活泼金属等。以金属热还原法为例，用 Ca、Mg、Al、Na 等化学性质活泼的金属，可以还原出一些其他金属的化合物。例如，利用 Al 可以从 Cr_2O_3 中还原出金属 Cr：

$$Cr_2O_3 + 2Al = 2Cr + Al_2O_3 \tag{2-1}$$

同样，利用 Mg 可以从 $TiCl_4$ 中还原出金属 Ti：

$$TiCl_4 + 2Mg = 2MgCl_2 + Ti \tag{2-2}$$

③ 精炼。冶炼所得到的金属通常含有各种杂质，需要进一步处理以去除杂质元素。这

种对冶炼制取的粗金属原料进行提高纯度及合金化的处理过程称为精炼。

（2）火法冶金的主要方法　有提炼冶金、氯化冶金、喷射冶金和真空冶金等。

① 提炼冶金。提炼冶金是指由焙烧、烧结、还原熔炼、氧化熔炼、造渣、造锭、精炼等单元过程所构成的冶金方法。它是火法冶金中应用最广泛的方法。

② 氯化冶金。通过氯化物提取金属的方法称为氯化冶金。氯化冶金主要依靠不同金属氯化物的物理化学性质来有效实现金属的分离、提取和精炼。轻金属和稀有金属的提取多采用火法氯化冶金。

③ 喷射冶金。利用气泡、液滴、颗粒等高度弥散系统来提高冶金反应效率的冶金过程称为喷射冶金。喷射冶金是 20 世纪 70 年代由钢包中喷粉精炼发展起来的新工艺。

④ 真空冶金。在真空条件下完成金属和合金的熔炼、精炼、重熔、铸造等冶金单元操作的方法称为真空冶金。真空冶金是提高金属材料制备质量的重要生产方法。

2.1.2 湿法冶金

湿法冶金是指利用一些溶剂的化学作用，在水溶液或非水溶液中进行氧化、还原、中和、水解和络合等反应，对原料、中间产物或二次再生资源中的金属进行提取和分离的冶金过程。湿法冶金包括浸取、固-液分离、溶液的富集和从溶液中提取金属或化合物等四个过程。

（1）浸取　浸取是选择性溶解的过程。通过选择合适的溶剂使经过处理的矿石中包含的一种或几种有价值的金属有选择性地溶解到溶液中，从而与其他不溶物质分离。根据所用的浸取液的不同，可分为酸浸、碱浸、氨浸、氰化物浸取、有机溶剂浸取等方法。

（2）固-液分离　固-液分离过程包括过滤、洗涤及离心分离等操作。在固-液分离的过程中，一方面要将浸取的溶液与残渣分离，另一方面还要将留存在残渣中的溶剂和金属离子洗涤回收。

（3）溶液的富集　富集的方法有化学沉淀、离子沉淀、溶剂萃取和膜分离等。

（4）提取金属或化合物　在金属材料的生产中，常采用电解、化学置换和加压氢还原等方法来提取金属或化合物。例如，用电解法从净化液中提取 Au、Ag、Cu、Zn、Ni、Co 等元素的单质；而 Al、W、Mo、V 等元素多以含氧酸的形式存在于净化液中，一般先析出其氧化物，然后用氢还原或熔盐电解法提取金属单质。

许多金属或化合物都可以用湿法冶金方法生产。这种冶金方法在有色金属、稀有金属及贵金属等生产中占有重要地位。目前，世界上全部的氧化铝、约 74%的锌、12%的铜及多数稀有金属都是用湿法冶金方法生产的。

湿法冶金的最大优点是对环境的污染较小，并能够处理低品位的矿石。

2.1.3 电冶金

利用电能从矿石或其他原料中提取、回收或精炼金属的冶金过程称为电冶金。电冶金包括电热熔炼、水溶液电解和熔盐电解等方法。

（1）电热熔炼　用电加热生产金属的冶金方法称为电热熔炼。铁合金冶炼及用废钢炼钢等主要采用电热熔炼。电热熔炼包括电弧熔炼、等离子冶金和电磁冶金等。

（2）水溶液电解　在电冶金中，应用水溶液电解精炼金属称为电解精炼或可溶阳极电

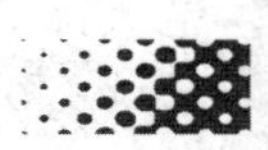

解，而应用水溶液电解从浸取液中提取金属称为电解提取或不溶阳极电解。如图 2-1 所示。

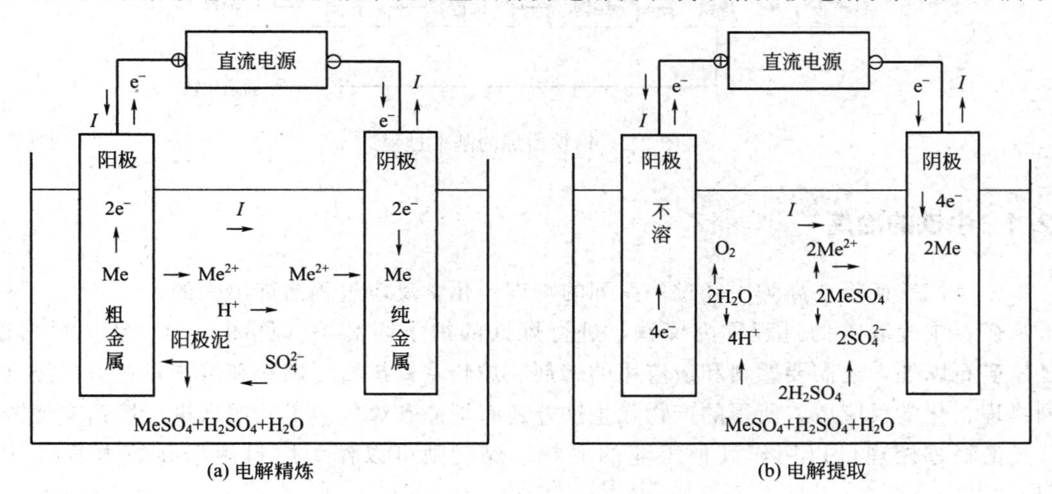

图 2-1　电解精炼和电解提取示意图

① 电解精炼。以铜的电解精炼为例，将火法精炼制得的铜板作为阳极，以电解产出的薄铜片作为阴极，置放于充满电解液的电解槽中。在两极间通以低电压大电流的直流电。这时，阳极将发生电化学溶解：

$$Cu \longrightarrow Cu^{2+} + 2e^- \tag{2-3}$$

阳极反应使得电解液中 Cu^{2+} 浓度增大，由于其电极电位大于零，故纯铜在阴极上沉积：

$$Cu^{2+} + 2e^- \longrightarrow Cu \tag{2-4}$$

阳极被精炼的铜中所含有的比铜电极电位高的金属和杂质将以粒子形式落入电解槽底部或附于阳极形成阳极泥，比铜电极电位低的杂质元素以离子形态留在电解液中。

生产中，金、银、铜、钴和镍等金属大都采用这种电解方法进行精炼。

② 电解提取。电解提取是从富集后的浸取液中提取金属或化合物的过程。这种方法采用不溶性电极，溶剂可以经过再生后重复使用。

（3）熔盐电解　铝、镁、钠等活泼金属无法在水溶液中电解，必须选用具有高电导率和低熔点的熔盐（通常为几种卤化物的混合物）作为介质进行电解。熔盐电解时，阴极反应是金属离子的还原：

$$M^{n+} + ne^- \longrightarrow M \tag{2-5}$$

通常用碳作为阳极。例如电解 $MgCl_2$ 时，阳极的反应如下：

$$2Cl^- \longrightarrow Cl_2 + 2e^- \tag{2-6}$$

Al_2O_3 在冰晶石中电解时，阳极将生成 CO_2：

$$2O^{2-} + C \longrightarrow CO_2 + 4e^- \tag{2-7}$$

2.2　钢铁材料的制备

钢铁冶炼包括从开采铁矿石到使之变成可供加工制造零件所使用的钢材和铸造生铁为止的全过程。其基本过程如图 2-2 所示。

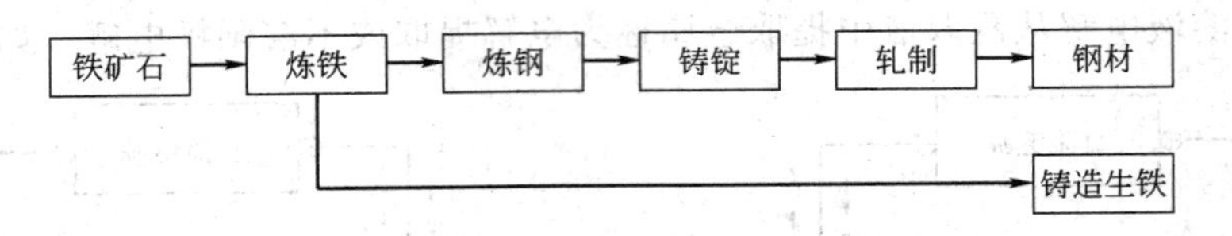

图 2-2　钢铁冶炼的基本过程

2.2.1　生铁的冶炼

生铁是用铁矿石在高炉中经过一系列的物理、化学反应过程冶炼出来的。

从矿石中提取铁的过程称为炼铁，进行炼铁的炉子叫高炉（见图 2-3）。从原料来说，除了铁矿石以外，还需要燃料和造渣用的熔剂。炉料（铁矿石、燃料和熔剂）在炉内经过一系列物理、化学反应后，所得的产物除生铁外还有炉渣和煤气。生铁用来进行炼钢或浇铸成件，炉渣经过处理可以用作其他工业的原料，煤气则可以作为燃料用于高炉本身或其他部门。

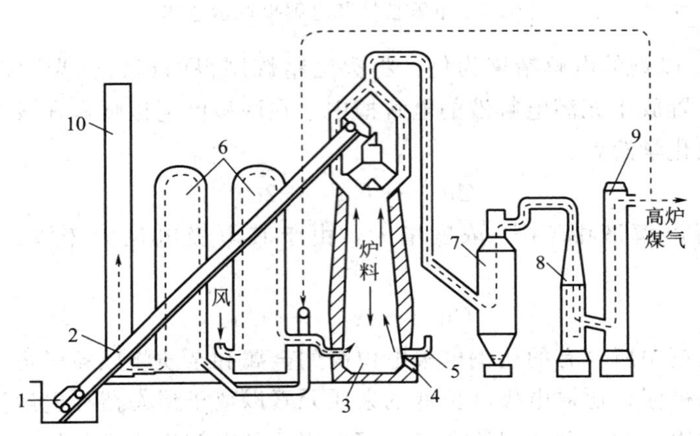

图 2-3　高炉炼铁过程示意图

1—料车；2—上料斜桥；3—高炉；4—铁渣口；5—风口；6—热风炉；
7—重力除尘器；8—文氏管；9—洗涤塔；10—烟囱

2.2.1.1　高炉原料

（1）铁矿石　铁矿石是由一种或几种含铁矿物和脉石组成的。含铁矿物是具有一定化学成分和结晶构造的化合物，脉石是由各种矿物如石英、长石等组成的混合物。所以，铁矿石实际上是由各种化合物所组成的机械混合物。

自然界含铁矿物很多，而具有经济价值的矿床一般可分为 4 类：赤铁矿、磁铁矿、褐铁矿和菱铁矿。其基本特性列于表 2-1。

表 2-1　铁矿物的类型

名称	分子式	纯含铁量/%	实际含铁量/%	颜色	特性
赤铁矿石	Fe_2O_3	70	30～65	红	质松易还原
磁铁矿石	Fe_3O_4	72.4	45～70	黑	磁性，质硬难还原
褐铁矿石	$Fe_2O_3 \cdot 3H_2O$	59.8	37～55	黄褐	较易还原
菱铁矿石	$FeCO_3$	48.3	30～40	淡黄	较易还原

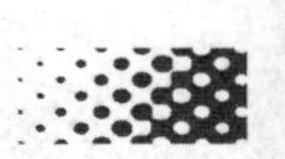

对铁矿石的要求是含铁量越高越好。按含铁量可分为贫矿（<45%）和富矿（>45%）两种。工业上使用的可直接进行冶炼的富矿铁矿石很少，而贫矿在冶炼前需要进行选矿，以提高其含铁量，然后制成烧结矿或球团矿，才能进行冶炼。此外，铁矿石的还原还要求具有高的气孔率、适中的粒度、高的碱性脉石含量及低的磷、硫等杂质含量。另外，矿石还应具有一定的强度，使它在高炉中不易被炉料压碎或被炉气吹走。这些性质都在不同程度上影响着高炉的产量、焦比、成本及其他技术经济指标。为了保证高炉冶炼过程的顺利进行，保持矿石性质的稳定是十分重要的，因为这些性质的波动，都会引起炉况的波动。由于自然开采的铁矿石大小不均并含有脉石及砂粒等杂质，必须经过各种准备和预处理工作才能更经济、更合理地投入高炉进行生产。常用的预处理方法有破碎、筛分、选矿、烧结和造块。

① 破碎和筛分。所有开采来的大块铁矿石都要经各种破碎机进行破碎，而后进行筛分，并按其大小进行分类。

② 选矿。选矿是指对低品位矿石进行一定处理，将其中绝大部分脉石和无用的成分同矿石中的有用矿物分离出来，使铁的品位提高到 60%或更高的过程。现代炼铁工业常采用两种选矿方法：水选和磁选。水选基本是利用铁矿石中含铁矿物与脉石相对密度不同的特点，用水将含铁矿物和脉石分离开。磁选用于磁铁矿，利用磁力将含铁矿物与脉石分离。

③ 烧结和造块。烧结是指把精矿、煤粉、石灰粉及水混合起来，在专门的烧结机或烧结炉中进行烧结的过程。煤粉燃烧产生的热量能使温度达到 1000～1100℃，此温度能使精矿中的部分脉石熔融，与石灰结合成硅酸盐，将精矿黏结在一起，从而形成坚固和疏松多孔的烧结矿。造块是把加水湿润的精矿或精矿和熔剂的混合物在圆盘（或圆筒）内滚成直径 10～30mm 的球块，经过干燥和焙烧而制成一种人造球形块矿。

(2) 熔剂　加入熔剂的作用主要是降低脉石的熔点，使脉石和燃料中的灰分及其他一些熔点很高的化合物（如 SiO_2的熔点为 1625℃，Al_2O_3的熔点为 2050℃）生成低熔点的化合物，形成相对密度小于铁的熔渣而与铁相分离。此外，加入熔剂造渣还具有去硫的作用，即利用硫易与钙相结合的特性，生成硫化钙进入渣中，从而将杂质硫去除。熔剂的种类根据其性质可分为碱性熔剂和酸性熔剂。采用哪一种熔剂要根据矿石中脉石和燃料中灰分的性质来决定。由于铁矿石中的脉石大多数为酸性，焦炭的灰分也都是酸性的，所以通常都使用碱性熔剂。最常用的碱性熔剂就是石灰石。

(3) 燃料　冶炼过程依靠燃料的燃烧获得热量进行熔炼，同时燃料在燃烧过程中还起着还原剂的作用。用于高炉的燃料应满足以下几条要求：

① 含碳量要高，以保证有高的发热量和燃烧温度。

② 有害杂质硫、磷及水分、灰分的含量要低，以保证良好的冶金质量和低的燃料消耗。

③ 在常温及高温下具有足够的机械强度。

④ 气孔率要大，粒度要均匀，以保证高炉有良好的透气性。

常用的燃料主要是焦炭。焦炭是把炼焦用煤粉或几种煤粉的混合物装在炼焦炉内，隔绝空气加热到 1000～1100℃，干馏后得到的多孔块状产物。它的优点是强度大，发热量高及价廉。缺点是灰分较多（冶金焦中含灰分 7%～15%，一般焦炭灰分大于 20%），杂质硫、磷的含量较多。

2.2.1.2　高炉生产过程

高炉的结构见图 2-4。进入高炉的有铁矿石、焦炭、熔剂等原料。热空气经环风管吹入

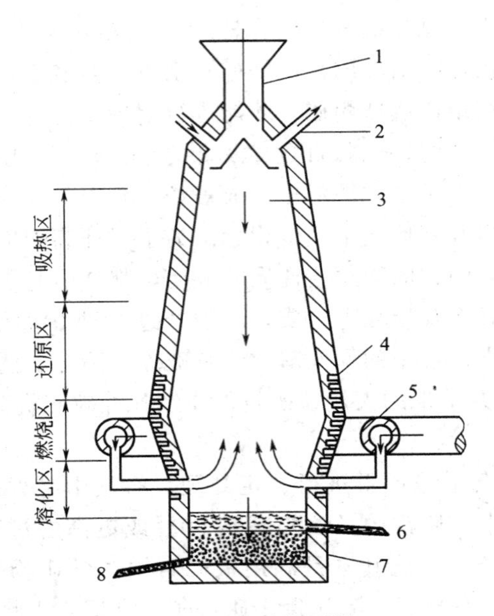

图 2-4　高炉剖面图

1—料钟和料斗；2—废气出口；3—焦炭、矿石和石灰石反应区；4—螺旋冷却管；
5—环风管；6—炉渣流槽；7—炉缸；8—出铁口

高炉。焦炭既是燃料又是还原剂，有少部分与铁化合。石灰石与脉石反应生成炉渣，并与矿石中的硫反应生成硫化铁并带入渣内。

高炉内的温度分布如图 2-5 所示。炉料由高炉顶部加入，炉顶温度大约 200℃。在此温度下，由焦炭燃烧生成的一氧化碳上升气流与下降的炉料开始反应，矿石的部分铁被还原，同时部分一氧化碳生成二氧化碳及粉状或烟状游离碳。部分游离碳进入矿石孔中。约在炉身中部，碳将炉内残存的氧化亚铁还原成铁，其余的碳被铁溶解，使铁的熔点降低，铁矿石中的铁转变为海绵铁。在高温下石灰石发生分解，生成的氧化钙与酸性脉石形成炉渣。

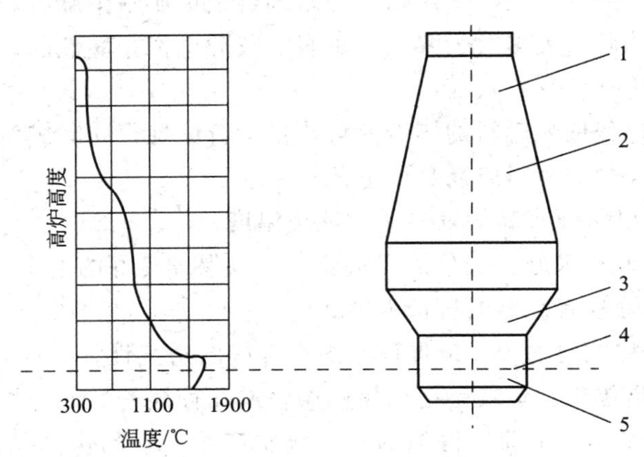

图 2-5　高炉内的温度分布

1—预热带；2—还原带；3—增碳带；4—风口轴心；5—熔化带

被还原的矿石逐渐降落，温度和 CO 的浓度不断升高，炉内反应加速。在风门区，残余的氧化亚铁还原成铁，熔融的铁和炉渣缓缓进入炉缸。此时，较轻而又难熔的炉渣浮向熔体

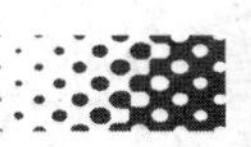

的上层，铁液和炉渣可分别排出。得到的生铁可浇铸成锭或直接炼钢。

2.2.1.3 高炉冶炼的理化过程

(1) 燃料的燃烧　当红热的焦炭从上而下地落到风口附近时发生化学反应进行燃烧，产生 1600～1750℃的高温：

$$C+O_2 \longrightarrow CO_2(\text{放热}) \tag{2-8}$$

气体上升遇到赤热的焦炭还原成 CO，

$$CO_2+C \longrightarrow 2CO(\text{吸热}) \tag{2-9}$$

CO 的热气体上升与矿石接触发生还原反应。

(2) 铁的还原　氧化铁的还原可借助 CO 气体及固体碳来还原。前者称为间接还原，后者称为直接还原。

间接还原在炉口附近开始，温度从 250～300℃到大约 950℃为止。依次地将含氧较多的氧化物还原成含氧较少的氧化物（顺序由高价氧化物还原成低价氧化物）。其反应如下：

$$2Fe_2O_3+CO \longrightarrow 2Fe_3O_4+CO_2 \tag{2-10}$$

$$2Fe_3O_4+2CO \longrightarrow 6FeO+2CO_2 \tag{2-11}$$

$$FeO+CO \longrightarrow Fe+CO_2 \tag{2-12}$$

直接还原发生在 950℃以上，靠固体碳来进行：

$$FeO+C \longrightarrow Fe+CO \tag{2-13}$$

在这个反应中，由下列反应产生的碳起到了很大的作用：

$$2CO \longrightarrow CO_2+C \tag{2-14}$$

这种碳成烟状进入铁矿石的孔隙里。

(3) 铁的增碳　从铁矿石中还原出的铁呈固态海绵状，含碳量极低。当其下落时逐渐熔化并吸收一部分碳，进入炉缸后，还会与焦炭接触进一步增碳，使铁被碳所饱和而得到生铁。

生铁最后的含碳量决定于其他元素的含量。Mn、Cr、V、Ti 等元素能与碳形成碳化物而溶于生铁中，因而提高了生铁的含碳量，如含锰 80%的锰铁，其含碳量不低于 7%。而 Si、P、S 等元素能与铁生成化合物，减少了溶解碳的铁，因而使生铁的总含碳量减少（如铸造生铁有较高的硅含量，所以含碳量不高于 3.75%）。

(4) 其他元素的还原

① 锰的还原。高炉中的锰是由矿石中带进的 MnO_2，其还原过程也是按从高价到低价的还原顺序，最后还原成金属锰。在 700℃左右高价锰被还原成 MnO，在 1100℃才能被固体碳还原成金属锰：

$$MnO+C \longrightarrow Mn+CO \tag{2-15}$$

② 硅的还原。硅是以 SiO_2 的形式存在于矿石中，在 1100℃以上的温度被固体碳还原：

$$SiO_2+2C \longrightarrow Si+2CO \tag{2-16}$$

③ 磷的还原。磷是以 $Ca_3(PO_4)_2$ 的形式存在于矿石中，在 1200～1500℃被固体碳还原：

$$Ca_3(PO_4)_2+5C \longrightarrow 3CaO+2P+5CO \tag{2-17}$$

还原出的磷与铁结合形成 Fe_2P 或 Fe_3P 溶于铁中。实践证明高炉中还原磷的条件是很有利的，炉料中的磷可以全部进入铁中。

(5) 去硫　生铁中的硫以硫化亚铁（FeS）的形式存在，降低了生铁的质量。为减少铁中的含硫量，可在炉料中加入石灰石使发生下列反应：

$$FeS+CaO \longrightarrow CaS+FeO \tag{2-18}$$

生成的CaS进入炉渣，因此炉渣中过量的CaO能去除较多的硫。

(6) 造渣　造渣是矿石中的废料及燃料中的灰分与熔剂的熔合过程，熔合后的产物就是渣。高炉炉渣主要由SiO_2、Al_2O_3和CaO组成，并含有少量的MnO、FeO和CaS等。炉渣不与熔融的金属液互溶，又比金属液轻，因此浮在熔体的上面。

炉渣具有重要作用，它可以通过熔化各种氧化物控制金属的成分。并且浮在金属液表面的炉渣能保护金属，防止金属液热量散失或被过分氧化。

2.2.1.4　高炉产品

(1) 生铁　生铁是由Fe和C、Si、Mn、P、S等元素组成的合金，有以下几种。

① 铸造生铁。特点是含硅较多，其中的碳以游离的石墨形式存在，断面呈灰色，故又称灰口生铁，它是铸造车间生产各种铸铁的原料。

② 炼钢生铁。碳以化合物Fe_3C的形式存在，断面呈银白色，故又称白口生铁，它是炼钢的原料。

③ 特种生铁。包括高锰、高硅生铁，在炼钢时作为脱氧剂或作为炼制合金钢时的附加材料。

(2) 高炉煤气　在高炉煤气中含有CO、CO_2、CH_4、H_2、N_2等，可作为工业上的燃料，经除尘后可用来加热热风炉、炼焦炉、平炉和满足日常生活需要。

(3) 炉渣　炉渣可用来制造水泥、造砖或铺路。

2.2.2　钢的冶炼

生铁含有较多的碳，还有硫、磷等有害杂质元素，所以强度低、塑性差，需再经冶炼成钢后才能进行成形加工，用于工程结构和制造机器零件。炼钢的目的就是去除生铁中多余的碳和大量杂质元素，使其化学成分达到钢的标准。

2.2.2.1　炼钢的基本过程

(1) 元素的氧化　炼钢的主要途径是向液体金属供氧，使多余的碳和杂质元素被氧化去除。炼钢过程中可以直接向高温金属熔池吹入工业纯氧，也可以利用氧化性炉气和铁矿石供氧。氧进入金属熔液后首先和铁发生氧化反应：

$$2Fe+O_2 \longrightarrow 2FeO \tag{2-19}$$

然后FeO再和金属中的其他元素发生氧化反应：

$$Si+FeO \longrightarrow SiO+Fe \tag{2-20}$$

$$Mn+FeO \longrightarrow MnO+Fe \tag{2-21}$$

$$2P+5FeO \longrightarrow P_2O_5+5Fe \tag{2-22}$$

$$C+FeO \longrightarrow CO+Fe \tag{2-23}$$

当上述杂质元素和氧直接接触时，也将发生直接的氧化反应：

$$2Me+O_2 \longrightarrow MeO \tag{2-24}$$

上述氧化反应的产物不熔于金属，而上浮进入熔渣或炉气。

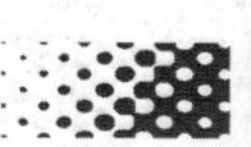

（2）造渣脱磷和脱硫　在采用碱性氧化法炼钢时，可通过加入石灰石造渣的方法去除磷和硫这两种元素：

$$2P+5FeO+4CaO \longrightarrow 5Fe+4CaO \cdot P_2O_5 (\text{进入熔渣}) \tag{2-25}$$

$$FeS+CaO \longrightarrow FeO+CaS (\text{进入熔渣}) \tag{2-26}$$

熔渣中的碱性越高，脱硫和脱磷的效果越好。

（3）脱氧及合金化　随着金属液中碳和杂质元素的氧化，钢液中溶解的氧（以 FeO 形式存在）相应增多，致使钢中氧夹杂含量升高，钢的质量下降，而且还有碍于钢液的合金化及成分控制。因此，冶炼后期应对钢液进行脱氧处理，通常加入硅铁、铝或镁等易氧化元素来完成。

钢液脱氧后可以向钢液中加入需要的各种合金元素，进行合金化处理，以将钢液调整到规格要求的成分，最后浇铸成锭坯。

2.2.2.2　常用的炼钢方法

（1）碱性平炉炼钢　炼钢平炉如图 2-6 所示。以液态生铁或生铁锭及废钢为原料，利用炉气和矿石供氧，以气体或液体燃料供热。平炉炼钢的周期长，质量较低。

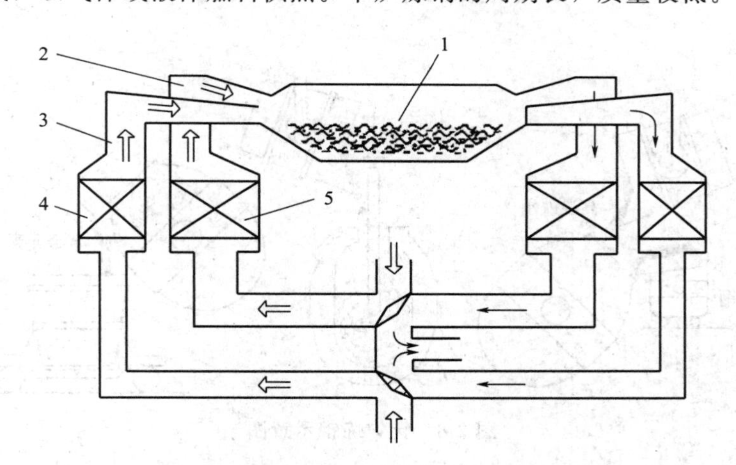

图 2-6　炼钢平炉示意图

1—炉炼室；2—炉头；3—上升道；4—煤气蓄热室；5—空气蓄热室

（2）电弧炉炼钢　电弧炉的结构如图 2-7 所示。这种炼钢方法利用石墨电极和金属炉料之间形成的电弧高温（5000～6000℃）加热和熔化金属，金属熔化后加入铁矿石、熔剂，造碱性氧化性渣，并吹氧以加速钢中的碳、硅、锰、磷等元素的氧化。当碳、磷含量合格时，扒去氧化性炉渣，再加入石灰、萤石、电石、硅铁等造渣剂和还原剂，形成高碱度还原渣，脱去钢中的氧和硫。

电弧炉炼钢的温度和成分易于控制，冶炼周期短，是冶炼优质合金钢不可缺少的重要方法。

（3）氧气顶吹转炉炼钢　转炉的构造如图 2-8 所示。氧气顶吹转炉炼钢法以生铁液为原料，利用喷枪直接向熔池吹高压工业纯氧，在熔池内部造成强烈搅拌，使钢液中的碳和杂质元素迅速被氧化去除。元素氧化放出大量热，使钢液迅速被加热到 1600℃以上。

氧气顶吹转炉炼钢的生产率高，仅 20min 就能炼出一炉钢，炼钢不用外加燃料，基建费用低。因此，氧气顶吹转炉炼钢已成为现代冶炼碳钢和低合金钢的主要方法。

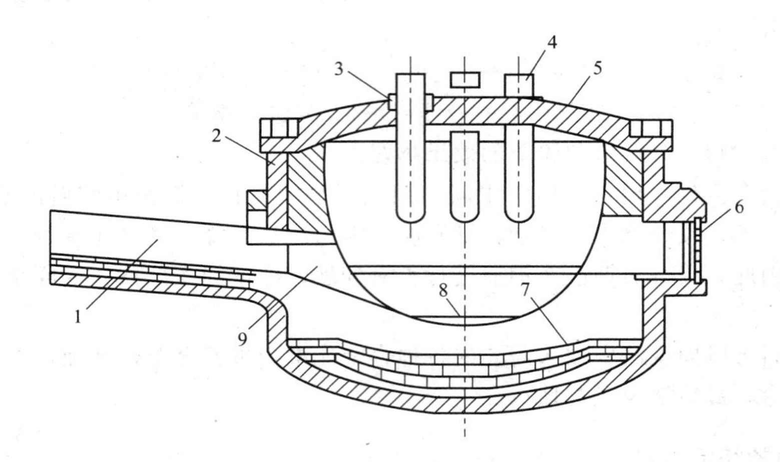

图 2-7 电弧炉炼钢示意图

1—出钢槽；2—炉墙；3—电极夹持器；4—电极；5—炉顶；
6—炉门；7—炉底；8—熔池；9—出钢口

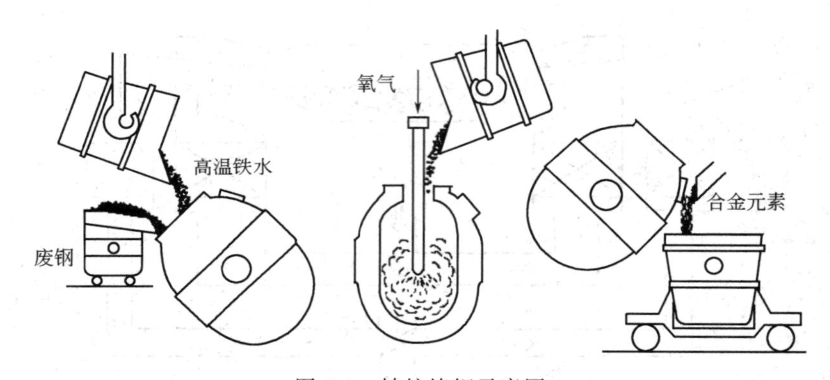

图 2-8 转炉炼钢示意图

2.2.2.3 钢液的炉外精炼及钢锭生产

为提高钢的纯净度、降低钢中有害气体和夹杂物含量，现已广泛采用炉外精炼技术，以实现一般炼钢炉内难以达到的精炼效果。常见的炉外精炼方法包括真空精炼、吹氩精炼和电渣重熔。经过精炼后，钢的性能明显提高。

炼钢生产的技术经济指标是以最后浇注多少合格铸锭来衡量的。因此，铸锭也是炼钢生产的一个重要环节。

2.2.3 铸铁的熔制

高炉冶炼得到的铸造生铁是制备工程用铸铁材料的原材料，还需要通过重新熔炼进行合金化及变质处理使其成分、组织和性能满足要求。

常见的铸铁材料有普通灰铁、孕育铸铁、球墨铸铁、可锻铸铁和合金铸铁等。通常是用冲天炉（图 2-9）或感应电炉（图 2-10）进行熔制。与炼钢不同的是，铸铁熔炼的主要目的是合金化和对铁水进行炉前变质处理。

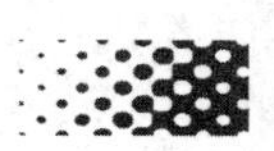

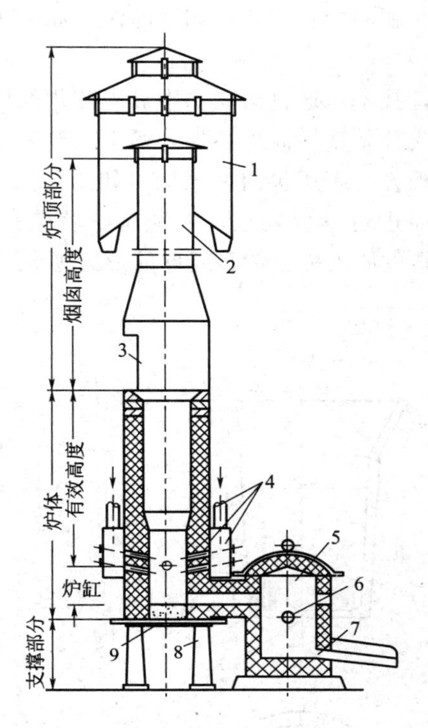

图 2-9　冲天炉的结构示意图

1—除尘器；2—烟囱；3—加料口；4—送风；
5—前炉；6—出渣口；7—出铁口；
8—支柱；9—炉底板

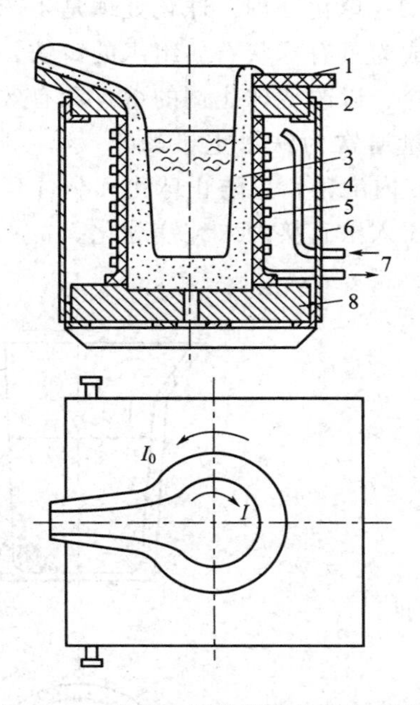

图 2-10　感应电炉炉体的结构示意图

1—盖板；2—耐火砖；3—坩埚；
4—绝缘布；5—感应线圈；6—防护板；
7—冷却水；8—底座

2.2.3.1　炉后配料及合金化

铸铁的化学成分是通过加入的原材料，即生铁、废钢及各种合金来配制的。一般情况下，铸铁材料对碳的要求低于生铁的含碳量，所以要在炉后加入一定比例含碳量低的废钢，加入的多少应根据要求及熔炼过程中的增碳率来计算；还需要加入硅铁和锰铁以调整铸铁的硅和锰的含量；此外还要加入焦炭、石灰石和萤石等燃料和造渣材料。冲天炉是一种连续熔化的设备，因此，各种炉料是按比例分批投入炉内的。而感应电炉是一次投料和熔化的。

2.2.3.2　熔化

冲天炉熔化是通过风口将空气吹入炉内，促进焦炭的燃烧使炉内原料熔化，铁水和熔渣流入炉缸并使铁水成分均匀化。

2.2.3.3　炉前处理

炉前处理的目的是改变或改善铁水凝固后的组织。除普通灰口铸铁铁水出炉后直接进行浇铸外，绝大多数铸铁材料的铁水要在炉前进行变质处理。主要的炉前处理方法和工艺有以下几种。

（1）孕育处理　通过在出铁的过程中向铁水中加入预热的硅铁或硅钙孕育剂颗粒，达到使铁水变质的目的。其原理是这些颗粒在铁水中形成浓度起伏和成分起伏，增加了石墨的形核核心而细化石墨和共晶团。一般的处理工艺为随流孕育法，即将孕育剂洒在前炉的出铁槽内，出铁时由铁水直接冲入包内。现在已发展了一些新的孕育工艺，如喂丝法、同流法和型内孕育法等，大大提高了孕育效果。

(2) 球化处理　球化处理是生产球墨铸铁的关键技术，通过向铁水中加入球化剂使铁水凝固成为具有球状石墨组织的铸铁。球化剂的主要成分是镁，此外还加入稀土、硅和铁等辅助材料，以改变球化剂的熔点和有效作用时间。处理方法多用包内冲入法，如图 2-11 所示。加入量通常为铁水重量的 1.5%～1.8%，同时还要进行孕育处理，处理完毕后应在 20～30min 内浇铸，以防止球化和孕育衰退。现在，为避免加入稀土使石墨球的形态恶化，可用钟罩压入法直接加入纯镁球化。

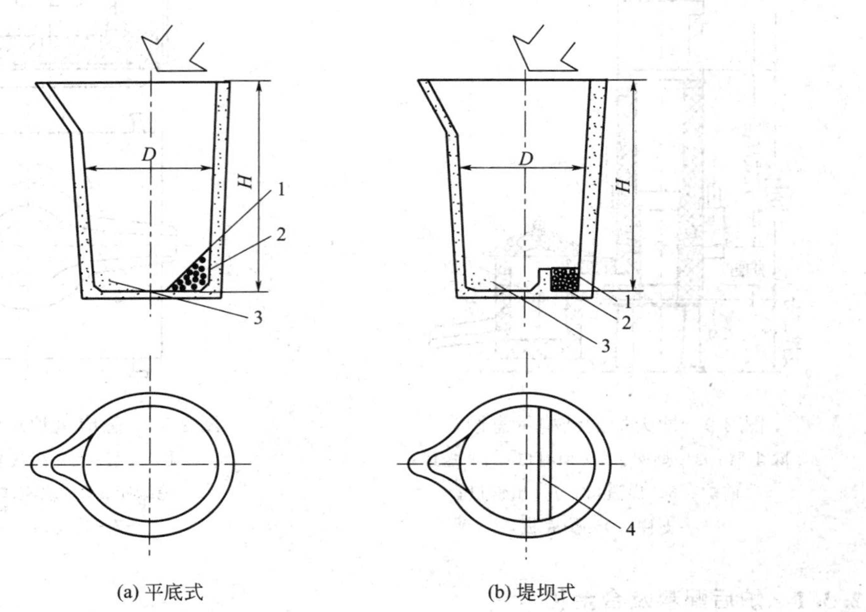

图 2-11　冲入法处理形式

1—草灰；2—球化剂；3—纯碱；4—堤坝；H—包高；D—包径

2.2.3.4　铁水质量和成分的判断

在缺少专用的炉前快速检测仪器的情况下，生产上常用一些经验的传统方法观察和判断铁水的质量和成分。主要有下面的方法：

(1) 断口试片法　炉前试片检验，是以不同碳、硅量在不同冷却条件下，铸铁宏观组织有不同的表现为依据来判定铁水成分的。试片断面形状很多，其尺寸根据铸件壁厚来确定。图 2-12 为常用的三角断口试片。用来判断灰铸铁和球铁的成分及处理效果。试样凝固后淬入水中冷却，砸断后观察断口。白口宽度（或深度）越大，说明碳含量越低；反之，碳含量越高。断口发暗，则硅量偏低；发亮则硅量合适；发黑则碳高；色淡且中心晶粒细，说明

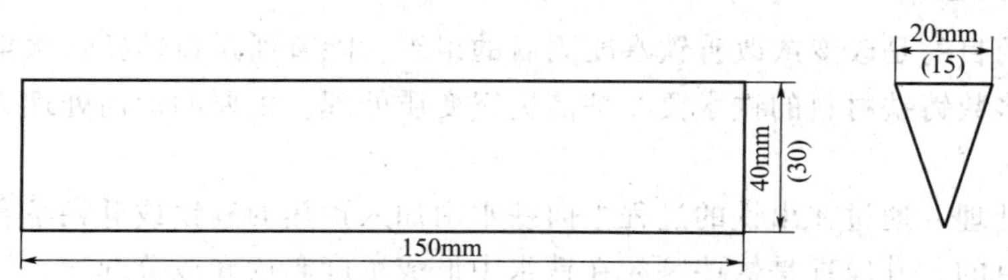

图 2-12　三角断口试片

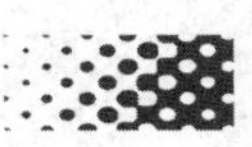

碳低。

（2）氧化观察法　通过观察铁水的颜色、亮度和氧化皮花纹的状况判定铁水的熔化状况和质量。铁水严重氧化的特征是铁水表面不断产生很厚的氧化皮，铁水表面呈白亮色，但流动性很快降低。如图 2-13 所示。

C 含量 =2.45%~2.65%
Si 含量 =1.0%~1.1%

C 含量 =2.45%~2.65%
Si 含量 =1.2%~1.35%

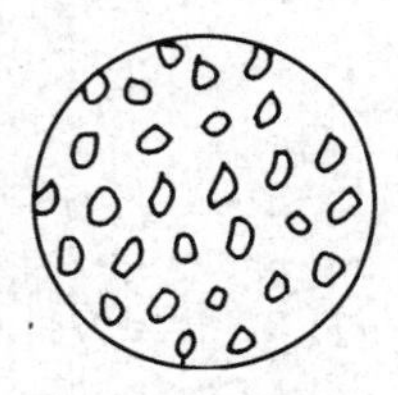

C 含量 =2.45%~2.65%
Si 含量 =1.4%~1.5%

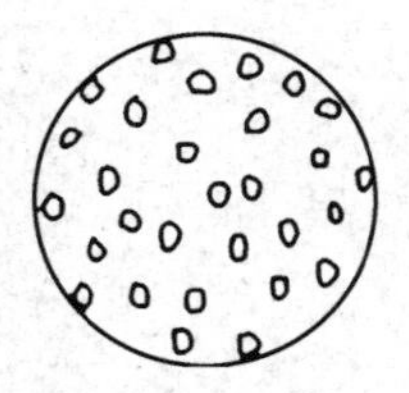

C 含量 =2.45%~2.65%
Si 含量 =1.5%~1.65%

图 2-13　各种铸铁成分的花纹特征

（3）火花观察法　当铁水从出铁槽流入铁水包时，由于铁水的冲击会有铁豆飞出，铁豆直径小到一定程度就可能出现火花。此火花一般是由 FeO 所造成的，其形式有两种（图 2-14）。根据铁水火花的特征也可以初步估计铁水碳、硅含量的多少。在同样条件下，碳硅含量愈低，即铁水愈“硬”，出现扫帚状和雪花状火花也就愈多。含碳量低时出现扫帚状火花多，含硅量低时出现雪花状火花多。

扫帚状火花　　雪花状火花

图 2-14　铁水火花的两种形式

参考文献

[1] 杨瑞成．材料科学与工程导论．哈尔滨：哈尔滨工业大学出版社，2002.

[2] 谢希文，过梅丽．材料工程基础．北京：北京航空航天大学出版社，1999.

[3] 哈伯斯．提取冶金原理．北京：冶金工业出版社，1978.

[4] 奥尔考克．火法冶金原理．北京：冶金工业出版社，1980.

思考题

1. 火法冶金、湿法冶金和电冶金的主要特点是什么？

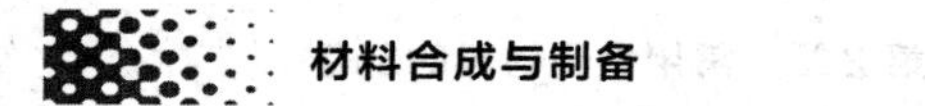

2. 简述火法冶金和湿法冶金的基本工艺过程。

3. 电解精炼和电解提取有何不同？

4. 试述炼钢的基本过程。

5. 简述碱性平炉炼钢、电弧炉炼钢和氧气顶吹转炉炼钢的特点和适用范围。

第3章 陶瓷材料的制备

陶瓷是最古老的一种材料，它的出现比金属材料早很多。陶瓷在我国有着悠久的历史，也是我国古代灿烂文化的重要组成部分。

长期以来，陶瓷的发展靠的是工匠技艺的传授，产品主要是日用器皿、建筑材料（如砖）等。但是，现在随着许多新技术的兴起以及基础理论和测试技术的发展，陶瓷材料又得到了惊人的新发展。由于材料科学的发展，人们对材料的结构和性能之间的关系有了深刻的认识，通过控制材料的化学成分和微观结构，具有不同性能的陶瓷材料相继研制成功。陶瓷作为未来最有希望的高温结构材料，日益受到人们的重视。各种功能陶瓷材料（如电子材料、光导纤维，敏感陶瓷材料等）得到了愈来愈广泛的应用。

目前，陶瓷材料被看做单独的一类工程材料，与金属材料和聚合物材料一起成为工程材料的三大支柱。但是，将陶瓷作为工程材料而加以系统研究的历史尚短，许多方面远不如对金属材料的研究成熟和深入。因此，就这个意义上说，陶瓷材料又是一种新型的、年轻的材料。

3.1 陶瓷材料的分类与显微组织

3.1.1 陶瓷材料的分类

陶瓷材料分为普通陶瓷（传统陶瓷）和特种陶瓷（现代陶瓷）两大类。

(1) 普通陶瓷材料　采用天然原料如长石、黏土和石英等烧结而成，是典型的硅酸盐材料。主要组成元素是硅、铝、氧，这三种元素占地壳元素总量的90%。普通陶瓷来源丰富、成本低、工艺成熟。这类陶瓷按性能特征和用途又可分为日用陶瓷、建筑陶瓷、电绝缘陶瓷、化工陶瓷等。

(2) 特种陶瓷材料　采用高纯度人工合成的原料，利用精密控制工艺成形烧结制成，一般具有某些特殊性能，以适应各种需要。根据其主要成分，有氧化物陶瓷、氮化物陶瓷、碳化物陶瓷、金属陶瓷等。特种陶瓷具有特殊的力学、光、声、电、磁、热等性能。

3.1.2 陶瓷材料的显微组织

陶瓷是多晶相的材料，其显微组织特征包括：多晶相的种类，晶粒的大小、形态、取向和分布，位错、晶界的状况，玻璃相的形态和分布，气孔的形态、大小、数量和分布，各种杂质、缺陷、裂纹存在的形式、大小、数量和分布。事实上，陶瓷材料的性能在很大程度上取决于其显微组织。

陶瓷材料主要组成相为晶相、玻璃相和气相。

3.1.2.1 晶相

晶相是由原子、离子、分子在空间有规律排列成的结晶相。陶瓷材料的晶相有硅酸盐、氧化物和非氧化物（碳化物、氮化物、硼化物）三大类相。

晶相又可分为主晶相、次晶相、析出相和夹杂相。

(1) 主晶相　是材料的主要组成部分，材料的性能主要取决于主晶相的性质。普通陶瓷材料的主晶相主要是莫来石和石英。

(2) 次晶相　是材料的次要组成部分。例如 Si_3N_4 材料中的颗粒状六方结构的 β-Si_3N_4 为主晶相；针状菱方结构的 α-Si_3N_4 为次晶相，含量较少。

(3) 析出相　由黏土、长石、石英烧成的陶瓷的析出相大多数是莫来石，一次析出的莫来石为颗粒状，二次析出的莫来石为针状，可提高陶瓷材料的强度。

(4) 夹杂相　不同材料夹杂相不同。虽然夹杂相的量很少，但其存在会使材料的性能降低。

另外，晶相中还存在晶界和晶粒内部的细微结构。晶界上由于原子排列紊乱，成为一种晶体的面缺陷。晶界的数量、厚度、应力分布以及晶界上夹杂物的析出情况对材料的性能都会产生很大影响。晶粒内部的微观结构包括滑移、孪晶、裂纹、位错、气孔、电畴、磁畴等。

3.1.2.2 玻璃相

(1) 玻璃相的形成　玻璃相一般是指由高温熔体凝固下来的、结构与液体相似的非晶态固体。

陶瓷材料在烧结过程中，发生了一系列的物理、化学变化，生成了熔融液相。如果熔融态时黏度很大，即流体层间的内摩擦力很大，冷却时原子迁移比较困难，晶体的形成很难进行，而形成过冷液相，随着温度继续下降，过冷液相黏度进一步增大，冷却到一定温度时，熔体“冻结”成为玻璃。此时的温度称为玻璃转变温度 T_g，低于此温度时材料表现出明显的脆性。加热时，玻璃熔体黏度降低，在某个温度时，玻璃显著软化，这时所对应的温度为软化温度 T_f。玻璃转变温度和软化温度都具有一个温度区间，不是某一确定的数值，这与晶体的转变不同。

(2) 玻璃相的作用　玻璃相具有以下几个方面的作用：①起黏结剂和填充剂的作用，玻璃相是一种易熔相，可以填充晶粒间隙，将晶粒黏结在一起，使材料致密化；②降低烧成温度，加快烧结过程；③阻止晶型转变，抑制晶粒长大，使晶粒细化；④增加陶瓷的透明度等。

不同的陶瓷材料玻璃相的含量不同，玻璃相对材料的性能有重要影响，玻璃相的存在一般会降低陶瓷材料的机械强度和热稳定性，影响其介电性能。

(3) 玻璃相的组织特点　普通陶瓷的玻璃相的成分大都为二氧化硅（20%～80%）和其他氧化物。其组织在显微镜明场下为暗黑色，量少时分布在晶粒交界处的三角地带，量多时连成网络结构。

3.1.2.3 气相

气相是陶瓷材料内部的气体形成的孔洞。普通陶瓷含有5%～10%的气孔，特种陶瓷则

要求气孔率在 5%以下。

(1) 气相的形成　材料中气孔形成的原因比较复杂，影响因素较多，如材料制备工艺、黏结剂的种类、原材料的分解物、结晶速率、烧成气氛都影响陶瓷中气孔的存在。采取一定的工艺可以使气孔率降低或者接近于零。

(2) 气相对材料的影响　气相的多少、大小、形状、分布都会对陶瓷材料产生很大的影响。

除了多孔陶瓷外，气相的存在都是不利的。气孔的存在会使材料的密度、机械强度下降，直接影响材料的透明度。大量气孔的存在还会使陶瓷材料绝缘性能降低，介电性能变差。但是气孔多的陶瓷材料，表面吸附性能及隔热性能好。

(3) 气相的显微形貌　陶瓷材料中的气孔可分为开口气孔和闭口气孔两种，在反光显微镜下均为暗黑色的空洞，圆形，边缘不规则，这是由于气孔中多有夹杂物的析出。

普通陶瓷材料一般用作绝缘电器装置，其室温显微组织如图 3-1 所示，其中的白色点状物为一次莫来石，白色针状物为二次莫来石，白色大块状物为残留石英，圆形的黑洞为气孔，大量的暗黑色的基体为玻璃相。这是一种普通陶瓷的典型组织，是由晶相（莫来石、石英）、玻璃相和气相组成的。

图 3-1　普通陶瓷的显微组织（1200×）

图 3-2　日用陶瓷的显微组织（1200×）

日用陶瓷的显微组织与普通陶瓷差不多，也是由块状的石英、点状一次莫来石、针状二次莫来石、玻璃相和气相组成，如图 3-2 所示。

3.2　陶瓷材料的特性与发展前景

3.2.1　陶瓷材料的特性

① 力学性能。陶瓷材料是工程材料中刚度最好、硬度最高的材料，其硬度大多在 HV1500 以上。陶瓷的抗压强度较高，但抗拉强度较低，塑性和韧性很差。

② 热性能。陶瓷材料一般具有高的熔点（大多在 2000℃以上），在高温下具有极好的化学稳定性。陶瓷的导热性低于金属材料，同时陶瓷的线膨胀系数比金属低，当温度发生变化时，陶瓷具有良好的尺寸稳定性。

③ 电性能。大多数陶瓷具有良好的电绝缘性，因此大量用于制作适用于各种电压（1～110kV）的绝缘器件。铁电陶瓷（钛酸钡 $BaTiO_3$）具有较高的介电常数，可用于制作电容

器。铁电陶瓷在外电场的作用下，还能改变形状，将电能转换为机械能（具有压电材料的特性），可用于制作扩音器、电唱机、超声波仪、声呐、医疗用声谱仪等。少数陶瓷还具有半导体的特性，可作整流器。

④ 化学性能。陶瓷材料在高温下不易氧化，并对酸、碱、盐具有良好的抗腐蚀能力。

⑤ 光学性能。陶瓷材料还有独特的光学性能，可用于制作固体激光器材料、光导纤维材料、光储存器等，透明陶瓷可用于高压钠灯管等。磁性陶瓷（铁氧体，如 $MgFe_2O_4$、$CuFe_2O_4$、Fe_3O_4）在录音磁带、唱片、变压器铁芯、大型计算机记忆元件方面的应用有着广泛的前景。

总之，陶瓷材料具有熔点高、耐高温、硬度高、耐磨损、化学稳定性高、耐氧化和腐蚀、重量轻、弹性模量大、强度高等优良性能，但陶瓷材料的塑性变形能力差，易发生脆性破坏和不易成形加工。

陶瓷材料的上述性能主要由它的物质结构和微观组织的特点所决定，陶瓷的结合键是离子键和共价键。表 3-1 比较了一些金属和相应的陶瓷材料的熔点。可以看出，由于结合键的变化（金属键转变为离子键），材料的性质发生了极大的变化（熔点提高了若干倍）。

表 3-1　金属及其氧化物的熔点

金属/氧化物	Mg/MgO	Ca/CaO	Al/Al_2O_3
熔点/℃	650/2800	843/2580	660/2045

陶瓷材料结构上的另一个特点是其显微组织的不均匀性和复杂性。这是因为陶瓷材料的生产制造过程与金属材料不同。金属材料通常是从相当均一的金属液体状态凝固而成，随后还可以通过冷热加工等手段来改善材料的组织和性能。即使金属材料中有第二相析出，其分布也比较均匀。一般情况下金属材料不含或极少含有气孔，相对陶瓷而言，其显微组织均匀而单纯。陶瓷材料一般经过原料粉碎配制、成形和烧结等过程。其显微组织由晶体相、玻璃相和气相组成，而且各相的相对量变化很大，分布也不够均匀。陶瓷材料一旦烧制成形，其显微组织无法通过冷热加工的方法加以改变。

3.2.2 陶瓷材料的发展前景

由于上述基本特性，陶瓷材料能够在各种苛刻的服役条件下（如高温、腐蚀和辐照环境下）工作，成为一种非常有发展前途的工程结构材料。另一方面，陶瓷材料具有性能和用途的多样性与可变性，使它在磁性材料、介电材料、半导体材料、光学材料等方面占据了重要的地位，并展现出愈来愈广阔的应用前景，成为一种非常有发展前途的功能材料。

陶瓷材料是以地球上最富有的元素（如 Si、Al、O、Mg、Cd、Na 等）制得的，与金属材料相比，陶瓷材料的原料储量更丰富，获取更容易。另外，通过改变各种元素的配比和排列方式又可合成具有各种特殊功能特性的无机新材料。但是这些元素的化合物耐高温，不易使它们变成气体或液体状态；又具有高的化学稳定性，难以进行化学合成。因此，长期以来，陶瓷材料的发展不像聚合物材料那样快。但是，近年来超高温和高压技术得到了飞速发展，大大推动了金属化合物的合成和处理方面的研究，新的陶瓷材料和制造方法也在不断地研制成功。在这方面突出的例子是高温高强度结构陶瓷的开发和各种功能陶瓷的应用。

众所周知，热机的效率随工作温度的提高而增加。根据计算，若发动机的工作温度提高

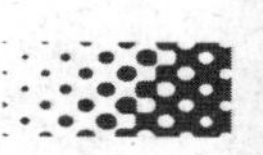

55.5℃，则其热效率可增加 11%。20 世纪 70 年代初发展起来的弥散强化和定向凝固镍基超合金的极限使用温度为 1100℃左右。在更高温度下使用，将发生高温氧化和蠕变等问题。但是，为了大幅度提高发动机的热效率，降低燃料的消耗，减少大气污染，人们希望发动机的工作温度能提高到 1200℃以上。在这样高的工作温度下，最有希望的材料是氮化硅（Si_3N_4）和碳化硅（SiC）陶瓷材料。这两种材料具有优良的高温强度，而且与金属相比热传导性低，工作中产生的热量不易疏散，从而可以提高能源的利用率；同时利用它们制造发动机还可以节约资源，不用或少用战略物资（如 Ni、Co、Cr 及 W 等）。为了开发核能等新的能源，需要一种能耐 2000℃高温的耐热材料，目前只能使用陶瓷。

随着新技术革命的兴起，功能材料愈来愈受到世界各国的重视。功能陶瓷材料品种日益增多，应用愈来愈普遍。例如，一种通电后能在 50μs 时间内从透明变为不透明的陶瓷材料已经试制成功。应用这种材料可制作防护用眼镜、飞机的防护窗及每秒传输 50 亿位的计算机信息输入装置等。石英电子钟表不仅价格便宜，而且走时准确。其原理是利用了石英单晶的压电效应。又如光导纤维的出现，不但使通信量增大，而且抗干扰，又十分经济。例如铺设 10000km 的电缆，需要 5000t 铜和 20000t 铅，而采用光导纤维只需几十千克石英就够了。综上所述，陶瓷材料无论作为结构材料还是功能材料都很有发展前途。当然，陶瓷材料要作为一种高温高强度结构材料使用，还需作大量的研究工作。

3.3 陶瓷材料的制备

陶瓷制备过程包括原材料加工、成形和烧结等，它决定了陶瓷产品质量的优劣与成败。因此熟悉陶瓷生产工艺过程是十分必要的。

3.3.1 传统陶瓷的制备过程

3.3.1.1 原料

传统陶瓷工业生产中，最基本的原料是石英、长石和黏土三大类和一些化工原料。从工艺角度可把上述原料分为两类。

（1）可塑性原料　主要是黏土类物质，包括高岭土、烧后呈白色的各种类黏土和作为增塑剂的膨润土等。它们在生产中起塑化和结合作用，赋予坯料以塑性与注浆成形性能，保证干坯强度及烧后的各种使用性能，如机械强度、热稳定性、化学稳定性等。它们是成形能够进行的基础，也是黏土质陶瓷的成瓷基础。

（2）非可塑性原料　主要是石英和长石。石英属于减黏物质，可降低坯料的黏性，烧成过程中部分石英熔解在长石玻璃中，提高液相黏度，防止高温变形，冷却后在瓷坯中起骨架作用。长石属于熔剂原料，高温下熔融后，可以熔解一部分石英及高岭土分解产物，熔融后的高强度玻璃可以起到高温胶结作用。除长石外，还有花岗岩、滑石、白云石、石灰石等，也能起同样作用。

① 石英（SiO_2）。石英是构成地壳的主要成分，部分以硅酸盐状态存在，构成各种矿物岩石；另一部分则以独立状态存在，成为单独的矿物实体。不论石英以哪种形态存在，其化学成分均为 SiO_2，此外还经常含有少量的 Al_2O_3、Fe_2O_3、CaO、MgO、TiO_2 等杂质。石英的外观视其种类不同而异，有的呈乳白色，有的呈灰色半透明状态，断口有玻璃光泽。莫

氏硬度为 7，相对密度依晶型而异，一般在 2.23～2.65 之间。

石英在加热过程中会发生如图 3-3 所示的晶型转变。石英的晶型转化，会引起体积、相对密度、强度等一系列性质的变化。其中对陶瓷生产影响较大的是体积变化。

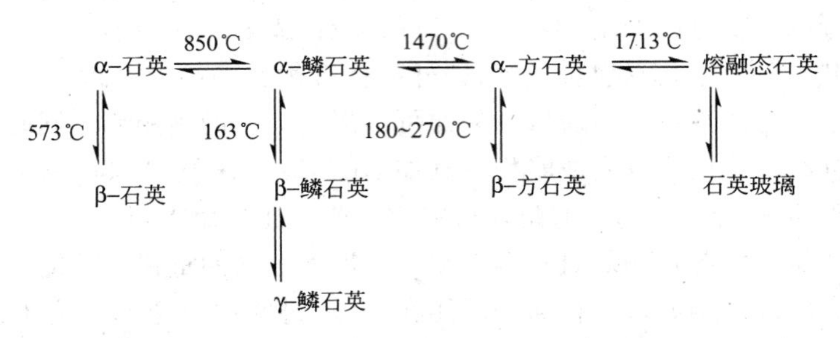

图 3-3　石英在加热过程中发生的晶型转变

② 长石。长石是一族矿物的总称，具有网架状硅酸盐结构。一般又分为四大类：钠长石（$Na_2O \cdot Al_2O_3 \cdot 6SiO_2$）、钾长石（$K_2O \cdot Al_2O_3 \cdot 6SiO_2$）、钙长石（$CaO \cdot Al_2O_3 \cdot 2SiO_2$）、钡长石（$BaO \cdot Al_2O_3 \cdot 2SiO_2$）。

在地壳中单一的长石很少，多数是几种长石的互溶物。钾长石一般呈粉红色，相对密度为 2.56～2.59，莫氏硬度为 6～6.5，断口呈玻璃光泽，解理清楚。钠长石和钙长石一般呈白色或灰白色，相对密度为 2.5，其他物理性能与钾长石近似。其熔融温度分别为：钾长石 1190℃，钠长石 1100℃，钙长石 1550℃。

在陶瓷生产中使用的长石是几种长石的互溶物，并含有其他杂质，所以它没有一个固定的熔融温度，只是在一个温度范围内逐渐软化熔融变为乳白色黏稠玻璃态物质。熔融后的玻璃态物质能够溶解一部分黏土分解物及部分石英，促进成瓷反应的进行，并降低烧成温度，减少燃料消耗。这种作用通常称为助熔作用。此外，由于高温下长石熔体具有较大黏度，可以起到高温热塑作用与高温胶结作用，防止高温变形。冷却后长石熔体以透明玻璃体状态存在于瓷体中，构成瓷的玻璃基质，增加透明度，提高光泽与透光度，改善瓷的外观质量与使用效能。

长石在陶瓷生产中，用作坯料、釉料、色料、熔剂等，用量很大，作用很重要。

③ 黏土。黏土是一种含水铝硅酸盐的矿物，由地壳中含长石类岩石经过长期风化与地质作用而生成。黏土在自然界中分布很广，种类繁多，储量丰富。

黏土矿物的主要化学成分是 SiO_2、Al_2O_3 和水，还含有 Fe_2O_3、TiO_2 等成分。黏土具有独特的可塑性与结合性。调水后成为软泥，能塑造成形，烧后变得致密坚硬。这种性能构成了陶瓷的生产工艺基础，因而它是传统陶瓷的基础原料。

黏土矿物主要有以下几类。

a. 高岭石类。一般称为高岭土（$Al_2O_3 \cdot 2SiO_2 \cdot 2H_2O$）。

b. 伊利石类。这类黏土主要是水云母质黏土，或绢云母质黏土。

c. 蒙脱石类。主要是由蒙脱石和拜来石类等构成的黏土，这类黏土又称为膨润土。

3.3.1.2　坯料制备

传统日用陶瓷坯料通常按制品的成形法分成含水量 19%～26%的可塑法成形坯料与含水量为 30%～35%的注浆法成形坯料两种。

（1）可塑法成形坯料　可塑法成形坯料要求在含水量低的情况下有良好的可塑性，同时

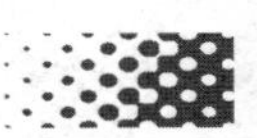

坯料中各种原料与水分应混合均匀以及含空气量低。可塑法成形是陶瓷生产中常用的一种成形方法。

石英需要煅烧以便于粉碎。通常的脉石英或石英岩质地坚硬，粉碎困难，通过燃烧到900～1000℃，低温β-石英转变为α-石英，其体积发生骤然膨胀，致使石英内部结构疏松，利于粉碎。煅烧后若在空气中或冷水中急冷可加剧内应力，促使碎裂。另外，原料粉碎可以提高原料精选效率、均匀坯料、致密坯体以及促进物化反应并降低烧成温度。原料中的Fe含量对烧成后陶瓷的颜色有很大影响，对烧后颜色影响最大的为铁钛化合物。如Fe_2O_3含量在0.5%以下时，烧成后呈白色；若高达10%以上便可呈现深色。对于日用和工艺陶瓷来说，烧后的颜色是产品质量的一个重要因素。因此去除Fe是一个重要的工艺过程。

(2) 注浆法成形坯料　注浆法成形用的坯料含水量为30%～35%。对注浆料来说，要求它在含水量较低的情况下具有良好的流动性、悬浮性与稳定性，料浆中各种原料与水分均匀混合，而且料浆具有良好的渗透性等。上述这些性能主要通过调整坯料配方与加入合适的电解质来解决。但正确选择制备流程与工艺控制也可以在某种程度上改善泥浆性能。如泥浆搅拌可促使泥浆组成均一，保持悬浮状态，减少分层现象。

注浆泥料的制备流程基本上和可塑法成形坯料制备流程相似，一般有经过压滤与不经过压滤两种方法。

不压滤法是按配比将各种原料、水和电解质一起装入球磨机混合研磨。直接制成注浆泥浆，或将粉磨好的各种原料按配比在搅拌机中加水和电解质混合成均匀的泥浆。该法虽操作简单、设备费用低，但泥浆稳定性较差。

经过压滤的泥浆，质量高，稳定性好。这种泥浆的制备方法是将球磨后的泥浆经过压滤脱水成泥饼，然后将泥饼碎成小块，与电解质以及水再搅拌成泥浆。经过压滤的泥料，由于在压滤时滤去了由原料中混入的有害的可溶性盐类（如Ca^{2+}、Mg^{2+}等)。可以改善泥浆的稳定性，适用于生产质量要求较高、形状较复杂的产品，但成本较高。

3.3.1.3　成形

成形就是将制备好的坯料用各种不同的方法制成具有一定形状和尺寸的坯件（生泥)。成形后的坯件仅为半成品，其后还要经过干燥、上釉、烧成等多道工序。

根据坯料性能与含水量的不同，陶瓷成形方法可分为四大类，即可塑法成形、注浆法成形、干压法成形和等静压法成形。

(1) 可塑法成形　用各种不同的外力对具有可塑性的坯料（泥团）进行加工，迫使坯料在外力作用下发生可塑变形而制成生坯。可塑法成形基于坯料具有可塑性。对于可塑成形来说，要求可塑坯料具有较高的屈服值和较大的延伸变形量（在破裂点前)。较高的屈服值是为了保证成形时坯料有足够的稳定性，而较大的延伸变形量则保证其易被塑成各种形状而不开裂。

(2) 注浆法成形　是把制备好的坯料泥浆注入多孔性模型内，由于多孔性模型的吸水性，泥浆被模具吸水，收缩而与模型脱离，如图3-4所示。注浆法成形适用于形状复杂、不规则、薄而体积大且尺寸要求不严的器物。如花瓶、茶壶、汤碗等。注浆成形后的坯体结构较均匀，但其含水量大，干燥与烧成收缩也较大；另一方面，有适应性强、便于机械化等优点。

(3) 干压法成形　是利用压力将干粉坯料在模型中压成致密坯体的一种成形方法。由于干压成形的坯料水分少，压力大，坯体比较致密，因此能获得收缩小、形状准确的生坯。干压成形过程简单，生产量大，缺陷少，便于机械化，对于成形形状简单的小型坯体较为合适，但对于形状复杂的大型制品，采用一般的干压成形就有困难。

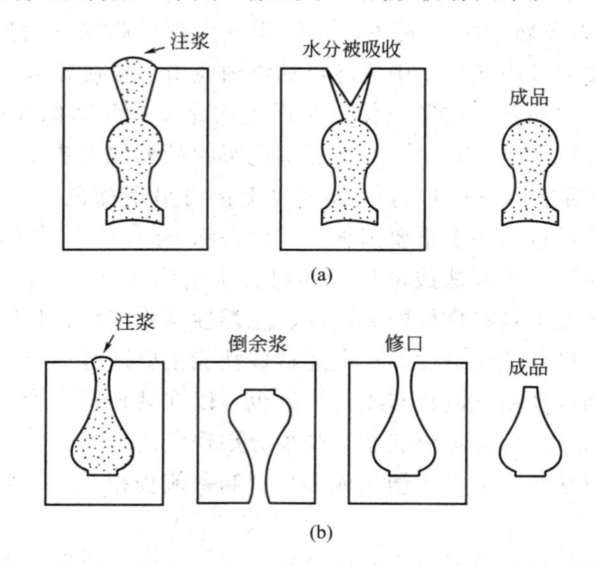

图 3-4　注浆法成形过程示意图

（4）等静压法成形　与干压成形相似，也是利用压力将干粉料在模型中压制成形。但等静压成形的压力不像干压成形那样只局限于一两个受压面，而是在模具的各个面上都施以均匀的压力，这种均匀受压是利用了液体或气体能均匀地向各个方向传送压力的特性。

等静压成形过程是将粉料装进一个有弹性的模具内，密封，然后把模具连同粉料一起放在充有液体或气体的高压容器中。封闭后，用泵对液体或气体加压，压力均匀地传送到弹性模壁，使粉料被压成与模具形状相像的压实物，但尺寸要比模型小一些。受压结束后，慢慢减压，从模具中取出坯体。

等静压成形与干压法相比的优点是，当所施加的压强大致相同时，可以得到较高的生坯密度，生坯内部组织均匀，应力小，强度高，对产品尺寸限制小等。

3.3.1.4　坯体干燥

成形后的各种坯体，一般都含有较高的水分，尤其是可塑成形和注浆成形的坯体，还呈可塑状态，因而在运输和再加工（如修坯、粘接和施釉）过程中，很易变形或因为强度不高而破损。为了提高成形后坯体的强度，就要进行干燥以除去坯体中所含的一部分水分，使坯体失去可塑性，具有一定的强度。此外，经过干燥的坯体在烧成初期可以经受快速升温，从而缩短烧成周期。为了提高坯体吸附釉层能力，也需进行干燥。因此，成形后的坯体必须进行干燥，排除水分。坯体干燥过程如图 3-5 所示。

实践表明，生坯的强度随着水分的降低而大为提高。当生坯的水分含量被干燥到 1%～2%时，已有足够的强度和吸附釉层的能力，无须再继续干燥。

3.3.1.5　上釉

釉是附着于陶瓷坯体表面的连续玻璃层，具有与玻璃相类似的物理与化学性质。陶瓷坯体表面的釉层从外观来说使陶瓷具有平滑而光泽的表面，增加陶瓷的美观。尤其是颜色釉与

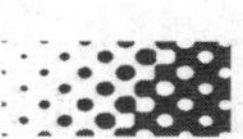

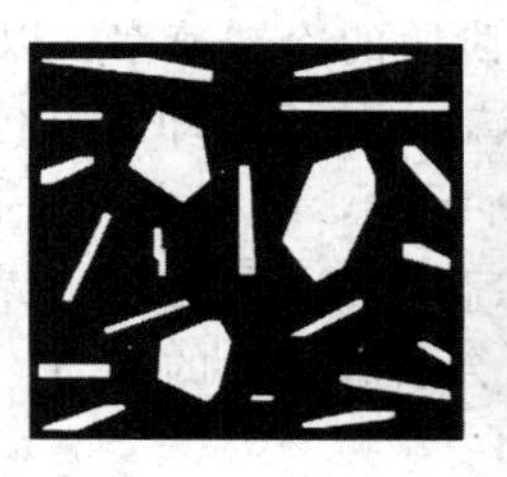 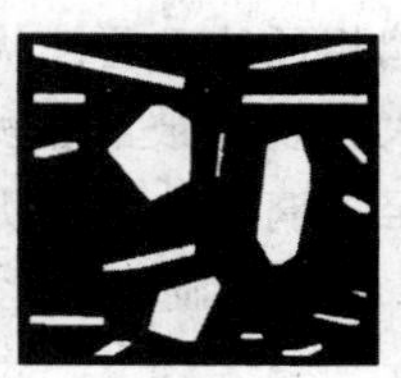  

图 3-5　坯体干燥过程示意图

艺术釉更增添了陶瓷制品的艺术价值。就机械性能来说，正确配合的釉层可以增加陶瓷的强度与表面硬度，同时还可以使陶瓷的电气绝缘性能、抗化学腐蚀性能有所提高。

将釉料经配料、制浆后进行施釉。施釉方法可以分为浸釉法、喷釉法、浇釉法、刷釉法。浸釉法是将产品全部浸入釉料中，使之附着一层釉浆。喷釉法是利用压缩空气或静电效应，将釉浆喷成雾状，使其附于坯体。浇釉法是将釉浆浇到坯体上，该方法适用于大件器皿。刷釉法常用于同一个坯体上施几种不同釉料，如用于艺术陶瓷生产。

3.3.1.6　烧成

经过成形、上釉后的半成品，必须最后通过高温烧成才能获得瓷器的一切特性。坯体在烧成过程中发生一系列物理、化学变化。如膨胀、收缩、产生气体、出现液相、旧晶相消失、析出新晶相等，这些变化在不同温度阶段中进行的状况决定了陶瓷的质量与性能。

烧成过程大致可分为四个阶段：

(1) 蒸发期（室温～300℃）　坯体在这一阶段主要是排除在干燥中所没有除掉的残余水分。入窑坯体含水量不同，则升温速率应当不同。含水量低时，升温可以较快；含水量较高时，升温速率要严格控制。因为当坯体温度高于 120℃时，坯体内的水分会发生强烈汽化，很可能使制品开裂，对大型、厚壁制品尤为突出。这一阶段所发生的变化为物理现象。一般制品入窑水分多在 5%以下，这部分水相当于吸附水，因而排除时收缩很小。

(2) 氧化分解与晶型转化期（300～950℃）　在这一阶段，坯体内部发生了较复杂的物理、化学变化，黏土中的结构水得到排除，碳酸盐分解，有机物、碳和硫化物被氧化，石英晶型转化。

(3) 玻化成瓷期（950℃～烧成温度）　玻化成瓷期是整个烧成过程的关键。该期的最大特点是釉层玻化和坯体瓷化。坯体的基本原料长石、石英与高岭土在三元相图上的最低共熔点为 985℃。随着温度的提高，液相量逐渐增多。

液相对坯体的成瓷作用主要表现在两个方面：一方面它起着致密化的作用，由于液相表面张力的作用，固体颗粒接近，促使坯体致密化；另一方面液相的存在促进了晶体的生长。液相不断溶解固体颗粒，并从液相中析出新的比较稳定的结晶相——莫来石。当温度高于 1200℃时，石英颗粒和黏土的分解产物不断溶解。在熔融的长石-玻璃中，当溶解的 Al_2O_3 和 SiO_2 达到饱和时，则析出在此温度下稳定的莫来石晶体。

析出以后，液相对 Al_2O_3 和 SiO_2 而言又是不饱和状态。因此溶解过程和莫来石晶体的不断析出以及线性尺寸的长大交错贯穿，在瓷胎中起“骨架”作用，使瓷胎强度增大。最终，莫来石、残留石英与瓷坯内其他组成部分借助于玻璃状物质而黏结在一起，组成了致密的、有较高机械强度的瓷坯。这就是新相的重结晶和坯体的烧结过程。

（4）冷却期（止火温度～室温） 在冷却期间必须注意各阶段的冷却速率，以保证获得质量良好的制品。在冷却初期，瓷坯中的玻璃相还处于塑性状态，快速冷却所引起的结晶相与液相的热压缩不均匀而产生的应力，在很大程度上被液相所缓冲，故不会产生有害作用，这就给冷却初期的快冷提供了可能性。冷却至玻璃相由塑性状态转变为固态的临界温度时必须注意（一般在550～750℃之间），此时由于结构的显著变化会引起较大的应力，冷却速率必须缓慢，以减少其内应力。

以上便是传统陶瓷的整个制备过程，下面简单介绍一种新的成形烧结方法：加压烧结法。

加压烧结法是在加压成形的同时加热烧结的方法。它有下列特征：由于塑性流动，促进了高密度化，得到接近于理论密度的烧结体，由于加温加压增加了粒子间的接触和扩散效果，降低了烧结温度，缩短了烧结时间，结果抑制了晶粒长大，可以得到具有良好力学性能和电性能的烧结体，晶粒的排列、晶粒直径的控制等均易于进行。加压烧结设备的基本组成是电加热和油压加压。

3.3.2 特种结构陶瓷的制备过程

高温、高强度结构陶瓷材料主要包括两大类：一类是金属（主要是过渡族金属）和C、N、B、O、Si等非金属的化合物；另一类是非金属之间的化合物，如Si和B的碳化物及氮化物等。

3.3.2.1 结构陶瓷材料制备

（1）结构陶瓷的原料 结构陶瓷材料的原料具体可分为以下几组：

① 氧化物，如Al_2O_3、BeO、CaO、CeO、MgO、SnO等。它们的熔点都在2000℃左右，甚至更高。

② 碳化物，如SiC、B_4C、WC、TiC、ZrC等。它们的熔点最高，硬度高，脆性大。

③ 氮化物，如BN、Si_3N_4、AlN等。它们都是高熔点物质，一般地说，氮化物是最硬的材料。

④ 硼化物，如ZrB_2、WB、MoB等。熔点均在2000℃以上。硼化物的氧化性最强。

⑤ 硅化物，如$MoSi_2$、$ZrSi_2$等。熔点在2000℃左右。在高温氧化气氛中使用时，表面生成SiO_2或硅酸保护层，抗氧化能力强。

上述陶瓷材料的原料在自然界都不是独立存在的，必须经过一系列人工提炼过程才能获得。

（2）高铝瓷的制备 高铝瓷是一种以Al_2O_3和SiO_2为主要成分的陶瓷，其中Al_2O_3的含量在45%以上。随Al_2O_3含量的增高，其力学和物理性能都有明显的改善。高铝瓷生产中主要采用工业氧化铝做原料，它是将含铝最高的天然矿物如铝矾土，用碱法或酸法处理而得。

工业氧化铝是白色松散的结晶粉末，它是由许多粒径小于0.1μm的γ-Al_2O_3组成的多孔球聚集体，其孔隙率约达30%。根据杂质含量，工业氧化铝可分为几种不同的等级。

一般来说，对于力学性能要求较高的超高级刚玉质瓷或刚玉瓷刀，最好用一级工业氧化铝，其他的高铝瓷，按性能要求不同，可用品位稍低的氧化铝。至于品位较次的氧化铝，可用来生产研磨材料或高级耐火材料。

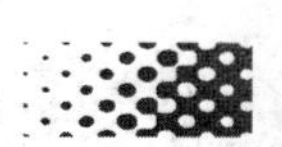

将铝矾土、水铝石、工业 Al_2O_3 或杂质高的天然刚玉砂与炭在电炉内于 2000～2400℃熔融，便能得到人造刚玉。人造刚玉中的 Al_2O_3 含量可达 99%以上，Na_2O 含量可低于 0.2%～0.3%。

在 Al_2O_3 含量较高的瓷坯中，主要晶相为刚玉（α-Al_2O_3）。我国目前大量生产含氧化铝 95%的刚玉瓷。这种刚玉瓷由于 Al_2O_3 含量高，具有很高的耐火度和强度。其中生产工艺过程如下：

a. 工业氧化铝的预烧。预烧使原料中的 γ-Al_2O_3 全部转变为 α-Al_2O_3，预烧还能排除原料中大部分 Na_2O 杂质。

b. 原料的细磨。由于工业 Al_2O_3 是由氧化铝微晶组成的疏松多孔聚集体，很难烧结致密。为了要破坏这种聚集体的多孔性，必须将原料细磨。但过细粉磨也可能使烧结时的重结晶作用很难控制，导致晶粒长大，降低材料性能。

c. 酸洗。如果采用钢球磨，料浆要经过酸洗除铁。盐酸能与铁生成 $FeCl_2$ 或 $FeCl_3$ 而溶解。然后再对料浆进行水洗，以达到除铁的目的。

d. 成形。把经酸洗除铁并烘干备用的原料采用干压、挤压、注浆、轧膜、捣打、热压及等静压等方法成形，以适应各种不同形状的要求。

e. 烧成。烧成温度对刚玉制品的致密度及显微结构起着决定性作用，从而对性能也起着决定性作用，如图 3-6 所示。适当地控制加热温度和保温时间，可获得致密的具有细小晶粒的高质量瓷坯。

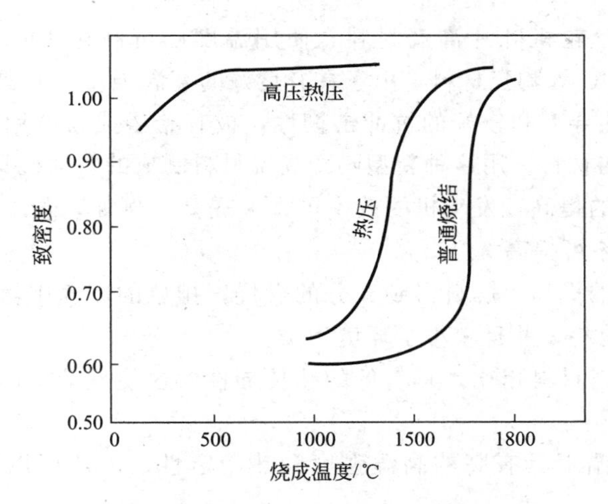

图 3-6　烧成温度与刚玉制品致密度的关系

f. 表面处理。对于高温、高强度构件或表面要求平整而光滑的制品，烧成后往往要经过研磨及抛光。

3.3.2.2　金属陶瓷的制备

金属陶瓷是一种由金属或合金同陶瓷所组成的非均质复合材料，金属陶瓷性能是金属与陶瓷二者性能的综合，故起到了取长补短的作用。

金属陶瓷中的陶瓷相通常由氧化物（如 Al_2O_3、ZrO_2 等）和难溶化合物（如 TiC、SiC、TiB_2、ZrB、Si_3N_4、TiN_3 等）组成；作为金属相的原料为纯金属粉末，如 Ti、Cr、Ni、Co 等或它们的合金。

现以硬质合金（以碳化物如 WC、TC、TaC 等为基的金属陶瓷）为例，介绍金属陶瓷的一般制备方法。

（1）粉末的制备　硬质合金粉末的制备，主要是把各种金属氧化物制成金属或金属碳化物的粉末。

（2）混合料制备　制备混合料的目的，在于使碳化物和金属粉末混合均匀，并且把它们进一步磨细。这对硬质合金成品的性能有很大影响。

（3）成形　金属陶瓷制品的成形方法有干压、注浆、挤压、等静压、热压等方法。

（4）烧成　金属陶瓷在空气中烧成往往会氧化或分解。所以必须根据坯料性质及成品质量控制炉内气氛，使炉内气氛保持真空或处于还原气氛。

3.4 工程陶瓷材料的应用实例

由于陶瓷本身具有特殊的力学性能以及热、光、电、磁等物理性能，因此它在工程上得到了愈来愈广泛的应用。近 20 年来随着电子技术、计算机技术、能源开发和空间技术的飞速发展，新型陶瓷（特殊陶瓷）的应用日益受到人们的重视。

3.4.1 发动机用高温高强度陶瓷材料

目前采用的镍基汽轮机叶片高温材料，使用温度已可高达 1050℃。但最高不能高于 1100℃。而 Si_3N_4 和 SiC 等陶瓷材料，由于具有良好的高温强度，并具有比氧化物低得多的热膨胀系数、较高的热导率和较好的抗冲击韧性，极有希望成为使用温度高达 1200℃以上的新型高温高强度结构材料。用这种新型陶瓷高温材料制成的发动机具有以下优点：

① 由于工作温度的提高，发动机的效率可大大提高。例如，若工作温度由 1100℃提高到 1370℃，发动机效率可提高 30%。

② 由于燃烧温度的提高，燃料得到充分的燃烧，排放的废气中污染成分含量大幅度下降，不仅降低了能源消耗，并且减小了环境污染。

③ 陶瓷材料与金属材料相比，具有低的热传导性，这使发动机内的热量不易散失，节省了能源的消耗。

④ 陶瓷材料在高温下具有高的高温强度和热稳定性，因此可以期望使用寿命会有所延长。

3.4.2 超硬工具陶瓷材料

世界上最硬的物质金刚石因作为宝石而享有盛名，在工业上它也是重要的工具材料之一。图 3-7 示意地对比了各种工具材料的使用量、性能和价格。可以看出，工具材料按高碳钢、高速钢、超硬合金（硬质合金）、金刚石的顺序，耐磨性和价格依次递增，而韧性依次递减，而陶瓷材料的耐磨性超过了超硬合金。

陶瓷刀具材料主要有纯 Al_2O_3 系和含有 30%左右的 TiC（或其他金属碳化物）的 Al_2O_3 + TiC 系两种。添加 TiC，可以提高韧性。由于陶瓷材料的脆性大，开始只用它来高速切削铸铁。但后来发现，可以对许多高硬难加工材料（如淬火钢、冷硬铸铁、钢结硬质合金等）进

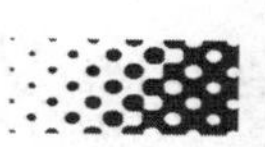

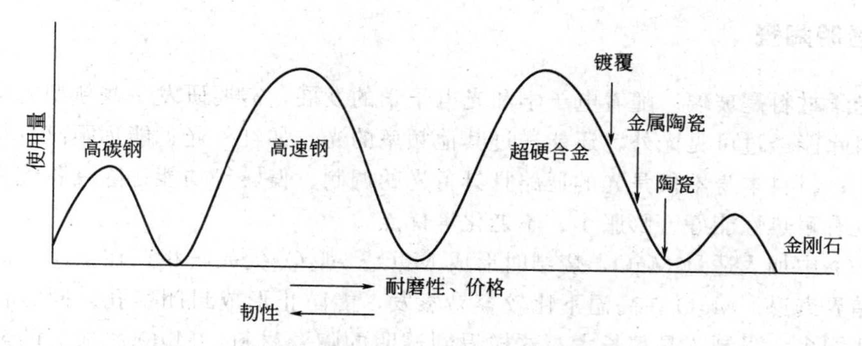

图 3-7 各种工具材料的使用量、性能和价格的对比

行加工，以及高速切削、加热切削等。由于切削刀具刃部温度很高，不用陶瓷刀具已无法切削。另一方面，陶瓷刀具的材质也在不断提高，应用范围不断扩大。

3.4.3 超高压合成材料

人造金刚石是典型的超高压合成材料。人造金刚石一般由静水超高压高温合成法与冲击超高压高温合成法两种方法制成。

静水压合成法以熔解的Ni、Co、Fe、Mn等金属及其合金作为催化剂，在50～60kPa、1300～1600℃左右的高温高压条件下，使石墨转变成金刚石。催化剂金属和石墨分别做成薄片状交替叠放，或使颗粒均匀混合，反应后生成金刚石。未转变的石墨、催化剂金属等混合物，再经化学处理除去，便可分离出合成的人造金刚石。

冲击压力法用火药爆炸产生高压，压力可达40GPa，比静水压高得多。在石墨向金刚石转变的过程中，不需要催化剂。图3-8显示了它的示意装置。但由于冲击高压的瞬间性，晶粒不能长大，故只能形成微细的粉末。

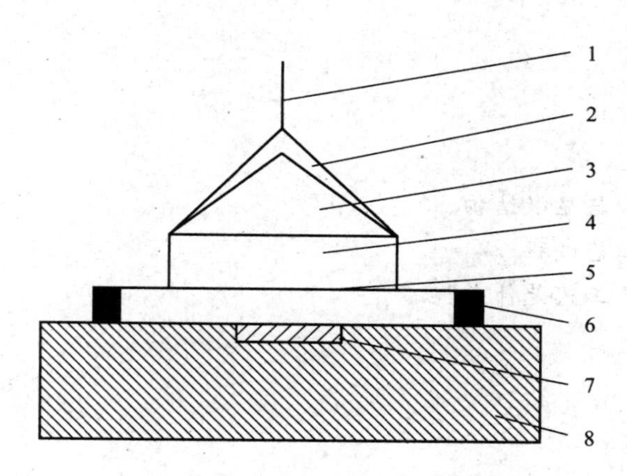

图 3-8 冲击压力法金刚石合成装置示意图

1—电帽管；2—高速炸药；3—低速炸药；4—炸药块；5—冲击铁板；6—支持台；7—石墨块；8—冲击吸收铁板

利用人造金刚石和高压相氮化硼的细微粉末进行成形烧结，便可获得性能极其优良的超硬工模具材料。现已做成高速切削刀具和拔丝模具等商品。

3.4.4 透明陶瓷

传统光学材料是玻璃。随着电子学和光电子学的发展，需要研发一些新型光学材料。要求这些材料除能透过可见光外，还能透过其他频率的光，如红外光；能远距离进行光传播而光损耗极小；材料本身不仅是光的通路且具备光的调制、偏转等功能；除具备优良光学性能外，还应具有耐热性能好、膨胀小、不老化等优点。

在 Al_2O_3 中加入适量 MgO，烧结时形成 $MgO \cdot Al_2O_3$ 尖晶石相，在 Al_2O_3 晶界表面析出，促进晶界衰退。MgO 在高温下比较容易蒸发，能防止形成封闭气孔。同时在烧结过程中晶界气孔增多，限制了晶粒长大。这样得到透明的陶瓷材料。MgO 添加量的最佳范围为 0.1%～0.5%。添加过量会出现第二相，反而降低材料的透光性。

这种透明 Al_2O_3 陶瓷材料的化学稳定性比不透明的 Al_2O_3 陶瓷材料更好，耐强碱和氢氟酸腐蚀，可熔制玻璃制品。某些场合可代替铂坩埚。由于能透过红外光，所以可用作红外检测窗材料和钠光灯管材料。

其他透明氧化物陶瓷，如透明 MgO 陶瓷材料和透明 Y_2O_3 陶瓷材料的透明度和熔融温度比透明 Al_2O_3 陶瓷材料高，是制作高温测视孔、红外检测窗和红外元件的良好材料，可做高温透镜、放电灯管。透明 MgO 陶瓷坩埚用于碱性料的高温熔炼，也适用于电子工业和航天技术中。

参考文献

[1] 金志浩，周敬思．工程陶瓷材料．北京：机械工业出版社，1986.
[2] 段继光．工程陶瓷技术．长沙：湖南科学技术出版社，1994.
[3] 谢希文，过梅丽．材料工程基础．北京：北京航空航天大学出版社，1999.

思考题

1. 简述陶瓷材料的特性与显微结构。
2. 简述高铝瓷的生产工艺过程。
3. 金属陶瓷的一般生产工艺是什么？

第4章 高分子材料的制备

4.1 概述

高分子材料是指那些由众多原子或原子团主要以共价键结合而成的分子量[1]在10000以上的化合物。按其用途，可分为塑料、合成橡胶、合成纤维、胶黏剂等；按其热行为，可分为热塑性与热固性两大类。

分子量<500的物质——低分子化合物，如水、甲烷、葡萄糖、蔗糖等。

分子量>10000的物质——高分子化合物，如聚乙烯、有机玻璃、淀粉等。

一些常见高分子材料，如聚乙烯分子量可从几万至百万以上，聚氯乙烯则为2万～16万，橡胶为10万左右。

高分子化合物与人类的关系非常密切。如我们食用的淀粉就是天然高分子化合物，它的分子是由大约1000个葡萄糖单元组成的大分子，分子量约为20万。我们穿的棉纤维也是由特别长的大分子链组成的高分子化合物，每个长链大约是由10000个葡萄糖单元连接而成，分子量约为100万。组成人类自身肌体的蛋白质也是高分子化合物。不同的蛋白质都是由相同的基本结构单元氨基酸以不同的连接方式组成的。胰岛素的分子量为6000，而某些复杂酶的分子量要大于100万。

高聚物虽然分子量很大、结构复杂，但组成高聚物的大分子链却是由一种或几种简单的低分子有机化合物重复连接而成的。如聚乙烯是由许多乙烯小分子（$CH_2{=}CH_2$）打开双键连接成大分子链组成的。可以写成下面的化学方程式：

$$\underbrace{n(CH_2{=}CH_2)}_{\text{单体}} \xrightarrow{\text{聚合反应}} \underbrace{[\!-CH_2-CH_2-\!]}_{\text{链节}}{}_n \ \uparrow\text{聚合度}$$

4.1.1 常用名词

（1）单体 可以聚合成大分子链的低分子有机化合物称为单体。

如聚乙烯的单体是乙烯（$CH_2{=}CH_2$），聚丙烯的单体是丙烯（$CH_2{=}CHCH_3$）。单体是人工合成高聚物的原料。并不是所有的低分子有机化合物都可以作为单体来合成高分子。

（2）链节 大分子链中的重复结构单元称之为链节。

（3）聚合度 组成大分子链的链节的数目（n）叫做聚合度。大分子链的分子量是链节分子量和聚合度的乘积。

高分子材料也可以由两种或两种以上单体以不同的连接方式和顺序组成。著名的工程塑

[1] 指相对分子质量，全书同。

料 ABS 就是由丙烯腈、丁二烯、苯乙烯三种单体组成的高分子材料。

不同单体组成的高分子材料性能不同。如聚苯乙烯硬而脆，可做肥皂盒、汽车尾灯盖等；而聚乙烯既可做肥皂盒，也可做成薄膜做包装材料。

相同单体组成的高分子材料由于分子量大小不同或链节连接方式不同，其性能也不同。如超高分子量聚乙烯（大于 100 万）变得硬而韧，可做纺梭。又如淀粉和纤维的单体都是单糖，由于纤维分子量比淀粉大得多，且两者分子链形状也不相同，所以两者性能不同。人可以消化淀粉，消化过程是淀粉在人体内酸和某种酶的作用下，将大分子链打开生成葡萄糖再通过氧化葡萄糖变为人体所需要的能量。但是人不能消化纤维，纤维的分子链只有在某些食草类动物体内才能转化为葡萄糖。

大分子链的组成、结构、聚集状态和低分子不同，这种差别导致了高分子材料的一系列特异性能，如高弹性等。

4.1.2 高分子材料的发展史

虽然高分子材料与人类有着极为密切的关系，但是人类对高聚物本质的了解却要比其他材料晚很多。由于错误地把高分子材料划入胶体化学范畴，高分子的发展受到很大的阻碍。直至 1920 年德国学者斯托丁格尔（H. Staudingerr）提出了大分子链学说，并成功地解释了高分子材料结构和性能之间的关系，高分子的人工合成和广泛应用才逐步发展起来。

必须指出的是大分子链学说提出后曾遭到学术界不少人的强烈反对，直到 1950 年大分子链学说才获得学术界的最后确认，斯托丁格尔也因此荣获了诺贝尔奖。在大分子链学说理论的指导下，人工合成高分子材料在短短的几十年中，像雨后春笋般接连不断地被研制出来。1938 年第一双人造尼龙袜问世，曾引起社会上不小的轰动。其后，著名的工程塑料 ABS 用来制作汽车方向盘一类的机器零件；被称为“塑料王”的聚四氟乙烯研制成功，可在“王水”中煮沸而不被腐蚀，耐磨性能也极好；有机硅特种橡胶的出现使橡胶使用温度扩大到从低温－100℃至高温 300℃范围内。

高分子材料发展这样快的原因是：

① 大分子链学说引导人们正确地认识了高聚物的本质。

② 人工合成高分子材料所用原料十分丰富，如煤、石油、天然气等。

③ 人工合成高分子材料的生产过程不受自然条件的制约。如生产 1000t 天然橡胶，需要大约 5000 人在数千亩土地上种植大量的橡胶树才行。而生产 1000t 合成橡胶只需几十人，在工厂内就可完成。

④ 高分子材料具有许多特异性能，如高弹性、绝缘、耐腐蚀、相对密度小、易加工成形等，可满足人类生产和生活的各种要求，这是高分子材料大发展的巨大动力。

目前，高分子材料的发展方向是：性能上要提高强度、刚度和耐热性，品质和寿命上要提高抗老化能力，在生产和使用过程中要很好解决不污染环境、保持生态平衡的问题。

4.1.3 高分子材料的分类和命名

4.1.3.1 分类

（1）按与生物相关程度分类　高分子分为生物高分子和非生物高分子两大类。按其来源

又分为天然高分子和人工合成高分。非生物高分子材料根据不同要求有以下分类方法。

① 碳链高分子：即大分子主链全部由碳原子键合而成。

② 杂链高分子：大分子主链中除碳原子外，还有 O、N、S 等其他原子。

③ 元素有机高分子：大分子主链上还有 Si、Al、Ti、B 等元素。

（2）按分子链的几何形状分类　可分为线型高分子、支链高分子和网状高分子三种类型（图 4-1）。

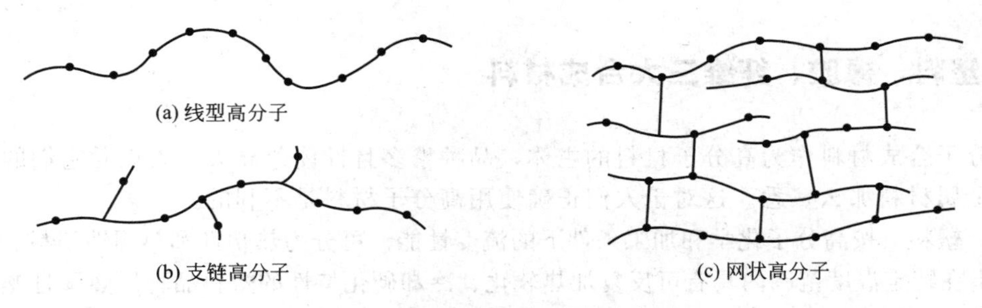

图 4-1　分子链的几何形状示意图

（3）按合成反应分类　可分为加聚聚合物（其中又分为均聚物和共聚物）和缩聚聚合物。所以高分子化合物常称为高聚物或聚合物，高分子材料又称为高聚物材料。

（4）按高聚物的热行为及成形工艺特点分类

① 热塑性高聚物。指在熔融状态下可塑化成某种形状，待冷却后定型，再重新加热又可塑化并形成新的形状而不会引起严重的分子链断裂，性能也没有显著变化的高聚物。上述加热熔融、冷却固化的过程可反复进行，所以可方便地对这类高聚物的碎屑进行再加工。聚乙烯、聚氯乙烯、聚酰胺（尼龙）等都是这种热塑性高分子材料。

② 热固性高聚物。此类经加热、加工成形后，不能再熔融或再成形，若继续加压、加热将导致大分子链的破坏。酚醛树脂（电木）、环氧树脂等均属此类高分子材料。

4.1.3.2　高分子材料的命名

高分子材料的命名方法和名称比较复杂。有些名称是专用词，如纤维素、淀粉、蛋白质等；有许多是商品名称。高分子学科采用的命名方法，和有机化学中各类物质的名称有密切的关系。

对于加聚物通常在其单体原料名称前加一个“聚”字即为高聚物名称，乙烯加聚反应生成聚乙烯，氯乙烯加聚反应生成聚氯乙烯。对缩聚反应和共聚反应生成的高分子物质，在单体名称后加“树脂”或“橡胶”，如酚醛树脂。有些高聚物名称是在其链节名称前加一个“聚”字，如聚乙二酰己二胺（尼龙-66）。一些组成和结构复杂的高聚物常用其商品名称，如有机玻璃（聚甲基丙烯酸甲酯）、涤纶（聚对苯二甲酸乙二酯）等。

4.2　高聚物的结构

高聚物和金属、陶瓷等材料一样，它们的各种性能都是由不同的化学组成和组织结构决定的。只有从不同的微观层次上正确了解高聚物的组成和组织结构特征以及性能（包括使用性能和工艺性能）间的关系，才能合理地选用高聚物材料。

高分子材料的组织结构要比金属复杂得多，其主要特点是：

① 大分子链是由众多（10^3～10^5数量级）简单结构单元重复连接而成的，链的长度是其直径的10^4倍。

② 大分子链具有柔性，可弯曲。

③ 大分子链间以范德华力结合在一起，或通过链间化学键交联在一起，范德华力和交联情况对性能有很大影响。

④ 高聚物中大分子链聚集态结构有晶态（长程有序结构）和非晶态等。

4.3 塑料、橡胶、纤维三大合成材料

高分子合成材料作为高分子材料的主体，品种繁多且性能差异大，人们对它们的认识远不如对金属材料那么熟悉。这对于人们正确使用高分子材料是不利的。

（1）塑料　按高分子化学和加工条件下的流变性能，可分为热塑性和热固性塑料。热塑性塑料是指在特定温度范围内具有可反复加热软化、冷却硬化特性的塑料品种。热固性塑料是指在特定温度下加热或通过加入固化剂发生交联反应，变成不溶、不熔塑料制品的塑料品种。

按性能和用途可分为通用塑料、工程塑料。通用塑料的价格便宜，大量用在包装、农用等方面，聚乙烯、聚丙烯、聚氯乙烯、聚苯乙烯、酚醛树脂等都属于通用塑料。工程塑料具有相当好的强度和刚度，所以被用作结构材料、机械零件、高强度绝缘材料等。如聚甲醛、聚碳酸酯、尼龙、酚醛树脂等。其中，聚乙烯是世界塑料品种中产量最大的品种，其应用量也最大，约占世界塑料总产量的1/3，其价格便宜，容易成形加工，性能优良，发展速度很快。在我国，聚氯乙烯的产量仅次于聚乙烯塑料，其阻燃性优于聚乙烯、聚丙烯等塑料，可用于建筑材料，如管材、门窗、装饰材料等。

（2）合成橡胶　合成橡胶可分成通用合成橡胶和特种合成橡胶。通用橡胶主要有丁苯橡胶、丁二烯橡胶、丁腈橡胶等，用于制造软管、轮胎、密封件、传送带等。特种橡胶主要有聚氨酯橡胶、硅橡胶等，广泛用于制作实心车胎、汽车缓冲器及密封材料等。

（3）合成纤维　合成纤维中以聚酯、尼龙、聚丙烯酯三种产量最大，它们主要用于纺织品和编织物等。

塑料、橡胶、纤维三类聚合物的界限很难严格划分。例如聚氯乙烯是典型的塑料，但也可抽成纤维；如氯纶配入适量增塑剂，可制成类似橡胶的软制品；又如尼龙、涤纶是很好的纤维材料，但也可作为工程塑料。

三大合成材料在性能方面各有其不同特点：橡胶的特性是在室温下弹性高，弹性模量小，即在很小的外力作用下能产生很大的变形（可达1000%），外力去除后能迅速恢复原状。合成纤维的弹性模量较大，受力时变形较小，一般只有百分之几到百分之二十。在较广的温度范围内（－50～150℃），力学性能变化不大。塑料的弹性模数、黏度和延展性都与温度有直接的关系。温度对高分子材料性能影响较大。例如，在室温下，塑料的柔性远比橡胶类要小，但当把塑料加热到一定温度时，塑料也表现出如橡胶一样的柔性。在－70℃以下的聚丁二烯，就失去了橡胶的那种柔性了。

4.4 高分子材料的制备

常用的高分子材料的制备过程包括高聚物的聚合和加工成形两个主要阶段。从聚合反应

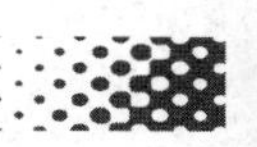

制取的高分子聚合物，常以坯块、粉体或溶液形式储备，待深加工，也可以直接成形为板材。

4.4.1 高分子聚合反应

由低分子单体合成聚合物的反应称作聚合反应。

4.4.1.1 聚合反应的原料

（1）单体　单体是高分子聚合的原料。工业上常见的单体，对于连锁聚合有乙烯、苯乙烯、氯乙烯、丙烯酸酯等。由于逐步聚合是化学官能团之间发生的反应，因此，用于逐步聚合的单体必须有可进行反应的官能团，而且有两个以上，才能形成高分子。可用于逐步聚合的单体有：合成聚酯或聚氨酯的乙二醇、合成醇酸树脂的丙三醇、合成聚碳酸酯或环氧树脂等的双酚A单体等。

随着石油化工的发展，单体的来源有了保证，但一些特殊烯烃仍然要人工合成，单体的合成工艺条件和技术控制相当复杂。

（2）引发剂　工业上自由基聚合多采用引发剂来引发。

引发剂是容易分解成自由基的化合物，其分子结构上具有弱键。在热能或辐射能的作用下，分子沿弱键均裂成两个自由基。引发剂分解后，只有一部分用来引发单体聚合，还有一部分引发剂损耗了。引发聚合的部分与引发剂消耗总量的百分数称为引发效率。

4.4.1.2 聚合反应的类型

聚合反应有许多类型，可以从不同角度进行分类。

（1）根据聚合物和单体元素的组成和结构的变化分类　按聚合过程中有无低分子物逸出，将聚合反应分成加聚反应和缩聚反应两大类。

① 加聚反应。单体相互间加成而聚合起来的反应称为加聚反应。加聚反应过程中无低分子逸出。加聚后的产物被称作加聚物。加聚物的元素组成与原料单体相同，仅仅是电子结构有所改变，加聚物的分子量是单体分子量的整数倍。烯类聚合物或碳链聚合物大多是烯类单体通过加聚反应合成的。

② 缩聚反应。聚合反应过程中，除形成聚合物外，同时还有低分子副产物产生的反应称作缩聚反应。缩聚反应的主产物称作缩聚物。根据单体中官能团的不同，低分子副产物可能是水、醇、氨、氯化氢等。由于低分子副产物的析出，缩聚物结构单元要比单体少若干原子，缩聚物的分子量不是单体分子量的整数倍。己二胺和己二酸反应生成尼龙-66是缩聚反应的典型例子。

（2）按反应机理分类　根据聚合反应机理，将聚合反应分成连锁聚合反应和逐步聚合反应两大类。

① 连锁聚合反应。用物理或化学方法产生活性中心，并且一个个向下传递的连续反应称为连锁反应。烯类单体经引发产生活性中心后，若此活性中心有足够的能量，即能打开烯烃类单体的π键，连续反应生成活性链，称为连锁聚合反应。连锁聚合反应可以明显地分成相继的几步基元反应，即链引发、链增长、链终止等。各步的反应速率和活化能差别很大。连锁聚合反应是自由基反应，链引发缓慢，而链增长和链终止极快，结果转化率随聚合时间的延长而不断增加，反应从开始到终止产生的聚合物平均分子量差别不大，体系中始终由单

体和高聚物两部分组成。很少有从低分子量到高分子量的中间产物。

② 逐步聚合反应。绝大多数缩聚反应和合成聚氨酯的反应都属于逐步聚合反应。其特征是在由单体生成高分子聚合物的过程中，反应是逐步进行的。不像连锁反应那样明显地分出几个基元反应，其每一步的反应速率和活化能大致相同。反应初期，大部分单体很快聚合成二聚体、三聚体等低聚体，短期内转化率很高；随后，低聚体相互间继续反应，分子量不断增大而得到聚合物，此时转化率的增加变得缓慢。即单体转化率的增加是短时间的，而聚合物分子量的增加是逐步的。

4.4.1.3 聚合反应基本原理

具有共用电子对的共价化合物，在适宜条件下，共价键可以发生均裂或异裂。发生均裂时，共价键上的一对电子均分给两个基团，它们都含有一个未成对的独电子。凡含有独电子的基团称为自由基。发生异裂时，共价键上的一对电子归某一基团所有，则此基团带有多余的电子即成为阴离子，另一基团缺少一个电子则成为阳离子。形成的自由基、阴离子、阳离子若有足够的活性，均可以打开键而进行自由基聚合、阴离子聚合、阳离子聚合等。

4.4.2 自由基聚合方法

随着聚合实施方法的不同，产品的形态、性质和用途都有差异。在工业生产中常根据产品的要求选择适宜的聚合实施方法。对于自由基聚合的实施方法有本体聚合、溶液聚合、悬浮聚合和乳液聚合。

所谓本体聚合是仅仅单体本身加少量引发剂（甚至不加）的聚合；溶液聚合则是单体和引发剂溶于适当溶剂中的聚合；悬浮聚合一般是单体以液滴状悬浮在水中的聚合，体系主要由单体、水、引发剂、分散剂四组分组成；乳液聚合则一般是单体和水（或其他分散介质）由乳化剂配成乳液状态所进行的聚合，体系的基本组分是单体、水、引发剂和乳化剂。

上述四种实施方法是按单体和聚合介质的溶解分散情况来划分的。本体聚合和溶液聚合属均相体系，而悬浮聚合和乳液聚合则属于非均相体系。但悬浮聚合在机理上却与本体聚合相似，一个液滴就相当于一个本体聚合单元，乳液聚合则另行独特的机理。虽然不少单体可以选用上述四种方法中的任一种进行聚合，但实际上往往根据产品性能的要求和经济效果，选用其中某种或几种方法来进行工业生产。

4.4.2.1 本体聚合

指不加其他介质，只有单体本身在引发剂或催化剂、热、光、辐射的作用下进行的聚合。

根据单体对聚合物的溶解情况分为均相聚合与非均相聚合两种。

① 均相聚合。聚合物能够溶解于单体中的为均相聚合。聚合过程中体系黏度不断增大，最后得到透明固体聚合物。如甲基丙烯酸甲酯、苯乙烯、醋酸乙烯酯等单体的聚合都属于均相聚合反应。

② 非均相聚合。单体不是聚合物的溶剂时，为非均相聚合，或称沉淀聚合。聚合过程中生成的聚合物不溶于单体而不断析出，得到不透明的白色颗粒状物。如氯乙烯、丙烯腈等的聚合属于此类。

在本体聚合体系中，除了单体和引发剂外，有时还可能加有少量色料、增塑剂、润滑

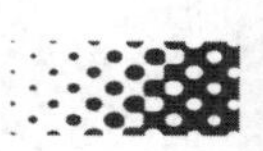

剂、分子量调节剂等助剂。

气态、液态、固态单体均可进行本体聚合。其中液态单体的本体聚合最重要。聚酯、聚酰胺的生产是熔融本体缩聚的例子；丁钠橡胶的合成是阴离子本体聚合的典型。

工业上本体聚合可分为间歇法和连续法。生产中的关键问题是反应热的排除。聚合初期，转化率不高、体系黏度不大时，散热无困难。但转化率提高，体系黏度增大后，散热不容易，加上凝胶效应，放热速率提高，如散热不良，轻则造成局部过热，使分子量分布变宽，最后影响聚合物的机械强度；重则温度失调，引起爆聚。绝热聚合时，体系温度升高可以超过 100℃。由于这一缺点，本体聚合的工业应用受到一定限制，不如悬浮聚合和乳液聚合应用广泛。改进的办法是采用两段聚合：第一阶段保持较低的转化率，10%～40%不等，体系黏度较低，散热容易，聚合可在较大的搅拌釜中进行；第二阶段进行薄层（如板状）聚合，或以较慢的速率进行。图 4-2 为聚甲基丙烯酸甲酯的本体聚合工艺流程。

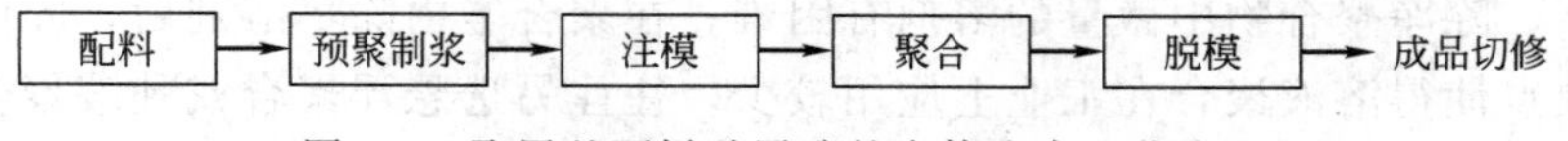

图 4-2　聚甲基丙烯酸甲酯的本体聚合工艺流程

工业上本体聚合的第二个问题是聚合物出料问题。根据产品特性，可用下列出料方法：浇铸脱模制成板材或型材，将熔融体挤塑造粒，粉料等。

采用本体聚合的优点是：产品纯度高，均相聚合可得到透明的产品，并可直接聚合成形，如板材、棒材等产品。因为聚合过程中不需要其他助剂，无需后处理，故工艺过程简单，设备简单。

本体聚合的缺点是：聚合热不易散失，易造成局部过热，凝胶效应严重；反应不均匀造成分子量分布较宽；因为聚合物的密度都较单体的密度大，故聚合过程中体积收缩，易使产品产生气泡、起皱等，从而影响聚合物的光折射率的均匀性。

4.4.2.2　溶液聚合

溶液聚合是由单体、引发剂、溶剂组成的聚合体系。单体溶在某种溶剂中，生成物也溶在溶剂中，体系呈均相的溶液状态。

（1）选择溶剂　自由基溶液聚合选择溶剂时，应注意以下两方面的问题：

① 溶剂的活性。表面看起来，溶剂并不直接参加聚合反应，但溶剂往往并非惰性。溶剂对引发剂有诱导分解作用，链自由基对溶剂有链转移反应。这两方面作用都有可能影响聚合速率和分子量。向溶剂分子转移的结果，使分子量降低。各种溶剂的链转移常数变动很大，水为零，苯较小，卤代烃较大。

② 溶剂对聚合物的溶解性能和凝胶效应的影响。选用良溶剂时，为均相聚合，如单体浓度不高，有可能消除凝胶效应，遵循正常的自由基聚合动力学规律。选用沉淀剂时，则成为沉淀聚合，凝胶效应显著。劣溶剂的影响则介于两者之间，影响深度视溶剂优劣程度和浓度而定，有凝胶效应时，反应自动加速，分子量也增大。链转移作用和凝胶效应同时发生时，分子量分布将决定于这两个相反因素影响的深度。

离子型聚合选用溶剂的原则：首先应该考虑到溶剂化能力，这对聚合速率、分子量及其分布、聚合物微结构都有深远的影响；其次才考虑到溶剂的链转移反应。开发一个聚合过程，除了寻找合适的引发剂外，同时应对溶剂作详细的研究。

（2）应用　以下两个场合要选用溶液聚合。

① 溶液聚合有可能消除凝胶效应。选用转移常数较小的溶剂，容易建立正常聚合时聚合速率、聚合度与单体浓度、引发剂浓度等参数间的定量关系。

② 工业上溶液聚合适于聚合物溶液直接使用的场合，如涂料、胶黏剂、浸渍剂、合成纤维纺丝液、继续化学转化成其他类型的聚合物。

自由基聚合、离子型聚合、缩聚均可选用溶液聚合。酚醛树脂、环氧树脂等的合成都属于溶液缩聚。合成尼龙-66 的初期是在水溶液中缩聚，后期才转入熔融本体缩聚。

与本体聚合相比，溶液聚合体系黏度较低，混合和传热较易，温度容易控制，不易产生局部过热。此外，引发剂容易分散均匀，不易被聚合物所包裹，引发效率较高。这是溶液聚合的优点。

另一方面，溶液聚合也有许多缺点。由于单体浓度较低，溶液聚合进行较慢，设备利用效率和生产能力较低；单体浓度低和向溶剂链转移的结果，致使聚合物分子量较低；溶剂分离回收费用高，除净聚合物中微量的溶剂有困难；在聚合釜内除尽溶剂后，固体聚合物出料困难。这些缺点使得溶液聚合在工业上应用较少，往往另选悬浮聚合或乳液聚合。

4.4.2.3 悬浮聚合

悬浮聚合一般是单体以小液滴状态悬浮在水中进行的聚合。单体中溶有引发剂，一个小液滴就相当于本体聚合的一个单元。从单体液滴转变成聚合物固体粒子，中间一定经过聚合物单体黏性粒子阶段。为了防止粒子相互黏结在一起，体系必须另加分散剂，以便在粒子表面形成保护膜，因此悬浮聚合体系一般由单体、引发剂、水、分散剂四个基本组分组成。

工业上采用的悬浮分散剂一般有两类。

① 水溶性有机高分子化合物，如明胶、淀粉、蛋白质等天然高分子，部分水解的聚乙烯醇、聚丙烯酸、聚甲基丙烯酸盐类、顺丁烯二酸酐-苯乙烯共聚物等合成高分子，以及甲基纤维素、羟甲基纤维素等纤维素衍生物。有机高分子分散剂的作用是：吸附在单体液滴表面，形成一层保护膜，提高了介质的黏度，增加了单体液滴碰撞凝聚的阻力，防止液滴黏结。

② 不溶于水的无机粉末，如硫酸钡、碳酸钡、碳酸镁、滑石粉等。这些无机粉末附着在单体液滴的表面，对液滴起着机械隔离的作用。

不论是有机化合物的保护膜，还是黏附在液滴表面的无机粉末，聚合后都可洗掉。

为了保证悬浮聚合物能得到适合的粒度，除加入分散剂外，搅拌也是很重要的因意，聚合物颗粒的大小取决于搅拌的程度、分散剂性质及用量的多少。一般搅拌转速高，得到的聚合物粒子细；若转速过低，得到的聚合物颗粒大而不均。

悬浮聚合的优点是：体系黏度低，聚合热容易从粒子经介质水通过釜壁由夹套冷却水带走，散热和温度控制比本体聚合、溶液聚合容易得多；产品分子量及其分布比较稳定；产品的分子量比溶液聚合高，杂质含量比乳液聚合的产品少；后处理工序比溶液聚合和乳液聚合简单，生产成本较低；生产的粒状树脂可以直接用来加工。

悬浮聚合的主要缺点是：产品多少附有少量分散剂残留物，要生产透明和绝缘性能高的产品，须将残留分散剂除净。

综合平衡后，悬浮聚合兼有本体聚合和溶液聚合的优点，而缺点较少，因此在工业上得到广泛的应用，常用于生产聚苯乙烯离子交换树脂和各种膜塑料。80%～85%的聚氯乙烯，很大一部分聚苯乙烯、聚甲基丙烯酸甲酯等都采用悬浮法生产。

4.4.2.4 乳液聚合

单体在水介质中由乳化剂分散成乳液状态进行的聚合称乳液聚合，配方由单体、水、水溶性引发剂和乳化剂四组分组成。

在工业上实际应用时，根据不同聚合对象和要求，还常添加分子量调节剂，用以调节聚合物分子量，减少聚合物链的支化；加入缓冲剂用以调节介质的pH值，以利于引发剂的分解和乳液的稳定。同时还添加乳化剂稳定剂。它是一种保护胶体，用以防止分散胶乳的析出或沉淀。

在本体聚合、溶液聚合或悬浮聚合中，使聚合速率提高的一些因素，往往使分子量降低。但在乳液聚合中，速率和分子量却可以同时提高。另外，乳液聚合物粒子直径0.05～0.15μm，比悬浮聚合常见粒子直径（0.05～2mm）要小得多。

乳液聚合的优点是：以大量的水为介质，成本低，易于散热，反应过程容易控制，便于大规模生产；聚合反应温度较低，聚合速率快，同时分子量又高。聚合的胶乳可直接用作涂料、黏合剂、织物处理剂等。

乳液聚合存在如下缺点：需要固体聚合物时，要经过凝聚（破乳）、洗涤、脱水、干燥等程序，因而工艺过程复杂；由于聚合体系组分多，产品中乳化剂难以除净，致使产品纯度不够高，产品热稳定性、透明度、电性能均受到影响。

乳液聚合大量用于合成橡胶，如丁苯橡胶、氯丁橡胶、丁腈橡胶等的生产。生产造革用的PVC、PVAC以及聚丙烯酸酯、聚四氟乙烯等，也有用乳液法的。

乳液聚合中，由于有乳化剂的存在，单体与水混合而成稳定不易分层的乳状液，这种作用称为乳化作用。由于乳化剂分子的结构为一端亲水一端亲油（单体），乳化剂分子在油水界面上亲水端伸向水层，亲油端伸向油层，因而降低了油滴的表面张力，在强力搅拌下分散成更细小的油滴，同时表面吸附一层乳化剂分子。在乳液中存在3个相，如图4-3所示。

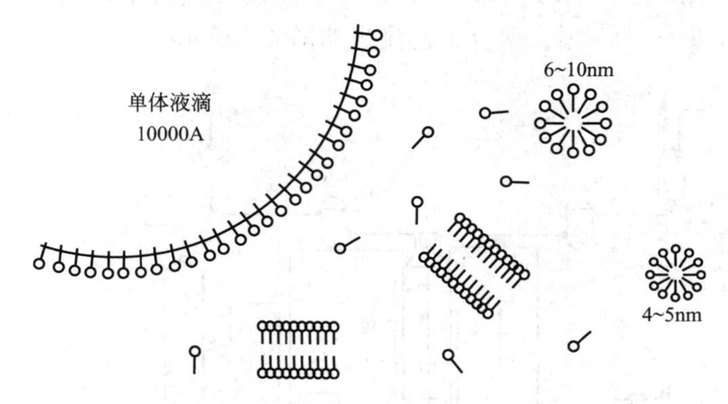

图4-3 乳液聚合体系示意图

① 胶束相。当浓度很低时，乳化剂以单个分子分散在水中；达到一定浓度时，乳化剂分子便形成了聚集体（约50～100个乳化剂分子），这种聚集体称为胶束。浓度较低时胶束呈球形，浓度较高时胶束呈棒状，其长度大约为乳化剂分子长度的两倍。乳化剂能够形成胶束的最低浓度称为临界胶束浓度，简称CMC。CMC值越小，表明该乳化剂越易形成胶束，说明乳化能力高。无论是球状胶束还是棒状胶束，乳化剂分子的排列均是亲水一端向外，亲油一端向内。

单体在水中溶解度极小，由于胶束中心的烃基部分与单体具有相似相溶的亲和力，可有一部分单体进入胶束内部，这样可增加单体的溶解度。此作用称为增溶作用。20℃时苯乙烯在水中的溶解度只有0.02%，在常用的乳化剂浓度下，可增溶到1%～2%，内部溶有单体的胶束称为增溶胶束。

② 油相。主要是单体液滴。单体在不断的强力搅拌下，形成许多液滴，每一液滴周围都被许多乳化剂分子包围。乳化剂分子亲水基团向外，亲油基团伸向液滴，使单体液滴得以稳定存在。

③ 水相。水相中水是大量的，其他有缓冲剂、单个乳化剂分子、水溶性引发分子及少量溶在水中的单体分子。

综上所述，乳化剂的作用如下：降低油-水界面张力，便于油、水分成细小的液滴并在表面形成保护层，防止液滴凝聚，而使乳液稳定；有增溶作用，使部分单体溶在胶束内。

4.4.2.5 几种典型高分子材料的合成工艺

(1) 氯乙烯的悬浮聚合　聚氯乙烯（PVC）的密度为1.35～1.4588g/m^3，其化学稳定性很高，能耐酸碱腐蚀，力学性能、电性能好，但耐热性能差，80℃开始软化变形，因此使用温度受到限制。

首先制备氯乙烯单体。氯乙烯在常温常压下是无色有乙醚香味的气体，沸点－13.4℃。我国多以乙炔与氯化氢合成氯乙烯。乙炔由电石法制得。要求乙炔纯度在99.5%以上，HCl纯度在95%以上。工业生产中乙炔与氯化氢的分子比常控制在1∶(1.05～1.1)，氯化氢过量5%～10%，以确保乙炔全部反应，避免催化剂中毒。反应温度在130～180℃。合成的氯乙烯需要净制，经过水洗（除去氯化氢、乙醛等）、碱洗（除去氧化氢、二氧化碳等）、干燥、精馏，获得合格的氯乙烯单体，其纯度超过99.5%。

聚合的主要设备为聚合釜，可以用不锈钢或搪瓷釜。按不同牌号使用不同配方及操作条件，大致为氯乙烯∶水＝(1∶1.1)～(1∶1.4)，引发剂用量为单体的0.04%～0.15%，分散剂用量为水的0.05%～0.3%。聚合工艺流程如图4-4所示。

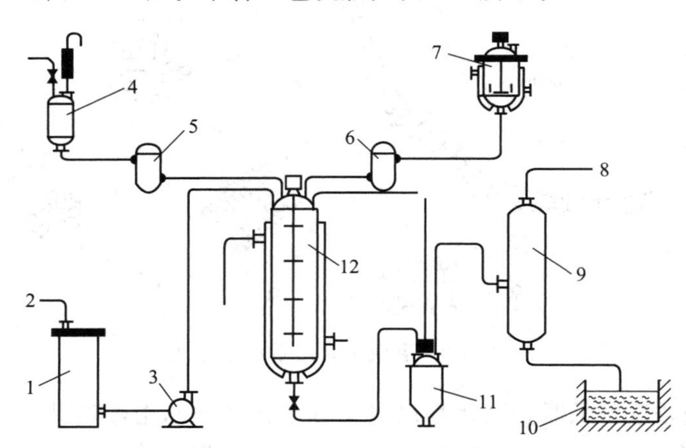

图4-4　氯乙烯聚合工艺流程

1—过滤器；2—水；3—泵；4—单体计量槽；5,6—过滤器；7—分散剂配制槽；
8—氯乙烯气柜；9—泡沫捕集器；10—沉降池；11—沉析槽；12—聚合釜

水由泵打入聚合釜，引发剂由聚合釜顶部加入，同时加入分散剂进行数分钟，通氮气排出空气。单体由计量槽经过滤器加入聚合釜内。

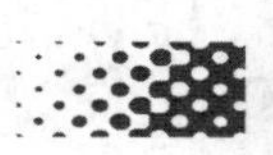

向夹套内通入蒸汽进行升温（升温时间不大于 1h），聚合温度控制在 47～58℃，温度波动范围不超过 0.5℃，压力 0.65～85MPa，反应 12～14h。聚合完毕，悬浮液进入沉析槽，釜内残余气体经沉析槽至泡沫捕集器排入氯乙烯气柜，捕集下来的树脂至沉降池定期处理，悬浮液需经碱处理。向沉析槽中加入碱液，用以破坏低分子物和残存的引发剂、分散剂及其他杂质。在树脂的加工与使用中，低分子量物质分解会影响产品的热稳定性和力学性能等。碱处理也可洗掉吸附在聚合物上的氯乙烯单体及其他挥发物。一般控制沉析槽中悬浮液含碱量 0.05%～0.2%，在 75～80℃条件下处理 1.5～2h。待吹风降温后，悬浮液被送至离心机进行洗涤、离心、脱水，再进行干燥得固体粉末 PVC。

(2) 氯乙烯的乳液聚合　乳液聚合法是工业生产 PVC 的传统方法。

乳液聚合一般先将乳化剂溶于水中，之后加入单体和引发剂，搅拌成乳液，升温聚合。

同悬浮聚合一样，氯乙烯纯度要高，水要纯（采用软水）。可用作乳化剂的物质很多，如十二烷基硫酸钠、磺化蓖麻油、烷基苯磺酸以及皂类。引发剂为水溶性的。采用间歇法、连续法生产均可，主要是用间歇法，其优点是可以生产多种类型的树脂，并且易于控制聚合参数，可以得到高质量的树脂。

乳液聚合的设备大致和悬浮法的设备相同。聚合后的乳液中加入电解质进行破乳，最后喷雾干燥得到粉末状树脂。多采用乳液法生产糊状树脂，它是 PVC 树脂分散于液态增塑剂及其他配料中的黏稠状流体。

乳液聚合所得的 PVC 树脂颗粒较细、疏松呈粉状，塑化性能较好，主要用于制造人造革、泡沫塑料及其他一些软制品。

4.4.3　缩聚反应方法

缩聚的方法很多，并且还在不断发展中。主要有熔融缩聚、溶液缩聚和界面缩聚三种方法。

4.4.3.1　熔融缩聚

这是目前在生产上大量使用的一种缩聚方法，普遍用来生产聚酰胺、聚酯和聚氨酯。熔融缩聚反应过程中不加溶剂，单体和产物都处于熔融状态，反应温度高于缩聚产物熔点10～20℃，一般于 200～300℃之间进行熔融缩聚反应。其特点如下：

① 不使用溶剂，避免了缩聚反应过程和回收过程的溶剂损失和能量损失，并节省了溶剂回收设备。

② 减少环化反应。

③ 由于反应温度较高，所以要求单体和产物的热稳定性好。只有热分解温度高于熔点的产物才能用熔融缩聚法生产。

④ 反应速率低，反应时间长。为了避免聚合物长时间受热发生高温氧化，在反应过程中需通入惰性气体（如 N_2、CO_2等）进行保护。

⑤ 采用熔融缩聚法生产聚合物的缩聚反应都是平衡缩聚反应，为了使缩聚物达到较高的分子量，必须把低分子副产物排除出反应体系，因此反应后期往往在减压下进行。

⑥ 在缩聚反应过程中，如欲使反应停留在某一阶段，只需待反应达到一定程度时使反应器冷却即可。

⑦ 由于熔融缩聚温度不能太高，所以不适于制备高熔点的耐高温聚合物。

用熔融缩聚法合成聚合物的设备简单且利用率高。因为不使用溶剂或介质，近年来已由过去的釜式间歇法生产改为连续法生产，如尼龙-6、尼龙-66等的生产。

4.4.3.2 溶液缩聚

将单体溶于一种溶剂或混合溶剂中进行的缩聚反应称为溶液缩聚。

溶剂是溶液缩聚反应的关键。对溶剂的要求是：能迅速溶解单体，迅速吸收和导出反应热，使反应平稳进行，有利于低分子副产物的迅速排除，以便于提高反应速率和缩聚产物的分子量。

由于溶剂的存在，往往增加反应过程中的副反应，使反应过程中增加了溶剂回收精制设备和后处理工序。为了保证聚合物有足够高的分子量和良好的性能，必须严格控制单体的当量比，要求溶剂不能含有可以和单体反应的单官能团物质。

对于平衡缩聚，例如聚酯化反应，将单体溶于甲苯和二甲苯等惰性溶剂中，再加入酯化反应催化剂，加热进行缩聚反应。在反应过程中水与溶剂连续地以共沸物蒸馏除去，并将溶剂精制干燥后重新返回反应器。精制干燥后循环使用的溶剂越是干燥，缩聚产物的分子量越高。

溶液缩聚法多用于反应速率较高的缩聚反应，如醇酸树脂、聚氨酯、有机硅树脂、酚醛树脂、脲醛树脂、由二元酰氯和二元胺生产聚酰胺等的合成反应，也用于生产耐高温的工程塑料，如聚砜、聚苯醚、聚酰亚胺及聚芳香酰胺等缩聚物的生产。

4.4.3.3 界面缩聚

界面缩聚是在常温常压下，将两种单体分别溶于两种不互溶的溶剂中，在两相界面处进行的缩聚反应，属于非均相体系，适用于高活性单体。例如，将一种二元胺和少量 NaOH 溶于水中，再将一种二元酰氯溶于不与水相溶的二氯甲烷中，把两种溶液加入一个烧杯中则分为两层，二元胺溶液在上层。这时在两相界面处立即进行缩聚反应，产生一层聚酰胺薄膜，可以用玻璃棒将薄膜挑起成线条。如果二元胺与二元酰氯浓度调制得当，缩聚物线条可连续拉出，一直到溶液浓度很低时聚合物线条才被拉断。反应所生成的 HCl 扩散到水相中与 NaOH 反应生成 NaCl。这样制得的聚酰胺分子量很高。

界面缩聚的特点为：

① 用于高活性单体，不平衡缩聚，反应速率快。缩聚产物分子量高。

② 缩聚反应温度较低，副反应少，有利于高熔点、耐高温聚合物的合成。

③ 对于单体纯度和官能团的当量比的要求不很严。

虽然需要采用高活性的单体，又需要用大量溶剂且设备利用率低，但由于具有上述许多优点，界面缩聚仍是一种极有前途的缩聚方法。利用界面缩聚可以制取聚酰胺、聚酯和聚碳酸酯等缩聚物。

参考文献

[1] 周美玲，谢建新，朱宝泉．材料工程基础．北京：北京工业大学出版社，2001.

[2] 齐宝森，王成国．机械工程非金属材料．上海：上海交通大学出版社，1996.

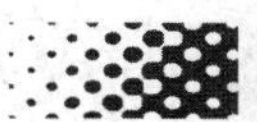

1. 高分子材料的组织结构特点有哪些？
2. 聚合反应的基本原理是什么？
3. 简述聚氯乙烯（PVC）的合成方法。

第5章 单晶材料的制备

5.1 概述

5.1.1 单晶

单晶是由结构基元（原子、原子团、离子等）在三维空间内按长程有序排列而成的固态物质，或者说是由结构基元在三维空间内呈周期性排列而成的固态物质，如大家所熟悉的水晶、金刚石和宝石等。单晶有序排列的结构决定了它们的特性，单晶体的基本性质为：

① 均匀性，即同一单晶不同部位的宏观性质相同。

② 各向异性，即在单晶的不同方向上一般有不同的物理性质。

③ 自限性，即单晶在可能的情况下，有自发地形成一定规则几何多面体的趋势。

④ 对称性，即单晶在某些特定的方向上其外形及物理性质是相同的。这种特性是任何其他状态的物质如液态或固相非晶态不具备或不完全具备的。

⑤ 最小内能和最大稳定性，即物质的非晶态一般能够自发地向晶态转变。

随着生产和科学技术的发展，各种产业都产生了对单晶材料的大量需求，天然单晶已经不能满足人们的需要，如钟表业对红宝石的需求、机械加工业对金刚石的需求等等。由于多晶体含有晶粒间界，人们利用多晶体来研究材料性能时在很多情况下得到的不是材料本身的性能而是晶界的性能，所以有的性能必须用单晶来进行研究。在生产和科研的推动下，人工生长单晶的技术获得了日趋广泛的重视。晶体生长是一种技术，也是一门正在迅速发展的学科。于是单晶材料就进入了人工制备的阶段。

5.1.2 单晶的制备方法

单晶材料的制备或简称晶体生长，是将物质的非晶态、多晶态或能够形成该物质的反应物，通过一定的物理或化学手段转变为单晶状态的过程。由于晶体生长学科理论和实践的快速发展，晶体生长的方法也日新月异。就生长块状单晶材料而言，通常是首先将结晶物质通过熔化或溶解的方式转变成熔体或溶液，然后控制其热力学条件使晶相生成并长大。相应的晶体生长方法有熔体法、常温溶液法、高温溶液法及其他相关方法。

采用什么方法生长晶体是由结晶物质的性质决定的。例如结晶物质只有分解温度而无熔点，就不能采用熔体法，而应选择水溶液或高温溶液法生长其晶体，这样可以大大降低其生长温度。又如在水中难溶物的晶体就不能用常温水溶液法，而需要采用其他溶剂或高温溶液法生长其晶体。有些晶体可用不同方法生长，这就要根据需要和实验条件加以选择。一般来说，如果能够用熔体法生长晶体，就不用溶液法生长；如果能够用常温溶液或水溶液法，就

不用高温溶液法。

单晶体经常表现出电、磁、光、热等方面的优异性能，广泛用于现代工业的诸多领域，如单晶硅、单晶锗，以及砷化锌、红宝石、钇铁石榴石、石英的单晶等。本章简要介绍常用的单晶制备方法，包括固相-固相平衡的晶体生长、液相-固相平衡的晶体生长、气相-固相平衡的晶体生长。

5.2　固相-固相平衡的晶体生长

固-固生长即是结晶生长法。其主要优点是，能在较低温度下生长；生长晶体的形状是预先固定的。所以丝、片等形状的晶体容易生长，取向也容易控制。而杂质和添加组分的分布在生长前被固定下来，在生长过程中并不改变。缺点是难以控制形核以形成大单晶。

5.2.1　形变再结晶理论

5.2.1.1　再结晶驱动力

在用应变退火方法生长单晶时，首先是通过塑性变形，然后在适当条件下加热等温退火，温度变化不要剧烈，结果使晶粒尺寸增大。经过塑性变形后，材料承受了大量的应变，因而储存着大量的应变能。储存的应变能是应变退火再结晶的主要推动力。

由热力学可知：平衡时生长体系的吉布斯自由能为零；对于自发过程，生长体系的吉布斯自由能小于零。对任何过程有：

$$\Delta G = \Delta H - T\Delta S \tag{5-1}$$

在平衡态时 $\Delta G = 0$，即

$$\Delta H = T\Delta S \tag{5-2}$$

式中，ΔH 是热焓的变化；ΔS 是熵变；T 是热力学温度。由于在晶体生长过程中，产物的有序度比反应物的有序度要高，所以 $\Delta S<0$、$\Delta H<0$，故结晶通常是放热过程。对于未应变到应变过程，有：

$$\Delta E_{1\text{-}2} = W - q \tag{5-3}$$

式中，W 是应变材料的功；q 是释放的热，且 $W>q$。

$$\Delta H_{1\text{-}2} = \Delta E_{1\text{-}2} + \Delta(pV) \tag{5-4}$$

由于 $\Delta(pV)$ 很小，近似得：

$$\Delta H_{1\text{-}2} = \Delta E_{1\text{-}2} \tag{5-5}$$

而

$$\Delta G_{1\text{-}2} = W - q - T\Delta S \tag{5-6}$$

在低温下 $T\Delta S$ 可忽略，固：

$$\Delta G_{1\text{-}2} \approx W - q \tag{5-7}$$

因此，使结晶产生应变不是一个自发过程，而退火是自发过程。在退火过程中提高温度只是为了提高反应速率。

经塑性变形后，材料承受了大量的应变，因而储存大量的应变能。在产生应变时，发生的自由能变化近似等于做功减去释放的热量。该热量通常就是应变退火再结晶的主要推动力。

大部分应变自由能驻留在构成晶粒间界的位错行列中，由于晶粒间界具有界面自由能，所

以它也提供过剩自由能。小晶粒的溶解度高，小液滴的蒸气压高，小晶粒的表面自由能也高，这是相同的。但是，只有在微晶尺寸相当小的情况下，这种效应作为再结晶的动力才是最重要的。此外，晶粒间界能也依赖于彼此形成晶界的两个晶粒的取向。能量低的晶粒倾向于并吞那些取向不合适的（即能量高的）晶粒而长大。因此，应变退火再结晶的推动力由下式给出

$$\Delta G=W-q+G_s+\Delta G_0 \tag{5-8}$$

式中，W 是产生应变或加工时所做的功（W 的大部分驻留在晶粒间界中）；q 是作为热而释放的能量；G_s 是晶粒的表面自由能；ΔG_0 是试样中不同晶粒取向之间的自由能差。减小晶粒间界的面积便能降低材料的自由能，产生应变的样品相对未产生应变的样品来说在热力学上是不稳定的。在室温下材料消除应变的速率一般很慢，但是，若升高温度来提高原子的迁移率和点阵振动的振幅，消除应变的速率将显著提高。退火的目的即是加速消除应变，这样，在退火期间晶粒的尺寸增加。

使晶粒易于长大的另一些重要因素是跨越正在生长着的晶界的一些原子的黏附力和存在于点阵中及晶界内的杂质。已经证实原子必须运动才能使晶粒长大，并且晶界处的原子容易运动，晶粒也容易长大。材料应变后退火，能够引起晶粒的长大。

5.2.1.2 晶粒长大

晶粒长大可以通过现存晶粒在退火时的生长，或者通过新晶粒形核然后在退火时生长的方式发生，也可以焊接一颗大晶粒到多晶试样上，并且使大晶粒并吞邻近的小晶粒而生长。

晶粒长大是通过晶界的迁移，而不是像在液-固或气-固生长中通过捕获活泼的原子或分子而实现。其推动力是储存在晶粒间界的过剩自由能的减少。因此晶粒间界的运动起着缩短晶界的作用。晶界能可以看做是晶粒之间的一种界面张力，而晶粒的并吞使这种张力减小。显然，从诸多小晶粒开始的晶粒长大较快，如图 5-1 所示。

在大晶粒并吞小晶粒而长大时，如果 $G_{S\text{-}S}$ 为小晶粒之间的界面张力，$\sigma_{S\text{-}L}$ 为小晶粒和大晶粒之间的界顶张力，那么小晶粒要长大则有：

$$\Delta A_{S\text{-}L}\sigma_{S\text{-}L}<\Delta A_{S\text{-}S}\sigma_{S\text{-}S} \tag{5-9}$$

式中，$\Delta A_{S\text{-}S}$ 是小晶粒晶界面积的变化；$\Delta A_{S\text{-}L}$ 是大晶粒和小晶粒之间界面积的变化。如果假定晶粒大体上为圆形，大晶粒的直径为 D，则：

$$\Delta A_{S\text{-}S}=\Delta Dn/2 \tag{5-10}$$

$$\Delta A_{S\text{-}L}=\pi\Delta D \tag{5-11}$$

式中，n 是与大晶粒接触的小晶粒的数目。若 d 是小晶粒的平均直径，则有：

$$N\approx\pi(D+d/2)/d\approx D/d \tag{5-12}$$

式中，分子是小晶粒中心轨迹圆的周长。又因为 $D\gg d$，得：

$$D>2\sigma_{S\text{-}L}d/\sigma_{S\text{-}S} \tag{5-13}$$

以上讨论中，假定了界面能与方向无关。事实上，晶粒间界具有与晶粒构成的方向以及界面相对于晶粒的方向有关的一些界面能。晶界可以是大角度的或小角度的，并且可能包含着晶粒之间的扭转和倾斜。在生长晶体时，人们注意的是晶界迁移率。晶界迁移速率为：

$$v\propto(\sigma/R)M \tag{5-14}$$

式中，R 为晶粒半径；σ 为界面能；M 为迁移率。当晶界朝着曲率半径方向移动时，它的面积减小。

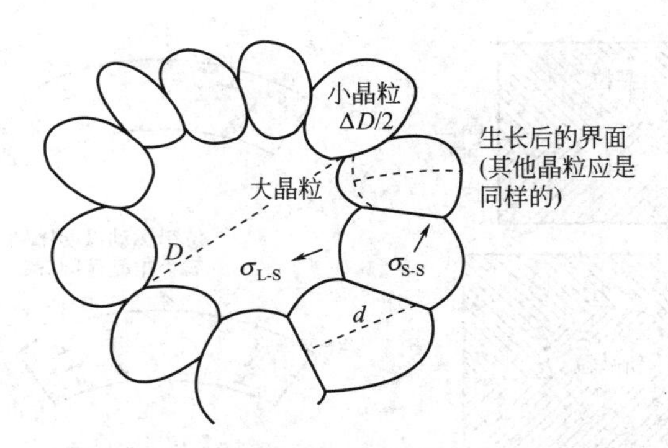

图 5-1　晶粒长大示意图

根据晶界和晶粒的几何形状，晶界的运动可能包含滑移、滑动及位错的运动。如果还须个别原子运动，过程将十分缓慢。若有一个很细微的强烈的织构包含着几个取向稍微不同的较大的晶体，则有利于二次再结晶。若材料具有显著的织构，则晶体的大部分将择优取向。因此，再结晶的推动力是由应变消除的大小差异和欲生长晶体的取向差异共同提供的。其原因在于式(5-8) 中 W、G_s、ΔG_0 都比较大。特别是在一次再结晶后，G_s 和 ΔG_0 仍然大得足够提供主要的推动力，明显的织构将保证只有几个晶体具有取向上的推动力。

在许多情况下不需要形核也可以发生晶粒长大，这些情形下，通常要生长的晶核是已存在的晶粒。应变退火生长是要避免在很多潜在的中心上发生晶粒长大。但是，在某些条件下，观察到在退火期间有新的晶粒成核，这些晶粒随着并吞相邻晶粒而长大。研究这种情况的一种办法是考虑点阵区，这些点阵可以最终作为晶核，作为晶胚的相似物，这对特定区域长到足以成为晶核的大小是必要的。在普通大小的晶粒中这种生长的推动力是由取向差和维度差引起的，由于位错密度差造成的内能差所引起的附加推动力也很重要。无位错网络区域将并吞高位错浓度的区域而生长。在多边化条件下，存在取向不同但又缺少可以作为快速生长晶胚的位错点阵区，在一些系统中形核所需要的孕育期就是在产生多边化的应变区内位错成核所需要的时间。图 5-2(a) 表示在晶粒间界形核而产生新晶粒，图 5-2(b) 表示多边化产生的可以生长的点阵区。已经查明，杂质阻止晶核间接的运动，因而，阻止刚刚形成的或者已有的晶核的生长。由于杂质妨碍位错运动，所以它有助于位错的固定。在有新晶核形成的系统内，通常观察到新晶核并吞已存在的晶体而生长。它们常常继续长大，并在大半个试样中占据优势。一旦它们长大到一定的大小，继续长大就比较困难了。因为这时它们的大小和正要并吞的晶粒的大小差不多，它们生长引起应变能的减小，也不再大于已有晶粒生长所引起的应变能的减小。若要进一步长大，则要靠晶粒取向差的自由能变化，在具有明显织构的材料中尤其如此。在这样的材料中，几乎所有旧的晶粒都是高度取向的，因此按新取向形成的新晶核容易长大。

实际上，在应变退火中，通常在一系列试样上改变应变量，以便找到退火期间引起一个晶粒生长所必需的最佳应变或临界应变。一般而言，1%～10%的应变足够满足要求，相应的临界应变控制精度不高于 0.25%。经常用变形试样寻找其临界应变，因为这种试样在受到拉伸力时自动产生一个应变梯度。如图 5-3 所示，让试样通过一个温度梯度，将它从冷区移动到热区。试样最先进入热区的尖端部分，开始扩大晶粒长大。在最佳条件下，只有一颗晶粒长大并占据整个截面。

应该指出，用应变退火法生长非金属材料比生长金属晶体困难，其原因在于使非金属塑

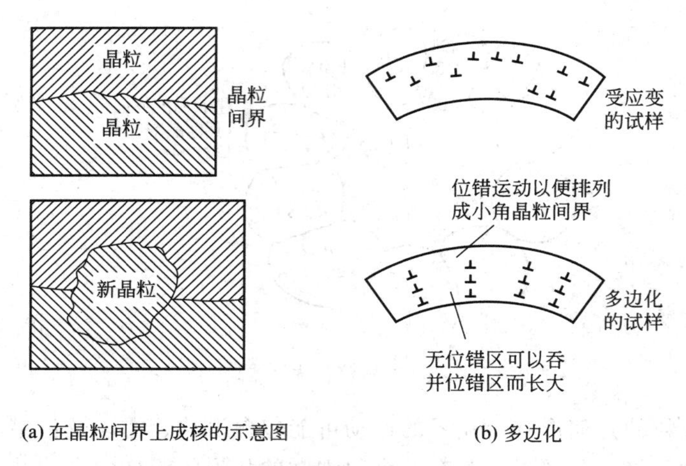

图 5-2 新晶核的形成与长大

性变形很不容易，因此通常是利用晶粒大小差作为推动力。通常退火可提高晶粒尺度，即烧结。

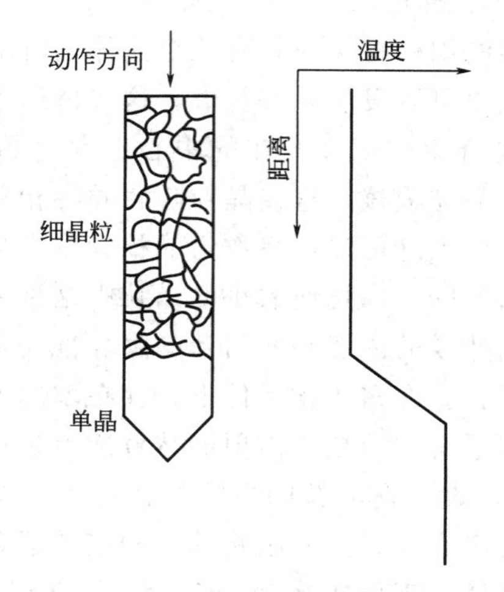

图 5-3 在温度梯度中退火

5.2.2 应变退火及其工艺设备

5.2.2.1 应变退火及几种典型金属构件

应变退火，包括应变和退火两个部分。对于金属构件，在加工成型过程中本身就已有变形，刚好与晶体生长有关。下面介绍几种典型的金属构件。

① 铸造件。铸造出来的材料不包含加工硬化引起的应变，但由于冷却时的温度梯度和不同的收缩会产生热应变。这一应变在金属中通常很小，但对非金属却可能很大。由于借塑性变形很难使非金属产生应变，所以这种应变往往成为后者再结晶的主要动力。

② 锻造件。锻造会引进不均匀的应变或加工硬化。锻造件存在一个从锻打表面开始的压缩梯度。锻造件是用于应变退火的原材料，锻造常用来使材料产生应变。从锻造过程不均匀这一观点看，用锻造产生均匀应变是不适宜的。但是，如果想使某一局部区域产生严重的应变以便在这里成核，常在对应区域进行加热并锻打（基本上是局部锻造）。

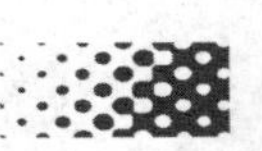

③ 滚轧件。使用滚轧时，金属的变形要比用其他方法均匀，因而借助滚轧可以使材料产生应变和织构。

④ 挤压件。挤压可以用来获得棒体和管类，相应的应变是不均匀的，因此一般不用挤压来作为使晶粒长大的方法。

⑤ 拉拔丝。拉拔过程一般用来制备金属丝，制得的材料经受相当均匀的张应变。晶体生长中常采用这种方法引进应变。

应变退火所用的退火炉和普通火炉没什么区别，主要是加热部分和温度控制部分。要求可以控制炉内温度梯度以及加热和冷却速率。

5.2.2.2　用应变退火法生长晶体

采用应变退火法可以方便地生长单相铝合金，由于不存在熔化现象，因此也不存在偏析，故单晶能保持原铸锭的成分。

（1）应变退火法制备铝单晶　先产生临界应变量，再进行退火，使晶粒长大以形成单晶。通常初始晶粒尺寸在 0.1mm 时，效果较佳，退火期间，有时在试样表面就先形核，影响了单晶的生长。一般认为铝晶核是在靠着表面氧化膜的位错堆积处开始形成的，在产生临界应变后腐蚀掉约 100μm 的表面层有助于阻止表面形核，对于特定织构取向则有利于单晶的生长，如（111）方向 40°以内的织构取向，有利于单晶快速长入基体，具体工艺如下。

① 先在 550℃使纯度为 99.6%的铝退火，以消除原有应变的影响和提供大小合乎要求的晶粒，使无应变的晶粒较细的铝变形产生 1%～2%的应变，然后将温度从 450℃升至 550℃按 25℃/d 的速率退火。

② 在初始退火之后，在较低温度下回复退火，以减少晶粒数目，使晶粒在后期退火时更快地长大：在 320℃退火 4h 以得到回复，加热至 450℃，并在该温度下保温 2h，可以获得 15cm 长，直径为 1mm 的丝状单晶。

③ 在液氮温度附近冷滚轧，继之在 640℃退火 10s，并在水中淬火，得到用于再结晶的铝，此时样品含有 2mm 大小晶粒和强烈的织构，再经一个温度梯度，然后加热到 640℃，可得到 1m 长的晶体。

④ 采用交替施加应变和退火的方法，可以得到 2.5cm 的高能单晶铝带，使用的应变不足以使新晶粒成核，而退火温度为 640℃。

（2）应变退火法制备铜单晶　采用二次再结晶可以获得优良的铜单晶，即几个晶粒从一次再结晶时形成的基体中生长，在高于一次再结晶的温度下使受应变的试样退火，基本步骤如下：

① 室温下滚轧已退火的铜片，减厚约 90%。

② 真空中将试样缓加热至 1000～1040℃，保温 2～3h。

应当指出，在第一阶段得到的强烈织构，到第二阶段被一个或几个晶粒所并吞，若第二阶段中加热太快会形成孪晶。

（3）应变退火法制备铁晶体　用应变退火法可以生长出优质的铁晶体。但应当指出，含碳高于 0.05%的软铁不能再结晶，必须在还原气氛中脱碳，使其含碳量下降至 0.01%。临界应变前的晶粒度保持在 0.1mm，滚轧减薄约 50%、拉伸 3%的应变。此外，为了较好地控制成核，可以把临界应变区域限制在试样的体积内，临界应变后，还要用腐蚀法或电抛光法把表面层去掉，然后，在 880～900℃温度范围内试样退火 72h。

5.2.3 利用烧结体生长晶体

烧结就是加热压实多晶体。烧结过程中晶粒长大的推动力主要是由残余应变、反向应变和晶粒维度效应等因素。无机材料不可能产生太大的应变，因此烧结仅用于非金属材料中的晶粒长大。

一个典型的非金属材料烧结生长的实例是石榴石晶体。5mm大的石榴石晶体通常是在1450℃以上烧结多晶体钇铁石榴石 $Y_3Fe_5O_{12}$（YIG）形成的。同样，采用烧结法，BeO、Al_2O_3、Zn都可以生长到相当大的晶粒尺寸。利用烧结使晶粒长大一般在非金属中较为有效。无机陶瓷中的气孔比金属中多，气孔可以阻止少数晶粒以外的大多数晶粒长大，所以多孔材料中容易出现大尺寸晶粒。在 Al_2O_3 中添加MgO、在Au中添加Ag可以阻止烧结作用，添加物也可以加速晶粒长大。热压是在压缩下烧结，它主要是用于陶瓷的致密化。在一般情况下，为了引起陶瓷的致密化，压力需要足够高，温度也要提高到足以使气孔消除的温度，又不引起显著的晶粒的长大。但是，如果热压中升高温度，烧结引起的晶粒显著长大，有可能得到有用的单晶。

5.3 液相-固相平衡的晶体生长(熔体法)

单组分液相-固相平衡的单晶生长，或称熔体法晶体生长是目前使用得最广泛的生长技术。主要是控制形核，以便使一个晶核（或只有几个）作为籽晶，让所有的生长都在它上面发生。通常是采用可控制的温度梯度，从而使在靠近晶核的熔体局部区域产生最大的过冷度。引入籽晶使单晶沿着要求的方向生长。

5.3.1 从液相中生长晶体的一般理论

要使熔体中晶体生长，必须使体系的温度低于平衡温度。体系温度低于平衡温度的状态称为过冷。所以，过冷是熔体中晶体生长的必要条件。过冷的绝对值称为过冷度，表示体系过冷程度的大小。过冷度是熔体法晶体生长的驱动力。一般情况下，过冷度越大，晶体生长越快。

晶体生长发生在体系的固-液（或晶-液）界面上。通常为保证晶体稳定生长，应使固-液界面附近很小区域内的熔体处于过冷状态，绝大部分熔体处于过热状态（即温度高于熔点），已生长出的晶体温度又必须低于熔点。因此，体系的温度分布必须是：远离生长界面的熔体温度最高，越趋近于生长界面，熔体温度越低。在过热区和过冷区的界限上为一等温面，此面与生长界面之间区域的熔体为过冷熔体，且过冷度沿生长的反方向逐渐增大，因此晶体的温度最低。这样便形成了由晶体到熔体方向正的温度梯度。

温度梯度的存在是热量输运的必要条件。热量由熔体经过生长界面传到晶体，晶体将热量传给环境。要提高晶体生长速率，就要增大晶体的温度梯度和减小熔体的温度梯度，要降低晶体生长速率则采取相反措施。需要指出的是，晶体生长速率并非越大越好。晶体生长速率太大易出现不稳定生长，将严重影响晶体质量。尤其对于接触或存在杂质的生长体系，在提高生长速率方面更应慎重。

在单元复相系统中，相平衡条件是系统中共存相的摩尔吉布斯自由能相等，即化学势相

等；在多元系统中，相平衡条件是各组元在共存的各相中的化学势相等。系统处于平衡态时其吉布斯自由能为最低。若系统处于非平衡态，则系统中的相称为亚稳相，相应的有过渡到平衡态的趋势，亚稳相也有转变为稳定相的趋势。然而，能否转变，以及如何转变，这是相变动力学的研究内容。

在亚稳相中新相能否出现，以及如何出现是第一个问题，即新相的形核问题。新相一旦成核，会自发地长大，但是如何长大，或者说新相与旧相的界面以怎样的方式和速率向旧相中推移，这是第二个问题。

一般而言，亚稳相转变为稳定相有两种方式：其一，新相与旧相结构上的差异是微小的，在亚稳相中几乎是所有区域同时发生转变，其特点是变化程度十分微小，变化的区域异常大，或者说这种相变在空间上是连续的，在时间上是不连续的；其二，变化程度很大，变化空间很微小，也就是说新相在亚稳相中某一区域内发生，而后通过相界的位移使新相逐渐长大，这种转变在空间方面是不连续的，在时间方面是连续的。

若系统中空间各点出现新相的概率都是相同的，称为均匀形核。反之，新相优先出现于系统中的某些区域，称为非均匀形核。应当指出，这里提及的均匀是指新相出现的概率在亚稳相中空间各点是均等的，但出现新相的区域仍是局部的。

5.3.1.1　相变驱动力

熔体生长系统的过冷熔体及溶液生长系统中的过饱和溶液都是亚稳相，而这些系统中的晶体是稳定相，亚稳相的吉布斯自由能较稳定相高，是亚稳相能够转变为稳定相的原因，也就是促使这种转变的相变驱动力存在的原因。晶体生长过程实际上是晶体流体界面向流体中推移的过程。这个过程所以会自发地进行，是由于流体相是亚稳相，因而其吉布斯自由能较高。

如果晶体流体的界面面积为 A，垂直于界面的位移为 Δx，过程中系统的吉布斯自由能的降低为 ΔG，界面上单位面积的驱动力为人则上述过程中驱动力所做的功为：

$$fA\Delta x=-\Delta G \tag{5-15}$$

也就是说驱动力所作之功等于系统的吉布斯自由能的降低，则有：

$$f=-\Delta G/V \tag{5-16}$$

式中，$V=A\Delta x$ 是上述过程中生长的晶体体积，故生长驱动力在数值上等于生长单位体积的晶体所引起的系统的吉布斯自由能的变化，式中负号表示界面向流体中位移引起系统自由能降低。

若单个原子由亚稳流体转变为晶体所引起吉布斯自由能的降低为 Δg，单个原子的体积为 Ω_s，单位体积中的原子数为 N，则有：

$$\Delta G=N\Delta g \tag{5-17}$$

$$V=N\Omega_s \tag{5-18}$$

将上述关系代入式(5-16) 得：

$$f=-\Delta g/\Omega_s \tag{5-19}$$

若流体为亚稳相，$\Delta g<0$，$f>0$，表明 f 指向流体，此时 f 为晶体生长驱动力；若晶体为亚稳相，则 f 指向晶体，此时 f 为熔化、升华或溶解驱动力。由于 Δg 和 f 成比例关系，因而往往将 Δg 也称为相变驱动力。

(1) 气相生长系统中的相变驱动力　在气相生长过程中，假设蒸气为理想气体，在

（p_0，T_0）状态下两相处于平衡态，则 p_0 为饱和蒸气压。此时晶体和蒸气的化学势相等，晶体的化学势为：

$$\mu(p_0,T_0)=\mu^{\ominus}(T_0)+RT_0\ln p_0 \tag{5-20}$$

在 T_0 不变的条件下，$p_0 \rightarrow p$，化学势为：

$$\mu(p,T_0)=\mu^{\ominus}(T_0)+RT_0\ln p \tag{5-21}$$

$p>p_0$，因此 p 为过饱和蒸气压，此时系统中气相的化学势大于晶体的化学势，则增量为：

$$\Delta\mu=-RT_0\ln(p/p_0) \tag{5-22}$$

考虑 $\Delta\mu=N_0\Delta g$，及 $R=N_0K$，则单个原子由蒸气到晶体引起的吉布斯自由能的降低为：

$$\Delta g=-KT_0\ln(p/p_0) \tag{5-23}$$

令 $\alpha=p/p_0$（饱和比），$\sigma=\alpha-1$，当 σ 较小时，有 $\ln(1+\sigma)\approx\sigma$，则：

$$\Delta g=-KT_0\ln(p/p_0)\approx-KT_0\sigma \tag{5-24}$$

故

$$f=-\Delta g/\Omega_s=KT_0\sigma/\Omega_s \tag{5-25}$$

（2）溶液生长系统中的相变驱动力　设溶液为稀溶液，在（p，T，c_0）状态下两相平衡，则 c_0 为溶质在该温度压强下的饱和浓度，此时溶质在晶体中的化学势相等，晶体中溶质的化学势为：

$$\mu=g(p,T)+RT_0\ln c_0 \tag{5-26}$$

在温度压强不变的条件下，溶液中的浓度由 c_0 增加到 c，溶液中溶质的化学势为：

$$\mu'=g(p,T)+RT\ln c \tag{5-27}$$

由于 $c>c_0$，故 c 为饱和浓度，此时溶质在溶液中的化学势大于晶体中的化学势，其差值为：

$$\Delta\mu=-RT_0\ln(c/c_0) \tag{5-28}$$

同样，可得单个溶质原子由溶液相转变为晶体相所引起的吉布斯自由能的降低为：

$$\Delta g=-KT\ln(c/c_0) \tag{5-29}$$

类似地，定义 $\alpha=c/c_0$ 为饱和比，$\sigma=\alpha-1$ 为过饱和度，则有：

$$\Delta g=-KT\ln(c/c_0)=-KT\ln\alpha\approx-KT\sigma \tag{5-30}$$

若在溶液生长系统中，生长的晶体为纯溶质构成，将式(5-30) 代入式(5-19) 得溶液生长系统中的驱动力为：

$$f=KT\ln(c/c_0)/\Omega_s=KT\ln\alpha/\Omega_s\approx KT\sigma/\Omega_s \tag{5-31}$$

（3）熔体生长系统中的相变驱动力　在熔体生长系统中，若熔体温度 T 低于熔点 T_m，则两相的摩尔分子自由能不等，设其差值为 ΔG，根据摩尔分子吉布斯自由能的定义 $\Delta G=H-T\Delta S$，可得：

$$\Delta G=\Delta H(T)-T\Delta S(T) \tag{5-32}$$

式中，$\Delta H(T)$ 和 $\Delta S(T)$ 是温度为 T 时两相摩尔分子焓和摩尔分子熵的差值，它们通常是温度的函数。但在熔体生长系统中，在正常情况下，T 略低于 T_m，也就是说过冷度 $\Delta T=T_m-T$ 较小，因而近似地认为 $\Delta H(T)\approx\Delta H(T_m)$、$\Delta S(T)\approx\Delta S(T_m)$，当温度为 T 时，两相摩尔分子吉布斯自由能的差值为：

$$\Delta G=-\varphi\Delta T/T_m \tag{5-33}$$

故温度为 T 时单个原子由熔体转变为晶体时吉布斯自由能的降低为：

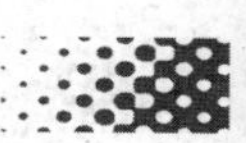

$$\Delta g = -l\Delta T/T_m \tag{5-34}$$

式中，$l=\varphi/N_0$为单个原子的熔化潜热；ΔT 为过冷度。于是将式(5-34）代入式（5-19）得熔体生长的驱动力为：

$$f = l\Delta T/(T_m\Omega_s) \tag{5-35}$$

在通常的熔体生长系统中，式(5-34）和式(5-35）已经足够精确了，但在晶体与溶体的定压比热容相差较大时，或是过冷度较大时，有必要得到驱动力更为精确的表达式：

$$\Delta g = -l\Delta T/T_m + \Delta C_p(\Delta T - T\ln T/T_m) \tag{5-36}$$

（4）亚稳态　在温度和压强不变的情况下，当系统没有达到平衡态时，可以把它分成若干个部分，每一部分可以近似地认为已达到了区域平衡，整个系统的吉布斯自由能就是各部分的总和。而整个系统的吉布斯自由能可能存在几个极小值，其中最小的极小值就相当于系统的稳定态，其他较大的极小值相当于亚稳态。

对于亚稳态，当无限小地偏离它们时，吉布斯自由能是增加的，因此系统立即回到初态，但有限地偏离时，系统的吉布斯自由能却可能比初态小，系统就不能回复到初态。相反地，就有可能过渡到另一种状态，这种状态的吉布斯自由能的极小值比初态的还要小。显然，亚稳态在一定限度内是稳定的状态。

如果吉布斯自由能为一连续函数，在两个极小值间必然存在一极大值。这就是亚稳态转变到稳定态所必须克服的能垒。亚稳态间存在能垒，是亚稳态能够存在而不立即转变为稳定态的必要条件，但是亚稳态迟早会过渡到稳定态。例如，生长系统中的过饱和蒸气、过饱和溶液或过冷熔体，终究会结晶。在这类亚稳态系统中，结晶的方式只能是由无到有，从小到大。亚稳系统中晶体产生都是由小到大，这就给熔体转变为晶体设置了障碍，这种障碍来自界面。若界面能为零，在亚稳相中出现小晶体就没有困难。但实际上，亚稳相中一旦出现了晶体，也就出现了相界面，因此引起系统中的界面能增加。也就是说，亚稳态和稳定态间的能量位垒来自界面能。

5.3.1.2　非均匀形核

相变可以通过均匀形核实现，也可以通过非均匀形核实现。在实际的相变过程中，非均匀形核更常见，然而只有研究了均匀形核之后，才能从本质上揭示形核规律，更好地理解非均匀形核。

所谓均匀形核是指在均匀单一的母相中形成新相结晶核心的过程。在液态金属中，时聚时散的近程有序原子集团是形核的胚芽，叫晶胚。在过冷条件下，形成晶胚时，系统的变化包括转变为固态的那部分体积引起的自由能下降和形成晶胚与液相之间的界面引起的自由能（表面能）的增加。由热力学第二定律，只有使系统的自由能降低时晶胚才能稳定地存在并长大。形成临界晶核时，液、固相之间的自由能差能供给所需要的表面能的三分之二，另三分之一则需由液体中的能量起伏提供。

多数情况下，为了有效降低形核位垒加速形核，通常引进促进剂。在存有形核促进剂的亚稳系统中，系统空间各点形核的概率也不均等，在促进剂上将优先形核，这也是所谓的非均匀形核。在晶体生长中，有时要求提高形核率，有时又要对形核率进行控制，这就要求我们了解非均匀形核的基本过程和原理。

5.3.1.3　晶体生长系统中形核率的控制

在人工晶体生长系统中，必须严格控制形核事件的发生。通常采用非均匀驱动力场控制的方法，而合理的生长系统的驱动力场中，只有晶体-流体界面邻近存在生长驱动力（负驱动力或 $\Delta G<0$），而系统的其余各部分的驱动力为正（即熔化、溶解或升华驱动力），并且在流体中越远离界面，正的驱动力越大。同样，为了晶体发育良好，还要求驱动力场具有一定的对称性。下面举例说明。

在直拉法熔体生长系统中，要求熔体的自由表面的中心处存在负驱动力（熔体具有一定的过冷度），熔体中其余各处的驱动力为正（为过热熔体），且越远离液面中心其正驱动力越大，并要求驱动力场具有对称性。在这样的驱动力场中，若用籽晶，就能保证生长过程中不会发生形核事件；若不用籽晶，也能保证晶体只形核于液面中心，并且生长成单晶体而不生长成其他晶核。在这样的驱动力场中，可以用金属丝引晶，并用产生颈缩的方法来生长第一根（无籽晶）单晶体。由熔体生长系统中的生长驱动力表达式可以看出，生长驱动力与熔体中的温度场相对应，因而可以用改变温度场的方法获得合理的驱动力场。驱动力场设计不合理的直接法生长系统，在引晶阶段有时出现“漂晶”，即小晶体往往形核于液面。这是因为该处不能保持正的驱动力（熔体过热），导致在熔体中的飘浮粒子上产生了非均匀形核。

在气相生长系统中或溶液生长系统中，对驱动力场的要求原则上与上述相同。驱动力场决定于饱和比，由于饱和蒸气压以及溶液的饱和浓度与温度有关，故调节温度场可使生长系统中局部区域的蒸气或溶液过饱和，而使其他区域不饱和。这样就能保证只在局部区域形核及生长，这对通常助熔剂生长晶体过程尤为重要，因为在这种生长系统中如不控制形核率，则虽然所得晶体甚多，但晶体的尺寸很小。如果在同样的条件下，精确控制形核率，使之只出现少数晶核，这样就能得到尺寸较大的晶体。

总之，通过温度场改变驱动力场，借以控制生长系统中的形核率，这是晶体生长工艺中经常应用的方法。然而要正确地控制，还必须减少在坩埚上和悬浮粒子上的非均匀行核：使坩埚光滑无凹陷；坩埚和坩埚间不出现尖锐的夹角；采用纯度较高的原料以及在原料配制过程中不使异相粒子混入等。

5.3.1.4 晶体的平衡形状：Waff 定理

一般来说，晶体的界面自由能 σ 是结晶学取向 n 的函数，而且也反映了晶体的对称性。若已知界面自由能关于取向的关系 $\sigma(n)$，可求出给定体积下的晶体在热力学平衡态时应具有的形状。由热力学理论可知，在恒温恒压下，一定体积的晶体（体自由能恒定的晶体）处于平衡态时，其总界面自由能为最小，也就是说，趋于平衡态时，晶体将调整自己的形状以使本身的总界面自由能降至最小，这就是 Walff 定理。根据 Walff 定理，一定体积的晶体的平衡形状是总界面自由能为最小的形状。显然，液体的界面自由能是各向同性的，与取向无关，液体总界面能最小就是其界面面积最小，故液体的平衡形状只能是球状。而对于晶体，其所显露的面将尽可能是界面能较低的晶面。

5.3.1.5 直拉法生长晶体的温场和热量传输

为了得到优质晶体，在晶体生长系统中必须建立合理的温度场分布。在气相生长和溶液生长系统中，由于饱和蒸气压和饱和浓度与温度有关，因而生长系统中温度场分布对晶体行为有重要的影响。而在熔体生长系统中，温度分布对晶体生长行为的影响更加明显。事实上，熔体生长中应用最广的方法是直拉法生长，下面着重讨论直拉法生长晶体的温度分布和热量传输。

（1）炉膛内温场　通常，单晶炉的炉膛内存在不同介质，如熔体、晶体以及晶体周围的

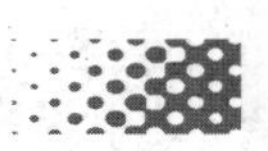

气氛等。不同的介质有不同的温度，即使在同一介质内，温度也不一定是均匀分布的。显然，炉膛内的温度是随空间位置而变化的。在某确定的时刻，炉膛内全部空间中，每一点都有确定的温度，而不同的点上温度可能不同，这种温度的空间分布称为温场。一般说来，炉膛中的温场随时间面变化，也就是说炉内的温场是空间和时间的函数，这样的温场称为非稳态温场。若炉内的温场不随时间而变化，这样的温场称为稳态温场，若将温场中温度相同的空间各点联结起来，就形成了一个空间曲面，称为等温面。

在直拉法单晶炉的温场内的等温面族中，有一个十分重要的等温面，该面的温度为熔体的凝固点，温度低于凝固点，熔体凝固，温度高于凝固点，熔体仍为液相。因此，这个特定的面又叫固相与液相的分界面，简称固-液界面。固-液界面有凹、凸、平三种形式，其形状直接影响晶体质量。另一方面，固-液界面的微观结构，又直接影响晶体的生长机制。

在晶体生长过程中，通过实验可以测定温场中各点的温度。例如，晶体中的温度通常是将热电偶埋入晶体内部进行测量。或在晶体的不同位置钻孔，将电偶插入，再将晶体与熔体接起来，以备继续生长时测量。对具体的单晶炉，用上述方法可测定熔体、晶体和周围气氛中各点的温度，再根据测定值画等温面族，并使面族中相邻等温面之间的温差相同，得到温差为常数的等温面族。根据等温面的形状监测温场中的温度分布，同时根据等温面的分布监测温度梯度。显然，等温面越密处温度梯度越大，越稀处温度梯度越小。习惯上用液面邻近的轴向温度和径向温度来描述温场。

若炉膛中的温场为稳态温场，则炉膛内各点的温度只是空间位置的函数，不随时间而改变，因而在稳态温场中能生长出优质晶体。应当指出，由于单晶炉内的温场存在温度梯度，存在热量流和热量损耗，导致稳态温场的变化。因此要建立稳态温场，就要补偿炉内热量损耗。

(2) 晶体生长中的能量平衡理论

① 能量守恒方程。在温场中取一闭合曲面，此闭合面可以包含固、液或气相，也可以包含相界面，如固-液、固-气或气-液等。设闭合曲面中的热源在单位时间内产生的热量为 Q_1，该项热量包括电流产生的焦耳热和由于物态变化所释放的汽化热、熔化热、溶解热。若在热能传输时间内净流入闭曲面中的热为 Q_2，这两项热量之和必须等于闭合曲面内的单位时间内温度升高所吸收的热量 Q_3，即

$$Q_1+Q_2=Q_3 \tag{5-37}$$

上式表明，闭曲面中单位时间内产生的热量与单位时间内净流入此曲面的热量之和等于闭曲面单位时间内温度升高所吸收的热量。

若闭曲面内的温场是稳态场，即温度不随时间面变化，即 $Q_3=0$，则有

$$Q_1=-Q_2 \tag{5-38}$$

式中，$-Q_2$代表单位时间内净流出闭曲面的热量，对闭合曲面而言，即热量损耗。也就是说式(5-38) 是建立稳态温场的必要条件。

② 若不考虑晶体生长的动力学效应，固-液界面就是温度恒为凝固点的等温面。如图5-4所示，令此闭合柱面的高度无限地减少，闭合柱面的上下底就无限接近固-液界面。由于固-液界面的温度恒定（为凝固点），因而闭合柱面内因温度变化面放出的热量 Q_3 为零，故在此闭合柱面邻近必然满足能量守恒方程。通常，晶体生长过程中，在闭合柱面内的热源是凝固潜热，若材料的凝固潜热为 L，单位时间内生长的晶体质量为 m，于是单位时间内闭合曲面内产生的热量 Q_1 为：

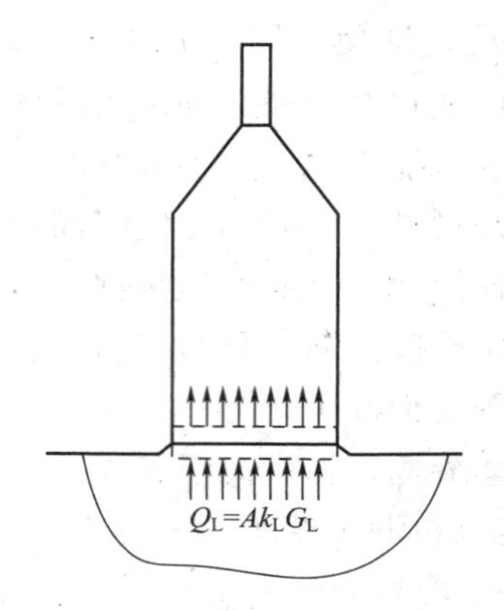

图 5-4 固-液界面处的能量守恒

$$Q_1 = Lm \tag{5-39}$$

由于固-液界面为平面，温度矢量是垂直于此平面的，故闭合曲面上没有热流，热量只沿柱的上底和下底的法线方向流动，于是净流出此闭合柱面的热量 $-Q_2$ 为：

$$-Q_2 = Q_S - Q_L \text{或} \quad -Q_2 = AK_SG_S - AK_LG_L \tag{5-40}$$

式中，A 为晶体的截面面积；K_S、K_L分别为固相和液相的热导率；G_S、G_L分别为固-液表面处固相中和液相中的温度梯度。将式(5-40) 和式(5-39) 代入式(5-38) 中，有

$$Lm = Q_S - Q_L \text{或} \quad Lm = AK_SG_S - AK_LG_L \tag{5-41}$$

式中，Q_S 等于单位时间内通过晶体耗散于环境中的热量，这就是热损耗；Q_L是通过熔体传至固液界面的热量，是与加热功率成比例的。式(5-41) 被称为固-液界面处的能量守恒方程，适用于任意形状的固-液表面。

(3) 晶体直径控制　晶体生长速率等于单位时间内固-液界面向熔体中推进的距离。在直拉法生长过程中，如果不考虑液面下降速率，则晶体生长速率等于提拉速率 v，于是单位时间内新生长的晶体质量为：

$$m = Av\rho_s \tag{5-42}$$

式中，ρ_s表示晶体的密度。将式(5-42) 代入式(5-41) 中，得：

$$A = (Q_S - Q_L)/Lv\rho_s \tag{5-43}$$

通常，可以使用四种方式来控制晶体生长过程中的直径，即控制加热功率、调节热损耗、利用帕耳帖效应和控制提拉速率等。下面分别作简要介绍。

① 控制加热功率。由于式(5-43) 中的 Q_L正比于加热功率，若提拉速率及热损耗 Q_S不变，调节加热功率可以改变所生长的晶体截面面积 A，即改变晶体的直径。由式(5-43) 可以看出，提高加热功率，Q_L增加，晶体截面面积减小，相应的晶体变细；反之，降低加热功率，晶体变粗。例如，在晶体生长过程中的放肩阶段，希望晶体直径不断长大，因此要不断降低加热功率；又如在收尾阶段，希望晶体直径逐渐变细，最后与熔体断开，则往往提高加热功率。同样道理，在等径生长阶段，为了保持晶体直径不变，应不断调整加热功率，弥补 Q_S热损耗。

② 调节热损耗 Q_S。通过调节热损耗 Q_S的方法也能控制晶体直径。图 5-5 给出了铌酸钡单晶生长装置。氧气通过石英喷嘴流过晶体，调节氧气流量，可以控制晶体的热量损耗，从而控制晶体的直径。使用这种方法控制氧化物晶体生长直径时，还有两个突出的优点：a. 降低了环境温度，增加热交换系数，从而增加了晶体直径的惯性，使等径生长过程易于

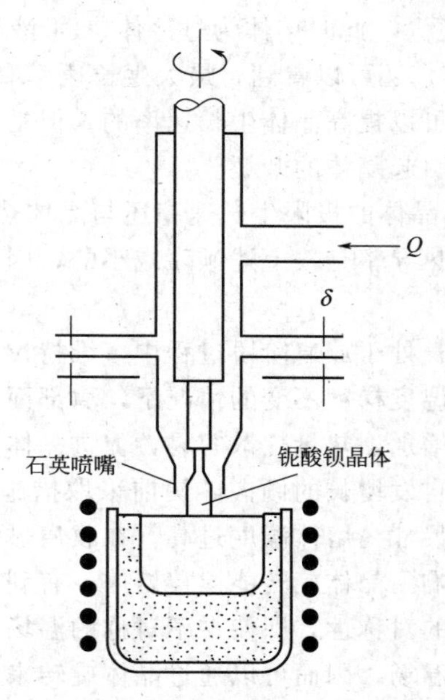

图 5-5　铌酸钡单晶生长装置

控制；b. 晶体在富氧环境中生长，可以减少氧化物晶体因氧缺乏而产生的晶体缺陷。

③ 利用帕耳帖效应。利用气流控制晶体直径的帕耳帖效应是与热电偶温差电效应相反的效应。由于在固-液界面处存在接触电位差，当电流由熔体流向晶体时，电子被接触电位差产生的电场所加速，固-液界面处有附加的热量放出（对通常的焦耳热来说是附加的），即帕耳帖制热。同样，当电流由晶体流向熔体时，固-液界面处将吸收热量，这就是帕耳帖制冷。若考虑固-液界面处的帕耳帖效应，则在界面处所作的闭合圆柱内，单位时间内产生的热量 Q_1 为：

$$Q_1 = Lm \pm q_i A \tag{5-44}$$

式中，q_i 为伯耳帖效应固-液界面的单位面积上单位时间内所产生的热量。将式(5-44) 和式(5-40) 代入式(5-38) 中，可以推得：

$$A = (Q_S - Q_L)/(LV\rho_s \pm q_i) \tag{5-45}$$

可见，当保持加热功率、热损耗不变时，调节帕耳帖制冷（$-q_i$）或帕耳帖制热（$+q_i$）都能控制晶体直径。

帕耳帖制冷已用于直拉法制备锗单晶生长的放肩阶段。帕耳帖制热已用于等径生长中的“缩颈”和“收尾”阶段，在锗单晶长为 1～2cm 范围内，直径偏差小于±0.1%，并且利用该效应还能自动地消除固-液界面处的温度起伏。

④ 控制提拉速率。在加热功率和热损耗不变的条件下，拉速越快则直径越小。原则上可以用调节拉速来保证晶体的等径生长，但因拉速的变化将引起溶质的瞬态分凝，从而影响晶体质量，故通常晶体生长的实践中不采用调节提拉速率的方法来控制晶体直径。

（4）晶体的极限生长速率　将式(5-42) 代入式(5-41) 中，有：

$$v = (K_S G_S - K_L G_L)/\rho_s L \tag{5-46}$$

可以看出，当晶体中温度梯度 G_S 恒定时，熔体中的温度梯度 G_L 越小，晶体生长速率越大，当 $G_L = 0$ 时，晶体的生长速率达到最大值，故有：

$$v_{max} = K_S G_S/\rho_s L \tag{5-47}$$

若G_L为负值，生长速率更大，此时熔体为过冷体，固-液界面的稳定性遭到破坏，晶体生长变得无法控制。由式(5-47)还可以看到，最大生长速率取决于晶体中温度梯度的大小，因此稳定晶体中的温度梯度是可以提高晶体生长速率的。但是晶体太大也将引起过高的热应力，引起位错密度增加，甚至引起晶体的开裂。

此外，由式(5-47)可知，晶体的极限生长速率还与晶体热导率K_S成正比。一般而言，金属、半导体、氧化物晶体的热导率是按上述顺序减小的，因而其极限生长速率也应按上述顺序逐渐减小。

(5) 放肩阶段　在晶体生长处于放肩阶段过程中，维持拉速不变，晶体直径一般呈非均匀增加趋势。在拉速和熔体中温度梯度不变的情况下，肩部面积随时间按指数规律增加。其物理原因在于，随着肩部面积增加，热量耗散容易，促进晶体直径增加。因此，在晶体直径达到预定尺寸前要考虑到肩部自发增长的倾向，提前采取措施，才能得到理想形状的晶体。否则一旦晶体直径超过了预定尺寸，熔体温度过高，在收肩过程中容易出现“葫芦”。

(6) 晶体旋转对直径的影响　晶体旋转能搅拌熔体，有利于熔体中熔质混合均匀，同时增加了熔体中温场相对于晶体的对称性，即使在不对称的温场中也能生出几何形状对称的晶体。晶体旋转还改变熔体中的温场，因而可以通过晶体旋转来控制固-液界面的形状。

从能量守恒分析，若晶体以角速度ω旋转，固-液界面为平面，后面邻近的熔体因黏滞力作用被带动旋转，流体在离心力作用下被甩出去，则界面下部的流体将沿轴向上流向界面填补空隙，类似于一台离心抽水机。由于直拉法生长中熔体内的温度梯度矢量是向下的，离开界面越远，温度越高，晶体旋转引起的液流总是携带了较多的热量，而且晶体转速越快，流向界面的液流量越大，传递到界面处的热量越多，导致晶体直径越小。

5.3.2 定向凝固法

布里奇曼（Bridgman）于1925年首先提出通过控制过冷度定向凝固以获得单晶的方法。1949年，斯托克巴格（Stockbarger）进一步发展了这种方法，故这种生长单晶的方法又称Bridgman-Stockbarger方法，简称B-S方法。

B-S方法的构思是在一个温度梯度场内生长结晶，在单一固-液界面上形核。待结晶的材料通常放在一个圆柱形的坩埚内，使坩埚下降通过一个温度梯度，或使加热器沿坩埚上升。加热炉一般设计为近似线性温度梯度结构，如图5-6所示。

定向凝固法中常遇到的困难是沿坩埚的温度梯度太小，熔体在形核前必然明显地过冷，如果熔体足够过冷，热梯度又相当小，往往在第一凝固体形核前整个试样均在熔点以下。在这样的条件下发生形核时，穿过剩余熔体的生长很快，容易形成多晶。因此，要实现大的温度梯度，来保证单晶生长。

5.3.2.1 定向凝固法生长单晶的设备

定向凝固通常需要：①特定结构的坩埚；②热梯度护体；③程序控温设备；④坩埚传动设备。图5-6中(a)～(e)形状的坩埚可以生长具有中等挥发性的化合物单晶，能够控制生长气氛，一般要求坩埚不能与熔体发生反应。因此，用于制作坩埚的材料通常是派控克斯玻璃、外科尔玻璃、石英玻璃、氧化铝、贵金属或石墨等材料。其中，石英玻璃的软点约为1200℃，用于低熔点晶体生长毫无问题，而石墨在非氧化气氛中使用温度为2500℃。

定向凝固法生长常用的炉温梯度有两类，如图5-6中的(h)、(i)、(j)所示。其中图

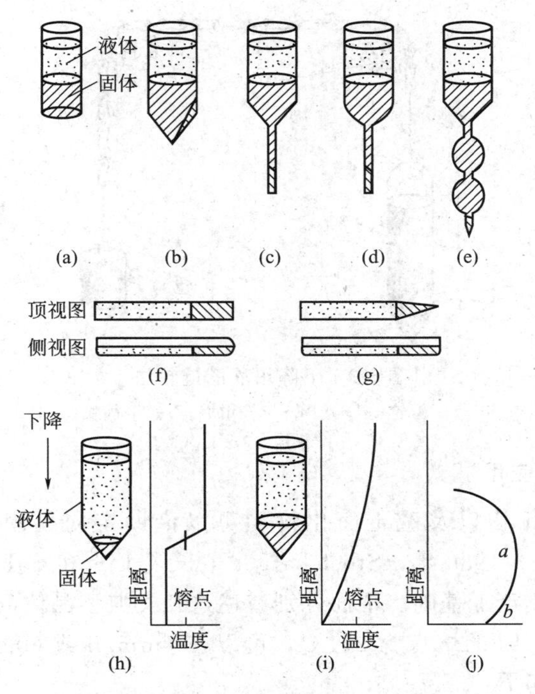

图 5-6　定向凝固法中使用的结构

(i) 是借助冷却整个炉子使梯度通过坩埚的情形；图 (j) 为用电阻丝绕制，线面均匀隔开的情形，这种结构可以保证最热区位于炉子中心，$a \sim b$ 区附近的为线性梯度，坩埚穿过炉子时通过两个等温区，等温区之间有一温度梯度，这样就可以做到在生长后结晶体退火而不致由于过度的温度梯度引起大的热应变。

常用的坩埚下降法如图 5-7 所示。其方法是把坩埚连在一根金属丝或链条上，然后通过连在钟表马达上的尺寸合适的链轮（图 5-8），使链条可以随马达的工作而移动。转速可以调整，选择尺寸合适的齿轮，很容易得到所要求的下降速度。坩埚处装有避震装量，通过棒形刚性支架来传动。如果要散热，可以把棒连到坩埚底。有时，为消除炉内热的非对称性，可以转动坩埚。借旋转导向丝杆而驱动的下降设备（像车床一样）常用作晶体提拉器。同样地，在区域提纯中获得横向移动的设备可用于水平式定向凝固法。

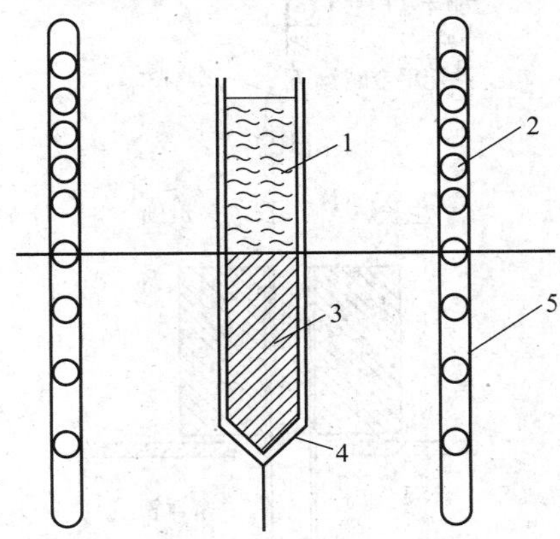

图 5-7　坩埚下降法示意图

1—熔体；2—加热器；3—晶体；4—坩埚；5—挡板

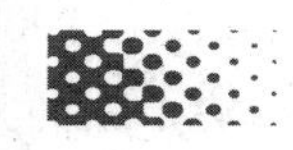

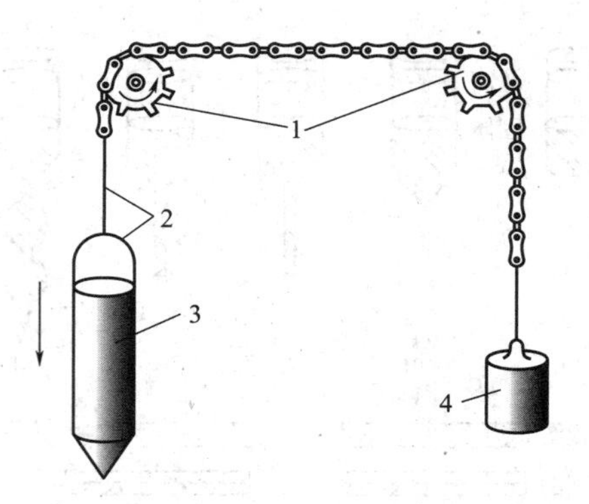

图 5-8　下降坩埚的链轮法

1—齿轮；2—金属；3—坩埚；4—平衡块

5.3.2.2　定向凝固法的应用

金属、半晶体和卤化物以及碱土卤化物均可以借助定向凝固法生长单晶。1925 年，Bridgman 制备了 Bi 单晶；1936 年，Stoclebarger 生长了 LiF 和 CaF。他们首创的定向凝固法为大量生产光学晶体奠定了基础。下面分别叙述这几类典型晶体的生长。

（1）金属和半导体　Bi 的熔点为 271℃，可以在 4mm/h 或 60cm/h 的速率下生长。相应的定向凝固工艺步骤如下：

① 确定坩埚内的温度分布，建立炉内的温度梯度。

② 确定界面移动的速率，即坩埚下降速率或冷却速率。

③ 确定晶体生长的取向，使用籽晶时还要说明籽晶的取向。

④ 确定原料纯度，生长晶体化学组成及其杂质含量。

⑤ 确定坩埚材料、控温精度等因素。

利用定向凝固技术同样可以生产熔点较高的金属晶体，图 5-9 为一种在真空中生长高熔点金属铜的单晶设备。炉内温度梯度 1.2℃/mm，坩埚下降速率 3.3cm/15min，Cu 料纯度为 99.999%，石墨纯度大于 99.75%。可生长出 9.5mm×3.2mm×88.5mm 的单晶。测量结晶证实，样品为完整性较好的单晶。

采用图 5-9 所示的设备，同样可以制备 PbS、PbSe 和 PbTe 单晶，在 133.3Pa 下的 As

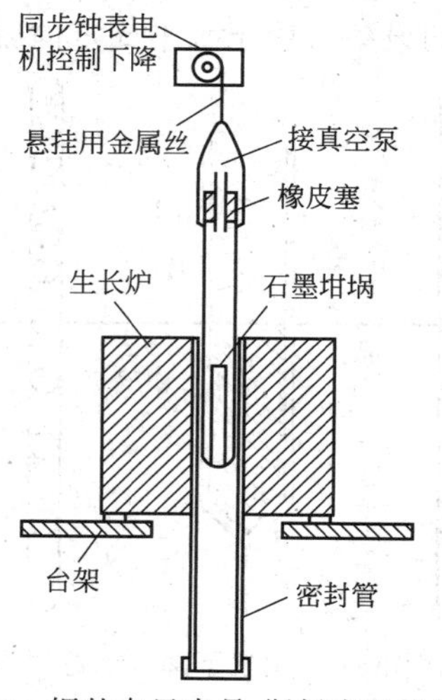

图 5-9　铜的布里奇曼-斯托克巴格生长

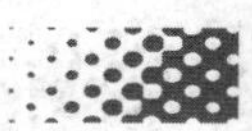

气氛中，还可以生长 GaAs 单晶。

（2）非金属　定向凝固法还常用于生长低熔点非金属，如 Cr、Mn、Co、Ni、Zn、Tb、Ca 等元素的卤化物。为了制备优质的 CaF_2，需防止 CaO 生成，所以原料要干燥，避免表面氧化。通常使用 HF 处理 $CaCl_2$，反应式如下：

$$CaCl_2 + 2HF \longrightarrow CaF_2 + 2HCl \tag{5-48}$$

为了防止过冷，对于 CaF_2 热梯度至少为 7℃/cm，对于 LaF_3 热梯度至少为 30℃/cm，坩埚的下降速率一般为 1～5mm/h。图 5-10 给出了生长 CaF_2 的一种典型设备。

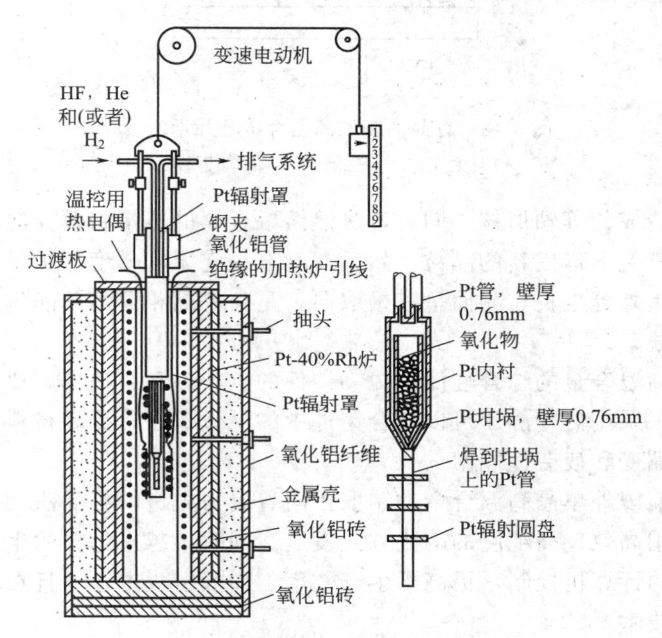

图 5-10　氟化钙的布里奇曼-斯托克巴格生长

5.3.2.3　单晶高温合金的生长

单晶高温合金一般采用定向凝固制备，有两种方法：一种为选晶法（自生籽晶法），另一种为籽晶法。原理是具有狭窄截面的选晶器只允许一个晶粒长出它的顶部，然后这个晶体长满整个铸型腔，从而得到整体只有一个晶粒的单晶部件。图 5-11 是几种常用的选晶器。选晶法有许多缺陷，如只能控制铸件的纵向取向在（001）方向的 15°之内，不能控制横向取向，制备模壳比较困难等。另一种方法是籽晶法，如图 5-12 所示。将与铸造部件材料相同的籽晶安放在模壳的最底端，它是金属与水冷却铜板接触的唯一部分。具有一定过热的熔融金属液在籽晶的上部流过，使籽晶部分熔化，避免由于籽晶表面不连续或加工后的残余应

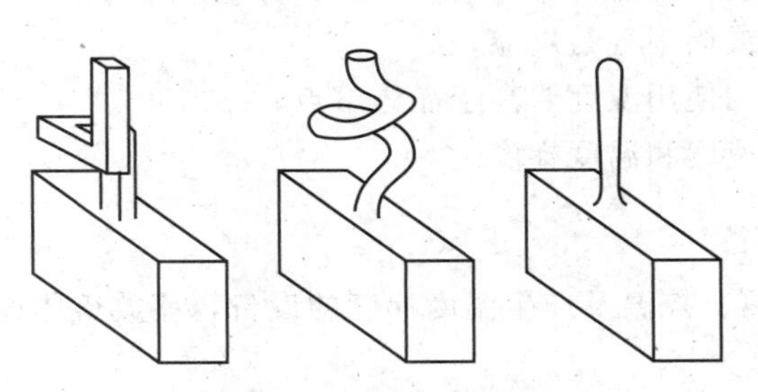

图 5-11　几种常用的选晶器示意图

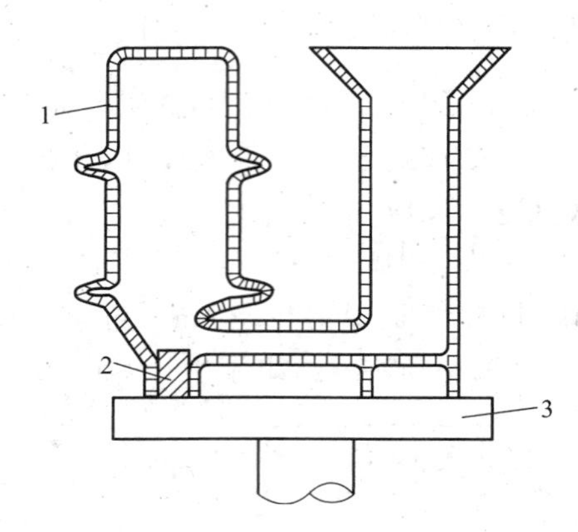

图 5-12　籽晶法制取高温合金叶片示意图

1—模壳；2—籽晶；3—水冷却铜板

力引发的再结晶所造成的等轴形核。同时，过热熔融金属的热量将模壳温度升高到了合金熔点以上，防止了在模壳上形成新的晶粒。然后在具有一定温度梯度的炉子中抽拉模壳，金属熔液就在籽晶处发生外延生长，凝面呈三维取向，是与籽晶相同的单晶体。可见，籽晶法克服了选晶法的诸多缺陷。

为了提高单晶高温合金的综合性能，提高铸件的生产率和合格率，要尽可能提高定向凝固炉内的温度梯度，采用热等静压可以压合铸件中的显微疏松，提高材料的致密度，减少裂纹源，提高材料的蠕变和疲劳性能。

综上所述，目前国外单晶高温合金的制取正向着更为先进的籽晶法，提高定向凝固炉内的温度梯度以及使用高效、高纯度的溶化方式发展。同时，越来越多的生产厂家实现了单晶高温合金叶片生产的计算机控制，提高了生产效率，降低了成本，并且在单晶高温合金叶片上使用了多种涂层技术。

5.3.3　提拉法

提拉法也称为丘克拉斯基技术，是一种常见的晶体生长方法，可以在较短时间内生长大而无位错的晶体。晶体生长前，使生长的材料在坩埚中熔化，然后将籽晶浸到熔体中，缓慢向上提拉，同时旋转籽晶，即可以逐渐生长单晶。其中，旋转籽晶的目的是为了获取热对称性。为了生长高质量的晶体，提拉和旋转的速率要平稳，熔体的温度要精确控制。晶体的直径取决于熔体的温度和拉速，减小功率和降低拉速时，晶体的直径增加。图 5-13 是提拉法示意图。提拉法生长晶体必须注意如下几点：

① 晶体熔化过程中不能分解，否则会引起反应物和分解物分别结晶；

② 晶体不得与坩埚或周围气氛反应；

③ 炉子及加热元件的使用温度要高于晶体熔点；

④ 确定适当的提拉速度和温度梯度。

5.3.3.1　提拉法工艺设备

提拉法一般需要加热、控温及产生温度梯度的设备，盛放熔体设备，支撑旋转和提拉设备，气氛控制设备。

(1) 射频加热源　要求熔体或坩埚导电性良好，与射频场耦合，常用频率 450kHz，功

率 5～10kW，甚至 20kW。对于绝缘体可用高频加热，频率为 3～5MHz。

（2）射频加热温度控制　将电偶置于坩埚附近与坩埚里面，利用热电偶的热电势控制发生的功率。或者采用能在射频线圈中保持恒定功率的电路，使恒定功率电路对线圈电压的变化进行补偿。

（3）温度梯度设计　将铜管做成工作线圈，绕成一个间隔均匀的圆柱体。有时将特定形状的线圈引入加热器中，以产生温度梯度，线圈中通入循环水。

（4）提拉设计　要求提供恒定的均匀上升运动和无振动的搅拌，提拉速率要与晶体生长速率匹配，生长速率一般为每小时几厘米。搅拌速率通常为每分钟几转到几百转，对难结晶的材料要用较慢的提拉速率。

5.3.3.2　晶体生长的一般原则

提拉法的要求之一就是平衡的提拉速率和加热条件，从而实现正常生长。在籽晶附近沿坩埚向上的热梯度和垂直于生长界面的热梯度，在确定晶体的形状和完整性方面是有重要意义的。通常，垂直于生长界面的热梯度主要控制因素有：加热器结构、热量向环境的释放、坩埚内熔体的温度、提拉速率和熔化潜热。

为了开始生长，引入籽晶时要使熔体温度略高于熔点，从而熔去少量籽晶以保证在清洁表面开始生长，即保证均匀的外延生长。对于蒸气压低的晶体，可以用 He、Ar、H_2、N_2 等保护气氛。提拉时，还要设计适当的冷却速率，避免冷却太快引起晶体应变。

5.3.3.3　用提拉法生长半导体晶体

图 5-13 是适用于锗或硅生长的提拉装置。炉子的能量由加热石墨感受器的振荡器提供，其功率为 10kW，频率为 450Hz。借助流过熔融石英管的流动气体来控制气氛。石英管密封于水冷铜片内，籽晶夹持在不锈钢旋转杆上，旋转杆通过一个受压缩的聚四氟乙烯 O 形圈

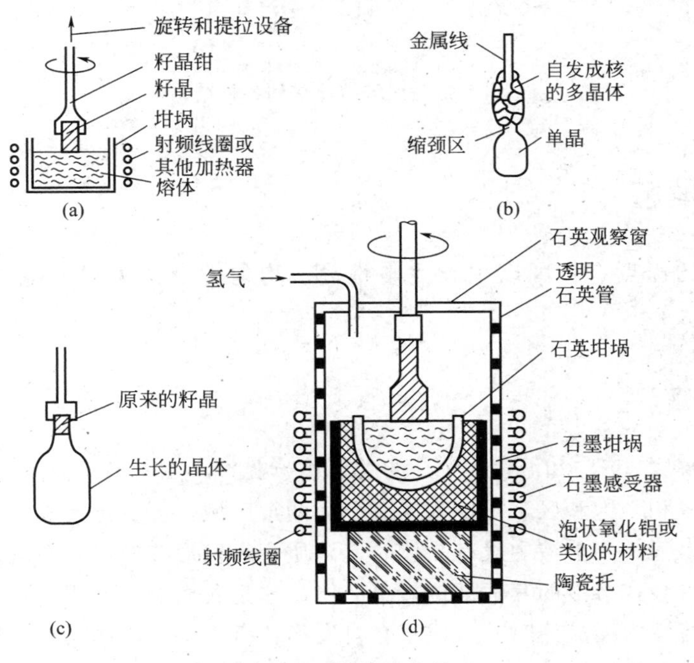

图 5-13　提拉法生长

进入生长腔，旋转杆及电机位于上方的升降台子上，其速率由电机控制。熔体体积约为 $100cm^3$，晶体生长速率为 $10^{-2}cm/m$。生长气氛从顶部进入，由底部排出。

5.3.4 区域熔化技术

区域熔化技术是半导体提纯的主要技术。也可以作为一种单晶生长技术，因为在用它进行提纯时的确常常得到单晶。区熔的目的是在生长界面附近产生一个温度梯度，通常可以同时控制杂质，这是区熔法生长晶体的一个优点。

图 5-14(a) 和 (b) 是常用区熔结构的示意图。图 5-14(a) 所示为水平区域熔化结构。熔区从左端开始。要制备单晶，可将单晶体籽晶放在料舟的左边。籽晶须部分熔化，以便提供一个清洁的生长表面。然后熔区向右移动。倘若材料很容易结晶也可以不要籽晶。热源可以是熔体、料舟或受感器耦合的射频加热。其他热源包括电阻元件的辐射加热、电子轰击以及强灯光或日光的聚焦辐射。当然，在水平区熔中容器必须和熔体相适应。即使熔体和料舟不起反应也可能与之足够浸润，这样，生长出的晶体会吸附在料舟上。由于冷却时收缩程度不同，可能引起应变，并且常使晶体很难从料舟中取出。有时用可以变形的或软的料舟来克服这些困难。如果使料舟的左端收尖，不需要籽晶的单晶形核往往是可能发生的。

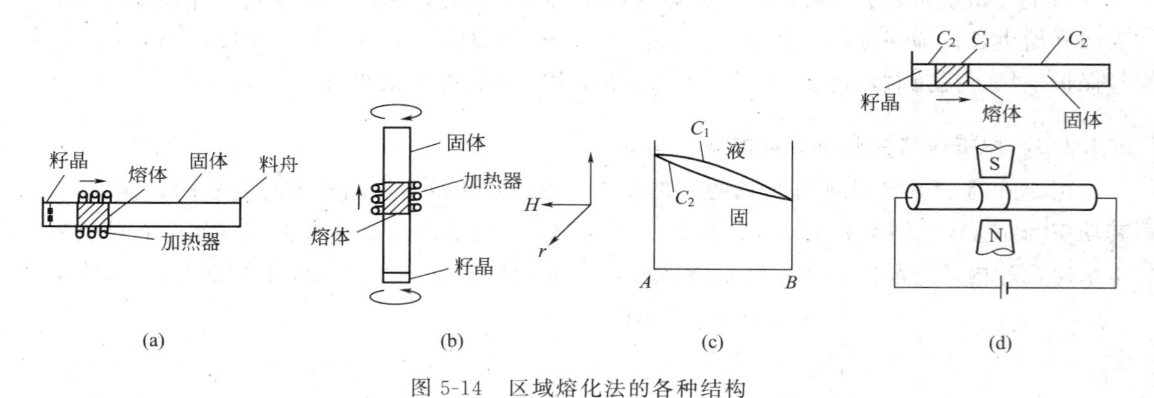

图 5-14 区域熔化法的各种结构

5.4 常温溶液法

常温溶液法的优点有：可以生长完整性高、均匀性好的大尺寸晶体，易观察，设备简单。

5.4.1 基本原理

在物质的溶解度（S）和温度（T）的关系图（见图 5-15）中，溶解度曲线将其分为两个区域：过饱和区和不饱和区。过饱和区又分为两个区域：不稳定区和亚稳定区。在不稳定区内，过饱和度太大，当溶液中没有晶体时，溶质会自发形核析出；在溶液中有晶体时，晶体会生长，但同时会在溶液的其他部位析出晶体。这是我们所不希望的。在亚稳定区内，过饱和度适中。当溶液中无晶体时，溶质不会自发形核析出；有晶体时，晶体会生长，且其他部位不会自发形核。不饱和区也称为稳定区，在该区域内晶体会溶解。这里的“稳定”是针

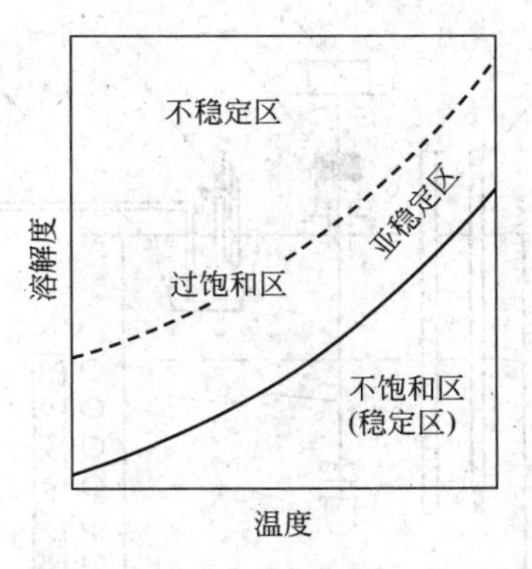

图 5-15　溶解度与温度关系图

对溶液的稳定性而言。所以，溶液法晶体生长的关键是把溶液状态控制在亚稳定区内，避免其进入不稳定区和稳定区。

5.4.2　晶体生长方法

（1）降温法　降温法是靠不断降温维持溶液过饱和，使晶体不断生长的方法（图 5-16）。

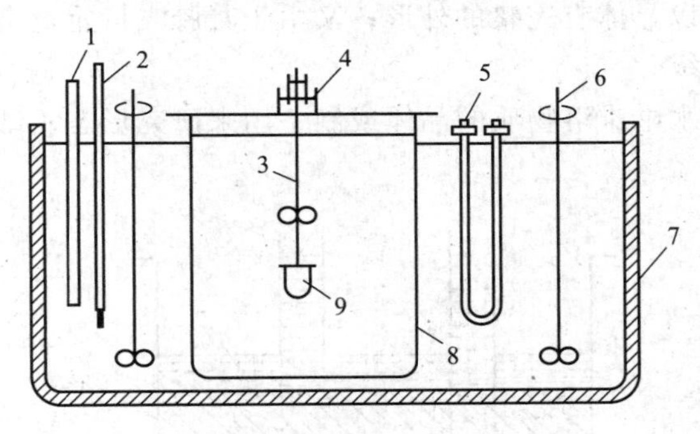

图 5-16　降温法示意图

1—控制器；2—温度计；3—掣晶杆；4—水封；5—加热器；
6—搅拌器；7—水槽；8—育晶器；9—晶体

过程如下：配制溶液，必要时进行过滤；测定精确饱和温度，并过热处理；预热籽晶，同时溶液降温至比饱和温度略高；种下籽晶，待其微溶时溶液降温至饱和温度，按降温程序降温，使晶体正常生长；生长结束，抽取溶液使晶体与溶液分离，将温度降至室温，取出晶体。

由于降温法设备简单，所以是从溶液中培养晶体的一种最常用方法。其中的降温程序是根据结晶物质的溶解度曲线、溶液体积和晶体生长习性等制定的。只有溶解度较大、溶解度温度系数也较大的物质才适用本方法生长。如压电和光电晶体 $NH_4H_2PO_4$、热释电晶体 TGS 等可用此法生长。

（2）蒸发法　对于溶解度较大，溶解度温度系数很小的物质，不能用降温法生长晶体，可使用蒸发法（图 5-17）。该方法的原理是将溶剂不断蒸发，使体系保持溶液的过饱和状态。其关键步骤是控制溶剂的蒸发速率，使体系处于亚稳定区内，以实现晶体稳定生长。例如在水溶液中生长光学晶体氯化钠，多采用蒸发法。

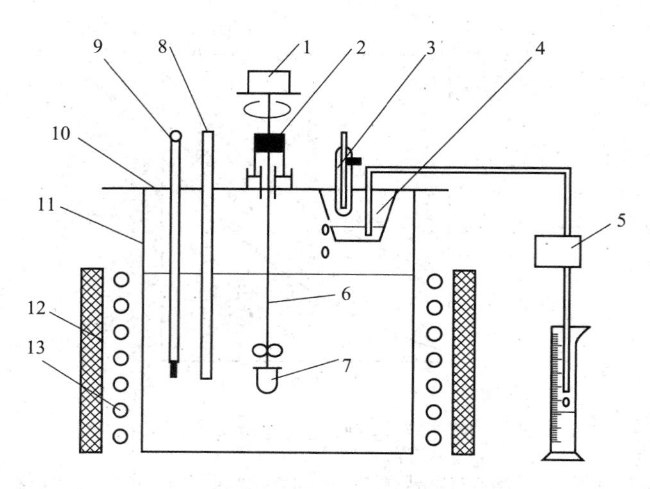

图 5-17 蒸发法示意图

1—晶转电机；2—水封；3—冷凝管；4—冷凝水收集器；5—自动取水器；6—掣晶杆；7—晶体；8—导电表；9—温度计；10—育晶器盖；11—育晶器；12—保温层；13—炉丝

(3) 凝胶法 凝胶法如图 5-18 所示。原理是：两种物质的溶液通过凝胶扩散相遇，经化学反应生成结晶物质，继而在凝胶中形核并长大。其中的凝胶既是扩散介质，又是支持介质。由于凝胶柔软，所以晶体有完整的外形；又由于凝胶支持重量有限，因此生长晶体的尺寸也较小，通常为毫米级。

该法主要用来生长水中难溶物质的晶体或制备用来研究形态、结构等性质的晶体样品。

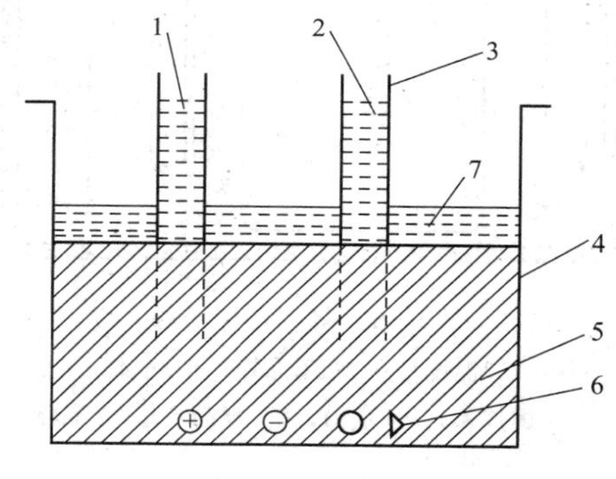

图 5-18 凝胶法示意图

1—溶液 B；2—溶液 A；3—玻璃管；4—容器；5—凝胶；6—晶体；7—水

5.5 高温溶液法

对于一些水中难溶，而且又不适合用熔体法生长晶体的物质，一般采用高温（>300℃）溶液法生长其晶体。该类方法类似于常温溶液法，主要区别是高温溶液生长温度高，体系中的相关系更复杂。

5.5.1 基本原理

高温溶液法是结晶物质在高温条件下溶于适当的助熔剂中形成溶液，在其过饱和的情况

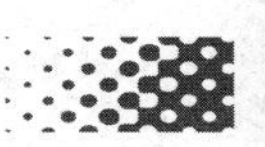

下生长为单晶的方法。因此，其基本原理与常温溶液法相同。但助熔剂的选择和溶液相关系的确定是高温溶液法晶体生长的先决条件。

高温溶液法中没有一种助熔剂像常温溶液中的水似的，能够溶解多种物质并适合其晶体生长。助熔剂的选择十分重要，作为助熔剂，一般应具备以下条件：

① 助熔剂对结晶物质有足够大的溶解度，并在生长温度范围内有适当的溶解度温度系数；

② 与溶质的作用应是可逆的，不形成其他稳定化合物，所要的晶体是唯一稳定的物相；

③ 应具有尽可能高的沸点和尽可能低的熔点，以便有较宽的生长温度范围供选择；

④ 助熔剂尽可能含有与结晶物质相同的离子，避免过多的杂质引入晶体；

⑤ 应具有较小的黏滞性以利于溶质扩散和能量输运；

⑥ 具有很小的挥发性（挥发法除外）和毒性；

⑦ 对坩埚材料无腐蚀性；

⑧ 在熔融状态时，其密度应尽量与结晶物质相近，以利于溶液均匀；

⑨ 有适当的溶剂或溶液可溶解，而不腐蚀晶体。

实际上很少有助熔剂能够同时满足这些条件，人们往往采用复合助熔剂来尽量满足上述条件，但复合助熔剂的组分过多，常使溶液体系的相关系更加复杂。

5.5.2 晶体生长方法简介

(1) 缓冷法及其改进技术　缓冷法适用于溶解度温度系数较大的物质的晶体生长。溶液的过饱和度靠体系的缓慢降温来维持。具体工艺过程如下：

首先配制溶液，装炉后升温至比预计饱和温度高十几摄氏度，保持一定时间以便体系均匀，然后降温至比预计形核温度略高，再根据具体情况以 0.2～5℃/h 的速率降温，先慢后快，以防过多形核。当温度降至其他相出现或溶解度温度系数近于零时停止生长，并使温度以较快速率降至室温。此时晶体周围的溶液凝为固态。以适当溶剂溶解凝固后的溶液，得到晶体。

这种方法难以控制形核的数目与位置，而且晶体与溶液无相对运动，将影响晶体生长速率和质量。此外，生长结束后在溶液凝固时，晶体易受应力。针对这些问题，人们采取如下改进技术：

① 坩埚局部过冷。使坩埚很小的局部区域（一般在坩埚底部）过冷，在该处形核可有效地控制形核的数目与位置。

② 复合助熔剂。该种助熔剂具有溶解多种成分的能力，可溶解掉体系内可能存在的作为形核中心的不溶性颗粒，以减少形核数目。

③ 变速旋转坩埚。使溶液和晶体产生相对运动，提高溶质的扩散速率，从而提高晶体生长速率和晶体质量，也有效防止了继续形核。

④ 刺破坩埚技术或球形坩埚技术。生长结束后，刺破坩埚或转动球形坩埚实现晶体和溶液分离，避免晶体受到溶液凝固时产生的应力。

(2) 助熔剂挥发法　助熔剂挥发法是在恒温下借助助熔剂的挥发使溶液达到过饱和状态，从而使晶体生长的方法。与水溶液蒸发法原理相同，生长设备见图 5-19。

体系内有两个温度区域，一个是生长区域，一个是冷凝区域。来自溶液表面的助熔剂蒸

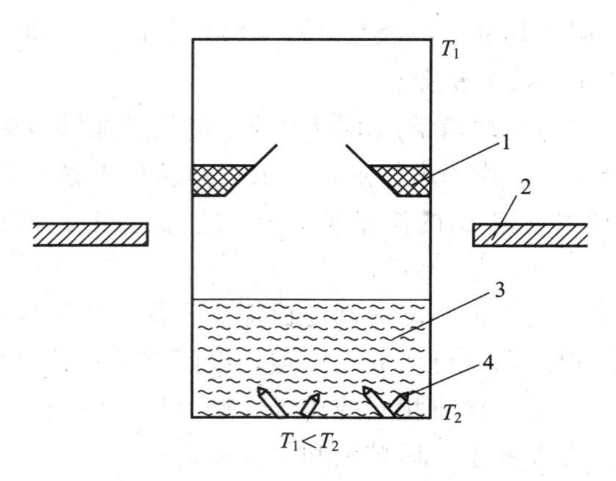

图 5-19 助熔剂挥发法示意图

1—助熔剂；2—挡热片；3—溶液；4—晶体

气到冷凝区域后冷凝下来，这样在恒温时不断蒸发，晶体不断生长。此法所用助熔剂必须有足够大的挥发性，如 BaF_2、PbF_2 等。

以上两种方法在生长体系中均不引入籽晶，因而称为自发形核法。

5.5.3 晶体生长实例——光折变材料 $BaTiO_3$ 的晶体生长

钛酸钡（$BaTiO_3$）晶体是一种典型的多功能材料。它不但是有代表性的铁电材料，是优良的压电和非线性光学材料，而且还是当前应用最广泛的光折变晶体材料。

（1）生长条件

① 助熔剂：TiO_2。

② 原料：高纯 BaO 试剂。

③ 籽晶取向：(001) 或 (110)。

④ 生长气氛：大气气氛。

⑤ 坩埚；铂坩埚。

⑥ 炉温：1450℃±10℃。

⑦ 提拉速率：0.5～1.0mm/d。

⑧ 晶体转速：0～150r/min 范围内连续可调。

（2）操作步骤　将原料配好后升温熔化，测定其精确饱和温度，引入籽晶。待其生长后按降温程序降温，并以合适的速率向上提拉晶体，生长结束后将晶体拉至液面以上。随后以较快的降温速率降至室温，取出晶体，经退火、切割、极化处理后备用。

参考文献

[1] 吴建生，张寿柏编．材料制备新技术．上海：上海交通大学出版社，1996.

[2] 徐洲，姚寿山．材料加工原理．北京：科学出版社，2003.

[3] 汤酞则，吴安如．材料成形丁艺基础．长沙：中南大学出版社，2003.

[4] 谢希文，过梅丽．材料工程基础．北京：北京航空航天大学出版社，1999.

1. 单晶体的基本性质是什么？
2. 如何选择单晶材料的制备方法？
3. 简述应变退火法制备铝单晶的工艺。
4. 熔体法晶体生长的基本原理是什么？

第6章 非晶材料的制备

自从1960年美国加州理工学院杜威P. Duwez教授采用急冷方法制得非晶体至今，人们对非晶体的研究已经取得了巨大成就，某些合金系列已得到广泛应用。例如，过渡金属-类金属型非金属合金已开始用于各种变压器、传热器铁芯；非晶合金纤维已被用来作为复合材料的纤维强化；非晶铁合金作为良好的电磁吸波剂，已用于隐身技术的研究领域；某些非晶合金具有良好催化性能，已被开发用来制作工业催化剂；非晶硅和非晶半导体材料在太阳能电池和光电导器件方面的应用也已相当普遍。

本章将简要介绍非晶态材料的基本概念和基本性能，着重介绍非晶态材料的制备方法。

6.1 概述

6.1.1 非晶材料的基本概念

6.1.1.1 有序态和无序态

对自然界中的各种物质，如果人们不以宏观性质为标准，而直接考虑组成物质的原子模型，就能按不同的物理状态将物质分为两大类：一类称为有序结构，另一类称为无序结构。晶体为典型的有序结构，而气体、液体及非晶态固体都属于无序结构。气体相当于物质的稀释态，液体和非晶固体相当于凝聚态。

通过连续地转变，可以从气态或液态获得无定形或玻璃态的凝聚固态——非晶态固体。非晶态固体的分子像在液体中一样，以相同的紧压程度一个挨着一个地无序堆积。不同的是，在液体中的分子容易滑动，黏度较小；当液体变稠时，分子滑动变得更困难；最后在非晶态固体中，分子基本上不能再滑动，具有固定的形状和很大的刚性。

6.1.1.2 长程有序和短程有序

从上述的分析可以看出，非晶态材料基本上是无序结构。然而，当用X射线衍射研究非晶态材料时会发现，在很小的范围内，如几个原子构成的小集团，原子的排列具有一定规则，这种规则称为短程有序。晶体和非晶体是相对的：晶体中原子的排列是长程有序的；而在非晶体中是长程无序的，只是在几个原子的范围内才呈现出短程有序。

6.1.1.3 单晶体、多晶体、微晶体和非晶体

既然非晶体中的原子排列是短程有序的，那么，就可以将几个原子组成的小集团看做是一个小晶体。从这个意义上看，非晶体中包含着极其微小的晶体。另一方面，实际晶体中，往往存在位错、空位和晶界等缺陷，它们破坏了原子排列的周期性。因此，可以将晶界处一

薄片材料看做是非晶态材料。

可以将固体材料分成几个层次，即单晶体、多晶体、微晶体和非晶体。

在完美的单晶体中，原子在整块材料中的排列都是规则有序的；在多晶体和微晶体中，只有在晶粒内部，原子的排列才是有序的，而多晶体中的晶粒尺寸通常都比微晶体中的更大一些，经过腐蚀后，用一般的金相显微镜甚至用肉眼都可以看出晶粒和晶界；在非晶体中，不存在晶粒和晶界，不具有长程有序性。

从传统的定义分析，所谓非晶态是指以不同方法获得的以结构无序为主要特征的固体物质状态。我国的技术辞典的定义是“从熔体冷却，在室温下还保持熔体结构的固态物质状态”。习惯上也称为“过冷的液体”。

6.1.1.4 非晶态材料的分类

广义的非晶材料可分为下述三大组：

（1）非晶态合金　这种材料以目前广泛研究的非晶态半导体和非晶态金属为主。

非晶态合金又称金属玻璃，即非晶态合金具有金属和玻璃的特征。首先，非晶态合金的主要成分是金属元素，因此属于金属合金；其次，非晶态合金又是无定形材料，与玻璃相类似，因此称为金属玻璃。但是，金属玻璃和一般的氧化物玻璃毕竟是两码事，它既不像玻璃那样脆，又不像玻璃那样透明。事实上，金属玻璃具有光泽，可以弯曲，外观上和普通的金属材料没有任何区别。在非晶态的金属玻璃材料中，原子的排列是杂乱的。这种杂乱的原子排列赋予了它一系列全新的特性。迄今发现的能形成非晶态的合金有数百种。

（2）传统的氧化物和非氧化物玻璃　玻璃是非晶态中的一种。玻璃中的原子不像晶体那样在空间作远程有序排列，而近似于液体一样仅具有近程有序性。玻璃像固体一样能保持一定的外形，而不像液体那样在自重作用下流动。

① 石英玻璃：石英玻璃是二氧化硅单一成分的非晶态材料，其微观结构是一种由二氧化硅四面体结构单元组成的空间三维网络。由于Si—O化学键能很大，结构很紧密，所以石英玻璃具有独特的性能。尤其是透明石英玻璃的光学性能非常优异，在紫外到红外辐射的连续波长范围都有优良的透射比。石英玻璃的结构是无序而均匀的，有序范围大约为0.7～0.8nm。X射线衍射分析证明，石英玻璃的结构是连续的，熔融石英中Si—O—Si键角大约为120°～180°，比结晶态的方石英宽，而Si—O和O—O的距离与相应的晶体中的一样。硅氧四面体［SiO_4］之间的转角宽度完全是无序分布的，［SiO_4］以顶角相连，形成一种向三维空间发散的架状结构。石英玻璃用于制作激光器、光学仪器、实验室仪器、电学设备、医疗设备、耐高温耐腐蚀的化学仪器、电光源器、半导通信装置等，应用十分广泛。

② 钠钙硅玻璃：熔融石英玻璃在结构和性能方面都比较理想，其硅氧比值与SiO_2分子式相同，可以把它近似地看成由硅氧网络形成的独立“大分子”。若在熔融石英玻璃中加入碱金属氧化物（如Na_2O），就会使原有的“大分子”发生解聚作用。由于氧的比值增大，玻璃中已不可能每个氧都为硅原子所共有（桥氧），开始出现与一个硅原子键合的氧（非桥氧），使硅氧网络发生断裂。而碱金属离子处于非桥氧附近的网穴中，形成了碱硅酸盐玻璃。若在碱硅二元玻璃中加入CaO，可使玻璃的结构和性质发生明显的改善，获得具有优良性能的钠钙硅玻璃。

③ 硼酸盐玻璃：B_2O_3玻璃由硼氧三角体［BO_3］组成，其中含有三角体互相连接的硼氧三元环集团。在低温时B_2O_3玻璃结构是由桥氧连接的硼氧三角体和氧三元环形成的向二

维空间发展的网络，属于层状结构。将碱金属或碱土金属氧化物加入 B_2O_3 玻璃中会形成硼氧四面体 $[BO_4]$，得到碱硼酸玻璃。

④ 其他氧化物玻璃：有人指出，凡能通过桥氧形成聚合结构的氧化物，都有可能形成非晶态的玻璃，如 B、Si、Ge、As、Te 等的氧化物。

(3) 非晶态高分子聚合物　早在 20 世纪 50 年代，在晶态聚合物的 X 射线衍射图案中就曾发现过非晶态高分子聚合物的弥散环，实际结构介于有序和无序之间，被认为是结晶不好成部分有序结构。现在已经证实，许多高聚物塑料和组成人体的主要生命物质以及液晶都属于这一范畴。

一些高分子物质的碳链上的碳原子具有单向性（即不对称性），由此导致其具有三维结构。当接连的原子的单向性呈无规则变化时，该聚合物将形成无规立构体，此时表现为非晶状态。此时，非晶聚合物的性能可以在很窄的温度区间内发生显著变化。这种变化即使在部分晶体和部分非晶体的聚乙烯中也会相当显著。

6.1.2 非晶态合金的结构特点

在液体和非晶态固体中的无序并不是单纯的“混乱”，而是破坏了有序系统的某些对称性，形成一种有缺陷的、不完整的有序。非晶态物质不可能是绝对混乱的，它必然存在短程有序。一般认为：组成非晶物质的原子、分子的空间排列不呈现周期性和平移对称性，只是由于原子间的相互关联作用，使其在小于几个原子间距的小区间内（约 1～1.5nm）仍然保持着形貌和组分的某些有序的特征，具有短程有序性。人们把这样一类特殊的物质状态都统称为非晶态。非晶态材料在微观结构上具有以下 3 个基本特征：

① 只存在小区间内的短程有序，在近邻或次近邻原子间的键合（如配位数、原子间距、键角、键长等）具有一定的规律性。不具备长程有序性。

② 它的衍射花样是由较宽的晕和弥散的环组成，没有表征结晶态的任何斑点和条纹。用电子显微镜看不到由晶粒、晶界、晶格缺陷等形成的衍射反差。

③ 当温度连续升高时，在某个很窄的温度区间内，会发生明显的结构相变，是一种亚稳态材料。

6.1.3 非晶态合金的特性及发展应用

6.1.3.1 高强度、高韧性

许多非晶态金属玻璃带，即使将它们对折，也不会产生裂纹。金属玻璃兼具金属材料与玻璃的优点，不仅强度高、硬度高，而且韧性也较好。

高强度、高韧性正是金属玻璃的宝贵特性。铁基和钴基非晶态合金的维氏硬度可达到 $9800N/mm^2$，抗拉强度达 $4000N/mm^2$ 以上，比目前强度最高的钢高出许多。利用非晶态合金的这一特性，已经开发了用于轮胎、传送带、水泥制品及高压管道的增强纤维，还可以开发特殊切削刀具方面的应用。

6.1.3.2 抗腐蚀性

在中性盐溶液和酸性溶液中，非晶态合金的耐腐蚀性能要比不锈钢好得多。镍基、钴基非晶态合金也都有极佳的抗腐蚀性能。利用非晶态合金几乎完全不受腐蚀的优点，可以制造

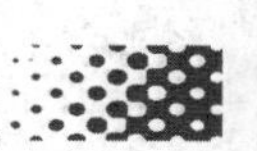

耐蚀管道、电池电极、海底电缆屏蔽、磁分离介质及化学工业的催化剂，目前都已达到了实用阶段。

6.1.3.3　软磁特性

所谓“软磁特性”，就是指磁导率和饱和磁感应强度高，矫顽力和损耗低。目前使用的软磁材料主要有硅钢、铁-镍坡莫合金及铁氧体，都是结晶材料，具有磁晶各向异性而互相干扰，结果使磁导率下降。而非晶态合金中没有晶粒，不存在磁晶各向异性。目前比较成熟的非晶态软磁合金主要有铁基、铁-镍基和钴基三大类。铁基和铁-镍基软磁合金的饱和磁感应强度高，可以代替硅钢片使用。例如，1台15kV·A的小型配电变压器24h内要消耗322W的电力，若改用非晶态合金做铁芯，可以降低一半的电力损耗。用非晶态合金制作电机铁芯，铁损可降低75%，节能意义很大。

具有高磁导率的非晶态合金可以代替坡莫合金制作各种电子器件，特别是用于可弯曲的磁屏蔽。非晶态合金还可以用工业织布机编织成帘布而不必退火，而且磁特性在使用过程中不会发生蜕化。钴基非晶态合金不仅初始磁导率高、电阻率高，而且磁致伸缩接近于零，特别是非晶态合金的硬度高，耐磨性好，使用寿命长，是制作磁头的理想材料。

6.1.3.4　超导电性

目前，T_c最高的合金类超导体是Nb_3Ge，$T_c=23.2K$。然而这些超导合金较脆，不易加工成磁体和传输导线。1975年杜威兹首先发现La-Au非晶态合金具有超导电性，后来，又发现许多其他非晶态超导合金。

6.1.3.5　非晶半导体的光学性质

人类对非晶态半导体的研究已有30多年的历史了，一般说来，非晶半导体可分为离子型和共价型两大类。离子型包括卤化物玻璃、氧化物玻璃，特别是过渡金属氧化物玻璃。共价型主要指元素半导体，如非晶态Si、Ge、S、Te、Se等。这些非晶态半导体呈现出特殊的光学性质。

（1）光吸收　非晶态半导体与晶态情况的近程相同，基本能带结构也相似。但非晶态半导体的本征吸收峰的位置有些移动。事实上，绝大多数硫系非晶态半导体在本征吸收峰附近吸收曲线是很相似的。

（2）光电导　光电导是非晶态半导体的一个基本性质。所谓光电导，即光照下产生了非平衡载流子，从而引起材料的电导率发生变化的一种光学现象。由于非晶态半导体是高阻材料，而且存在着大量的缺陷，在光照产生非平衡载流子的同时，缺陷态上的电子浓度也要发生变化。而缺陷态的荷电状况不同，即带正电、中性或负电，导致不同的载流子俘获能力，就会影响到光电导的大小。

6.1.3.6　其他性质

非晶态材料还有诸如室温电阻率高和负的电阻温度系数等性质。例如，大多数非晶态合金的电阻率比相应的晶态合金高出2～3倍。此外，某些非晶态合金还兼有催化剂的功能。如采用Fe-Ni非晶合金作为一氧化碳氢化反应的催化剂。

20世纪50年代中期，科洛密兹（Kolomiets）等首先研究了非晶态半导体的电子特性。1960年美国加州理工学院教授杜威兹（Duwez）领导的小组发明了液态淬火的急速冷却技术，为工业规模生产非晶态合金开辟了重要的途径。此后，许多学者开发了多种制备非晶态材料的工艺，对材料的性能和技术应用也进行了大量的研究。1974年，发明了单辊急冷法，并制出40～50mm宽的带材，从而大大推动了非晶态合金的应用研究。目前非晶态合金的制品正走向商品化，有的合金带材宽度已超过200mm，进入实用阶段。表6-1列举了一些非晶态合金的某些物理和化学性能及其在某些领域中的应用，这充分显示出它具有极强的生命力。

表6-1 非晶态合金的性能及其应用

项目	非晶态合金	应用
力学性能	强度＞4000MPa，远高于晶态超强钢(2850MPa)；硬度高、韧性和疲劳性能好	可用作水泥制品、轮胎、传送带、高压管的加固增强纤维，用于制作各种刀具等
磁学性能	损耗低，是硅钢的1/10～1/5。磁导率高、矫顽力低，可与超坡莫合金相比	可用于功率器件、电子器件、磁记录技术、磁屏蔽及高梯度磁分离技术等
耐磨性能	耐腐蚀性能好、为晶态不锈钢的100倍	可用于催化剂、电池电极、耐蚀管道、海底电缆屏蔽及聚磁介质

非晶态合金，主要是非晶态软磁材料，在许多工业领域中已得到应用，有些已产生明显的经济效益。其中，过渡族金属（TM）-类金属基的非晶态合金研究得比较深入，用途十分广泛。

近来，对非晶态金属-金属基合金的研究显示出该种材料具有许多有实用价值的磁特性，各国正在根据自己的实际情况选择对其开发的突破口，进展突飞猛进。例如美国联合化学公司以金属玻璃（Metglass）命名的非晶态合金已作为系列化商品出售。美国研究非晶态合金的主要目标是制造取代电力变压器中的硅钢制成的电机铁芯的磁性材料。由于非晶态合金的损耗远低于优质的硅钢片，大约是硅钢损耗的1/10～1/5，所以能够节约大量能源。世界上第一台采用非晶态合金作铁芯材料的变压器是1980年由美国联合化学公司与西屋电气公司合作制造的15kV·A变压器，供麻省理工学院林肯实验室安装在美国得州大学阿灵顿分校的太阳能系统中，铁损比硅钢变压器减少87.5%，铜损减少21%。

美国为了寻求新的能源，非常重视太阳能的利用，现正大力开发非晶态硅太阳能电池。美国利用非晶硅的光导特性，发展静电复印技术，还利用硫系非晶态半导体研制存储器等。日本对非晶态合金的研究稍晚于美国，但是近年来发展很快。日本不仅加强在电力变压器铁芯应用方面的开发，而且还利用非晶态合金的高磁导率、高磁感应强度的特性，在磁记录设备中用作磁头材料。此外日本研制的非晶扼流圈，有15个品种已作为商品出售。这种扼流圈与硅钢片扼流圈相比，当把它用于100kHz电源时，铁芯的温升比硅钢片低20℃，电源总效率提高约4%。1974年日本首先发现了非晶态耐蚀合金。英国、德国、法国和苏联等也都在开发研究非晶态材料方面，取得了显著进展。

我国的非晶态材料的研究工作是从20世纪70年代中期开始的，目前的研究主要集中在非晶态半导体和非晶态磁性合金方面。国内已经能够用辉光放电、射频溅射以及电子束蒸发等技术，制备出非晶态硅薄膜，其中有的已制成非晶态硅太阳能电池，在非晶态硅、硫系非晶半导体的光电特性、电导性能以及非晶态合金的物理、化学性能等方面进行了广泛的研究。利用电子显微镜、X射线衍射仪、穆斯堡尔谱和正电子湮没等手段，在非晶态合金的结构、结构弛豫、晶化过程、各向异性及热稳定性等方面，也开展了一些工作。这些研究结果

提供了许多有关非晶态物质的有用数据，对非晶态材料的应用研究起了一定的指导作用。当前已经在传感器、磁屏蔽、开关型电源、磁头、漏电自动开关等方面开展了应用试验，取得了显著成效。特别是航空航天、电机、电子工业等部门，对应用非晶态合金的兴趣越来越大，需要量也越来越多。有的企业正在小批量生产非晶态合金，用于制作铁芯，以逐步在某些产品中取代硅钢和坡莫合金等。

6.2 非晶态材料的形成理论

非晶态固体在热力学上属于亚稳态，其自由能比相应的晶体高，在一定条件下，有转变成晶体的可能。非晶态固体的形成问题，实质上是物质在冷凝过程中如何不转变为晶体的问题，这又是一个动力学问题。最早对玻璃形成进行研究的是 Tamman。他认为玻璃形成是由于过冷液体晶核形成速率最大时的温度比晶体生长速率最大时的温度要低的缘故。即当玻璃形成液体温度下降到熔点 T_m 以下时，首先出现生长速率的极大值，此时形核速率很小，还谈不上生长；而当温度继续下降到形核速率最大时，由于熔体的黏度已相当大，生长速率又变得很小。因此，只要冷却速率足够快，就可以抑制晶体的形核与生长，在玻璃转变温度 T_g 固化成为非晶体。

Tamman 模型提出以后的若干年，实验和理论工作都有了很大进展，人们对玻璃形成条件的认识不断深入，并形成了相应的动力学理论、热力学理论和结构化学理论。

6.2.1 热力学理论

影响非晶态合金形成的热力学因素包括熔点 T_m、蒸发热 H、转变过程中的熔融相、稳定成亚稳合金相的自由能。

(1) 定性判据 τ_m　非晶态形成能力的大小是关系到它能否应用的关键。过渡金属-类金属非晶态合金，其成分大都是过渡金属占 75%～85%、类金属占 15%～25%（均为原子百分比)。实验表明，该成分范围相对应于这类合金的共晶成分，其熔点较其他成分合金的熔点为低，而且从相变研究发现这些合金在急冷淬火时处于深共晶状态。许多实验证明对比熔点 $\tau_m=KT_m/H_v$ 判据。式中，K 为波尔兹曼常数；T_m 为合金熔点；H_v 为蒸发热。这是一个定性判据。τ_m 小的材料则非晶形成能力（GFT）强。

(2) 熔化焓变 ΔH_m 判据　为了易于得到非晶态合金，常在合金中加入一些使熔点降低的元素。另外，由 $T_m=\Delta H_m/\Delta S_m$（式中，$\Delta H_m$ 为熔化时的焓变；ΔS_m 为熔化熵）可知，GFT 强的共晶成分合金，其熔化焓小，而熔化熵大。熵是表征体系无序度的函数，则液体 (l)，非晶态 (a)，晶态 (c) 的熵值应满足 $S_l>S_a>S_c$。根据 $\Delta S=\Delta H/T$ 的关系，且 $\tau_m>T_k$（T_k 为玻璃化温度)，所以形成非晶态合金应满足 $\Delta H_{l-a}<\Delta H_{l-c}$ 条件。

(3) 玻璃化温度 T_g　以 T_g/τ_m 作为 GFT 的判据，T_g/τ_m 越大，即 T_g 越接近 τ_m 或者 τ_m 越小，则 GFT 越强。一般金属熔体温度在 τ_m 时黏度 η 在 $10^{-3}\sim10^{-2}\,\mathrm{Pa\cdot s}$ 之间，在玻璃转变温度 T_g 时 η 为 $10^{12}\,\mathrm{Pa\cdot s}$，黏度随温度而变化，即：

$$\eta=10^{-3.3}\exp[3.34\tau_m/(T-T_g)]$$

故 T_g/τ_m 越大，黏度绝对值也越大。这样 T_g/τ_m 大的熔体急冷就易于形成非晶态合金。

6.2.2 动力学理论

物质能否形成非晶固体，这与结晶动力学条件有关。已经发现，除一些纯金属、稀有气体和液体外，几乎所有的熔体都可以冷凝为非晶固体。只要冷却速率大于10^5℃/s或适当，就可以使熔体的质点来不及重排为晶体，从而得到非晶体。Tumbull首先发现，在由共价键、离子键、金属键、范德瓦尔斯力和氢键结合起来的物质中，都可以找到玻璃形成物。他认为液体的冷却速率和晶核密度及其他一些性质是决定物质形成玻璃与否的主要因素。他强调，非晶固体的形成问题，并非讨论物质从熔体冷却下来能不能形成非晶态固体的问题，而是为了使冷却后的固体不至出现可被觉察到的晶体而需要什么样的冷却速率问题。后来，Uhlmann根据结晶过程中关于晶核形成与晶体生长的理论及相变动力学的形成理论，发展了可以定量判断物质的熔体冷却为玻璃的方法，估算了熔体形成玻璃所需要的最小冷却速率。

(1) 形核速率　对于单组分的物质或一致熔融的化合物，忽略转变时间的影响，均相形核速率为：

$$I_{v^0}^{H}=N_v^0\gamma\exp\left(\frac{1.229}{\Delta T_r^2T_r^3}\right) \tag{6-1}$$

式中，N_v^0为单位体积的分子数；$T_r=T/T_m$；T_m为熔点；$\Delta T=T_m-T$为过冷度；$\Delta T_r=\Delta T/T_m$；γ为频率因子。式(6-1)是对均匀形核按结晶势垒$\Delta G^*=60kT$和$\Delta T_r=0.2$作为标准处理而推导的。频率因子：

$$\gamma=kT/(3\pi\alpha_0^3\eta)$$

式中，α_0为分子直径；η为黏度。

如果考虑杂质对结晶的影响，则形核速率I_v可表示为：

$$I_{v^0}^{HE}=A_vN_s^0\gamma\exp\left[-\frac{1.229}{\Delta T_v^2T_v^3}f(\theta)\right] \tag{6-2}$$

式中，A_v为单位体积杂质所具有的表面积；N_s^0为单位面积基质上的分子数。$f(\theta)$由下式表示：

$$f(\theta)=[(2+\cos\theta)(1-\cos\theta)^2]/4 \tag{6-3}$$

式中，θ为接触角；$\cos\theta=(V_{Hc}-V_{HI})/V_{cL}$；$V_{cL}$、$V_{HI}$、$V_{Hc}$分别为晶体-液体、杂质-位错和杂质-晶体的界面能。

计算杂质的情况下，总的形核速率I_v为：

$$I_v=I_{v^0}^{h}+I_v^{HE} \tag{6-4}$$

(2) 晶体生长速率　若熔体结晶前后的组成和密度不变，则晶体生长速率为

$$\mu=f\gamma\alpha_0\left[1-\exp\left(\frac{\Delta H_{fm}\Delta T_r}{RT}\right)\right] \tag{6-5}$$

式中，f为界面上生长点与总质点之比；ΔH_{fm}为摩尔分子熔化热。对于熔化熵小的物质（$\Delta H_{fm}/T_m<2R$），如金属、SiO_2等，$f\approx1$；对于熔化熵大的物质（$\Delta H_{fm}/T_m>4R$），如Si、Ge、金属间化合物，大多数有机或无机化合物和硅酸盐与硼酸盐，$f=0.2\Delta T_r$。

(3) 熔体形成非晶态所需冷却速率　Uhlmann在估算熔体形成非晶体所需要的冷却速率时，考虑了两个问题。其一是非晶固体中析出多少体积率的晶体才能被检测出；其二是如何将这个体积率与关于形核及晶体生长过程的公式联系起来。他假定当结晶体积率V_c/V为10^{-6}时，可以觉察非晶态结晶的晶体浓度，并假定晶核形成速率和晶体生长速率不随时间

变化，则得到 t 时间内结晶的体积率为：

$$\frac{V_c}{V}=\frac{\pi}{3}I_v u^3 t^4 \tag{6-6}$$

式中，I_v 为单位体积的形核速率；u 为晶体生长速率；t 为时间。

取 $V_c/V=10^{-6}$，将 I_v 和 u 值代入式(6-6)，就可以得到析出该指定数量晶体的温度与时间关系式，并作出时间、温度和转变的 $3T$ 曲线，从而估算出避免析出指定数量晶体所需的冷却速率。

对于 SiO_2，利用式(6-6) 和 $3T$ 曲线，可求出形成非晶固体熔体冷却速率，即

$$R_c=dT/dt\approx\Delta T_N/\tau_N \tag{6-7}$$

式中，$\Delta T_N=T_M-T_N$；T_N 和 τ_N 分别为 $3T$ 曲线鼻尖处的温度和时间。

事实上，形成非晶态所需的冷却速率 R_c 与所选用的 V_c/V 的关系并不大，而与形核势垒、杂质浓度和接触角有关。

此外，非晶固体形成的动力学理论还可用来估算从熔体制得的非晶体的厚度。

$$\gamma_a=(D_{TH}\tau_N)^{1/2} \tag{6-8}$$

式中，D_{TH} 为熔体的热扩散系数；τ_N 为 $3T$ 曲线鼻尖处的温度。

（4）非晶固体的形成条件　综合分析非晶固体的动力学理论，可以将形成条件概括为以下四点：

① 晶核形成的热力学势垒 ΔG^* 要大，液体中不存在形核杂质；

② 结晶的动力学势垒要大，物质在 T_m 或液相温度处的黏度要大；

③ 在黏度与温度关系相似的条件下，T_m 或液相温度要低；

④ 原子要实现较大的重新分配，达到共晶点附近的组成。

6.2.3　结构化学理论

任何动力学过程的进行都需要克服一定的能量，这个能量就是通常所说势垒或激活能。动力学的研究表明，形成玻璃要求晶核形成的热力学势垒 ΔG^* 及结晶的动力学势垒都要大。而对于非晶态固体，往往要求其形成过程中结晶势垒要比热能大得多。这里所说的结晶势垒，就是描述物质由非晶态（液、气、固相）转变成晶态所需要克服的能量。这就需要从物质的结构化学方面进行分析。

（1）键性　化学键表示原子间的作用力，化学键的类型有离子健、共价键、金属键和氢键等。其中，离子健是由正离子与负离子通过静电作用力结合起来而构成的。离子键无饱和性、方向性。金属离子倾向于紧密堆积，所以配位数高，极易使物质形成晶体。共价键有方向性与饱和性，作用范围小，其键长及键角不易改变，原子不易扩散，有阻碍结晶的作用。在金属中存在着电子气及沉浸在其中的正离子，其结合取决于正离子与电子库仑作用力。金属结构倾向于最紧密堆积，原子间的相互位置容易改变而形成晶体。在化合物中，电负性相差大的元素以离子键结合，而电负性相差小的元素则以共价键结合，居于两者之间的是离子-共价混合键结合。

通常而言，随着原子量增加，电负性减小，共价化合物有向金属性过渡的趋势，形成玻璃的能力减弱。相反，由离子-共价混合键组成的物质，既有离子晶体容易变更键角，易造成无对称变形的趋势，又有共价键不易变更键长和键角的趋势，最容易成为玻璃。前者造成

玻璃结构的长程无序，后者造成结构的近程有序。

(2) 键强　当物质的组成和结构都相似时，键强将决定结晶的难易程度。通常用三个参量表征键强，即离解能、平均键能和力常数。其中，离解能是使某一化学键短断裂所需要的能量；平均键能是指分子中所有化学键的平均键能之和，即化合物的生成热；力常数是指化学键对其键长变化的阻力，它描述了原子力场与化学键的性质，和分子的几何结构有关。

如果将结晶过程看作配位数、键长和键角的瞬时变化过程，将其变化过程中要克服的阻力用力常数表示比较方便。力常数大，相应的解离能一般也较大。对于共价大分子化合物而言，其化学键力常数大者形成玻璃倾向较大。

(3) 分子的几何结构　典型的玻璃熔体在转变点 T_g 附近常有大分子结构，即表现出较高的黏度、较低的扩散系数及熔化点和沸点相差较大，在一定温度下呈平衡状态。随着温度下降，由于聚合而形成不同聚合度的大分子，这种大分子结构具有阻碍结晶的作用。某些低分子化合物的分子间有氢键作用，能形成络合结构，在冷却时，由于温度不高，热能不大，也能形成玻璃。对于无机玻璃，凝固点比较高，黏度较大。也就是说，大分子结构应是形成玻璃的一个重要条件

一个主要由共价键组成的空旷的网络结构，可能最适合改变键角结构，形成非晶态网络结构，这就导致了在熔点附近具有较高的黏度，而且黏度随温度降低而迅速增大，造成了一个很大的晶体生长势垒，从而构成了 Uhlmann 的非晶态固体的形成条件。

6.2.4　非晶态的形成与稳定性理论

金属玻璃的形成与稳定性问题是研究者们十分关注的问题，影响非晶态稳定性的因素很多，诸如动力学因素、合金化反应、尺寸效应和位形熵。此外，还涉及一些化学因素。

(1) 动力学因素　将 Turnbull 和 Uhlmann 发展起来的非晶固体形成动力学理论应用于金属玻璃系统，计算的形成玻璃所需要的冷却速率与实验结果吻合很好。当取晶体体积率为 10^{-6}，占有空间分数 f 为 $0.2\Delta T_r$ 时，得到了 $Au_{77.8}Gc_{13.8}Si_{8.4}$ 的黏度温度数据，由 $3T$ 曲线求得冷却速率 R_c 近似为 3×10^6 K/s。实验发现，金属玻璃的黏度随温度下降而急剧上升，特别是添加 Cu 时，可使 T_m 进一步下降，因而这些合金极易形成金属玻璃。

(2) 合金化反应　典型的形成金属玻璃的合金，至少由一种过渡金属或贵金属与一种类金属元素（B、C、N、Si、P）构成。它们的组成通常位于低共熔点附近，并且在低共熔点处，其液相比晶体相更稳定，加之温度低，因此容易形成稳定的金属玻璃。这种形成倾向与稳定性可用以下参量表征：

$$\Delta T_g = T_m - T_g \tag{6-9}$$

$$\Delta T_c = T_c - T_g \tag{6-10}$$

式中，T_m、T_g 和 T_c 分别为熔化温度、玻璃转化温度和结晶温度。

对于一般的金属玻璃，$T_m > T_g$，T_c 接近于 T_g，$T_c - T_g \approx 50℃$。当温度从 T_m 下降时，结晶速率迅速增大，但在低于 T_g 时，结晶速率又变得很小，如图 6-1 所示。显然，若能将熔融合金迅速冷却到 T_g 以下，就能获得非晶态相，所以 ΔT_g 值小，容易形成非晶态，而提高 T_c 便可增加 ΔT_c，将使获得的非晶态具有更好的稳定性。

金属玻璃内各原子之间的相互作用通常随原子间电负性值的增加而增强。对于过渡族金属与类金属系统的金属玻璃来说，这种原子之间的相互作用存在于它们的熔体中，类金属的

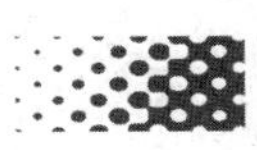

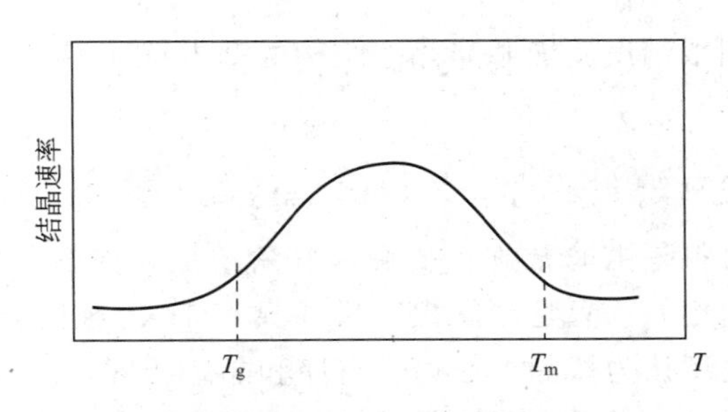

图 6-1　结晶速率与温度的关系

含量增加将增强金属玻璃的形成与稳定性。

通常，杂质的存在将显著地增强金属玻璃的形成与稳定。杂质的作用有三种：a. 气体杂质与元素的原子之间的强相互作用影响结晶；b. 杂质的加入将降低熔化温度；c. 大小不同的原子造成结晶的动力学障碍。

（3）尺寸效应　一般说来，组元原子半径差大于 10%有利于金属玻璃的形成与稳定。虽然形成金属玻璃可能性并不完全取决于原子尺寸差，但是实验结果表明：大的原子尺寸差显著地增加了金属玻璃的形成能力及其稳定性。用半径不同的硬球所作实验的结果：半径不同的硬球混合比大小均匀的硬球相混具有较低的自由能，而且较小半径的硬球填入无序堆积的较大硬球形成的间隙中时可以导致更紧密的堆积。由此看来，不均匀的原子尺度在动力学上阻碍了晶体生长，使非晶态稳定，由半径不同的原子构成的比较紧密的无序堆积，将导致自由体积的减少和扩散系数的减小，增强了非晶态的形成与稳定。

（4）位形熵　Adam 和 Gibbs 发展了玻璃形成液体的统计熵模型，推导出平均的集聚转变概率为：

$$W(T)=A\exp(-\Delta u S_c^* / kTS_c) \tag{6-11}$$

式中，A 为频率因子；Δu 为集聚转变的势垒高度；k 为波耳兹曼常数；S_c 为位形熵；S_c^* 为发生反应所需要的临界位形熵。

玻璃形成液的黏度反比于 $W(T)$，所以在温度 T 下的黏度可表示为：

$$\eta=A\exp(-\Delta u S_c^* / kTS_c) \tag{6-12}$$

可以看出，形成液黏度随 $\Delta u/S_c$ 指数增加。在 T_m以下，位形熵 S_c 随温度下降呈指数下降规律。所以在 $T_g \sim T_m$范围内，决定 η 数值的主要是 S_c 而不是 Δu。但是，由于 S_c 在 T_g处趋于零，T_g以下 S_c将为一常数。因而在玻璃转化温度 T_g以下，Δu 对玻璃相的黏度起主要作用。Δu 不但与内聚能有关．而且还与玻璃形成液体以及非晶态的短程有序有关。也就是说，阻碍原子结合与重排的势垒 Δu 对于金属玻璃的形成，特别是玻璃相的稳定性起着重大的影响作用。

应当指出，在讨论金属玻璃的形成和它们稳定性时，制得金属玻璃的难易程度并不总是与它们的稳定性相联系。换句话说，稳定的金属玻璃和那些容易制得的金属玻璃之间没有直接的联系，这也暗示金属玻璃的形成和稳定性可能受不同的机理所支配。

综上所述，位形熵是讨论金属玻璃形成与稳定性的最佳参量，而组元原子势垒 Δu 则是对金属玻璃的形成与稳定性起着重要作用的因子。

6.2.5　非晶态材料的结构模型

在前面的讨论中，已经或多或少介绍了非晶态的基本特征及非晶态模型的基本思想。事实上非晶态的结构模型归根结底要能和非晶态结构的基本特征相符合。下面对两种有代表性的结构模型作简要介绍。

6.2.5.1 微晶模型

该模型认为非晶态材料是由非常细小的微晶粒所组成，如图 6-2 所示。根据这一模型，非晶态结构和多晶体结构相似，只是“晶粒”尺寸只有 1nm 到几十纳米，即相当于几个到几十个原子间距。微晶模型认为微晶内的短程有序和晶态相同，但是各个微晶的取向是散乱分布的，因此造成长程无序，微晶之间原子的排列方式和液态结构相似。这个模型比较简单明了，经常被用来表示金属玻璃的结构。从微晶模型计算得到的分布函数和衍射实验结果定性相符，但在定量上符合得并不理想。迄今所研究过的材料中，只有非晶态 $Ag_{48}Cu_{52}$ 和 $Fe_{75}P_{25}$ 合金的实验结果和微晶模型符合得最好。

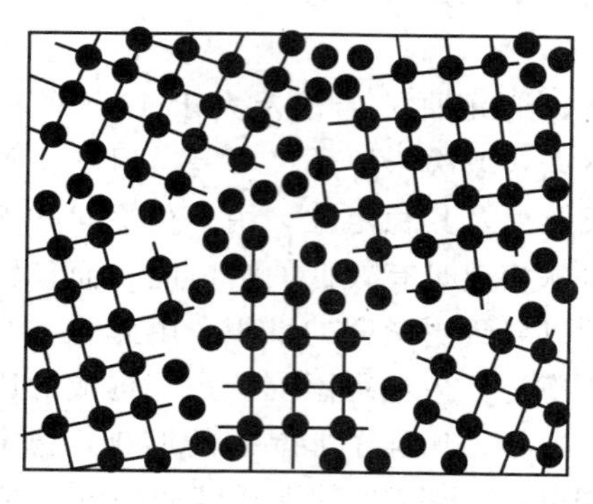

图 6-2 微晶模型

微晶模型对于“晶界”区内原子的无序排列情况，即这些微晶是如何连接起来的，仍有诸多不明之处。有的材料例如 Ge-Te 合金，其晶态和非晶态的配位数相差很大，更无法应用微晶模型。此外，微晶模型中对于作为基本单元的微晶的结晶结构的选择及微晶大小的选择都有一定的任意性；同时，要保持微晶之间的取向差大，才能使微晶作无规的排列，以符合非晶态的基本特征。但这样一来，晶界区域增大，致使材料的密度降低，这又与非晶态物质的密度和晶态相近这一实验结果有矛盾。因此，目前人们对于微晶模型渐有持否定态度的趋势。

6.2.5.2 拓扑无序模型

拓扑无序模型认为非晶态结构的主要特征是原子排列的混乱和随机性。用图 6-3 表示。

所谓拓扑无序是指模型中原子的相对位置是随机地无序排列的，无论是原子间距或各对原子连线间的夹角都没有明显的规律性。因此，该模型强调结构的无序性，而把短程有序看作是无规堆积时附带产生的结果。

在这一前提下，拓扑无序模型有多种堆积形式，其中主要的有无序密堆硬球模型和随机网络模型。在无序密堆硬球模型中，把原子看作是不可压缩的硬球，“无序”是指在这种堆积中不存在晶格那样的长程有序，“密堆”则是指在这样一种排列中不存在可以容纳另一个硬球那样大的间隙。这一模型最早是由贝尔纳（Bemal）提出，他在一只橡皮袋中装满了钢球，并进行搓揉挤压，使得从橡皮袋表面看去，钢球不呈现规则的周期排列。贝尔纳经过仔细观察，发现无序密堆结构仅由五种不同的多面体所组成，称为贝尔纳多面体，如图 6-4

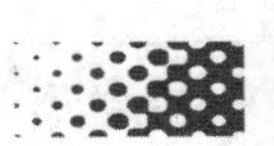

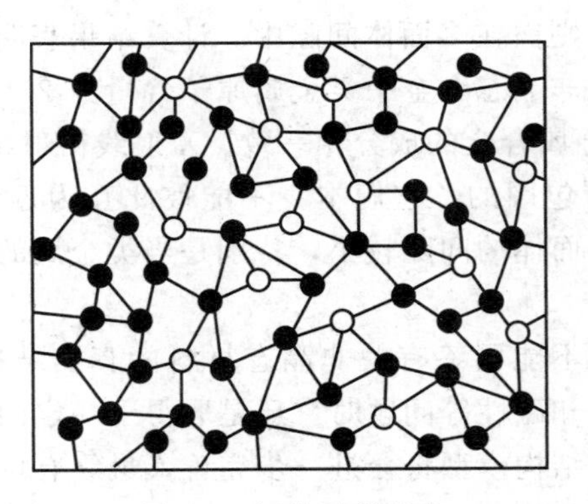

图 6-3 拓扑无序模型

所示。

多面体的面均为三角形，其顶点为硬球的球心。图 6-4 中所示的四面体和正八面体在密堆晶体中也是存在的，而其余几种多面体只存在于非晶态结构中。在非晶态结构中，最基本的结构单元是四面体或略有畸变的四面体。这是因为构成四面体的空间间隙较小，因而模型的密度较大，比较接近实际情况。但若整个空间完全由四面体单元所组成，而又保留为非晶态，那也是不可能的，因为这样堆积的结果会出现一些较大的孔洞。有人认为：除四面体外，尚有 6%的八面体、4%的十二面体和 4%的十四面体等。在拓扑无序模型中，认为图6-4所示的这些多面体作不规则的但又是连续的堆积。

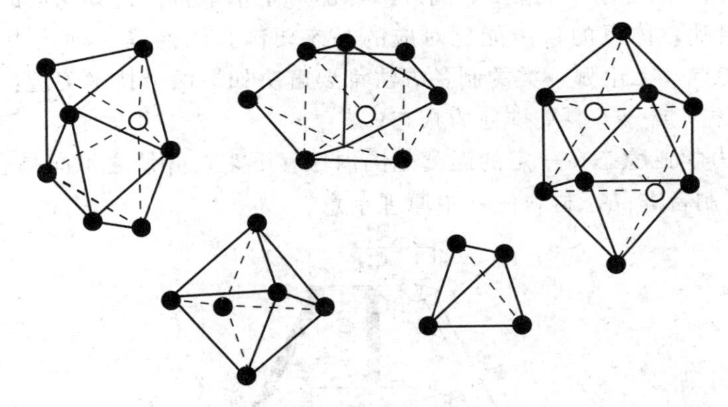

图 6-4 贝尔纳多面体

无规网络模型的基本出发点则是保持最近原子的键长、键角关系基本恒定，以满足化学价的要求。在此模型中，用一个球来代表原子，用一根杆代表键，在保持最近邻关系的条件下无规堆连成空间网络，例如帕尔克（Polk）用 440 个球组成了非晶态硅的无规网络，各杆之间的夹角为 109°28′变化不超过 10°，杆长和结晶硅的平均原子间距的差别不超过 1%。这样构筑起来的模型的径向分布函数和实验结果符合得很好。无规网络模型常被用作四配位非晶态半导体（如 Si、Ge）模型的基础。

用手工方法来构筑模型，当原子数取得大时，工作量很大，因此目前大都借助计算机来构筑，所得到的是代表原子位置的一组球心坐标，由这些坐标可以计算出模型的参数，如形状、体积、密度及分布函数等。用计算机还有一个优点，就是可以对结构进行弛豫或畸变处理，使之与实验结果符合得更好。

对于金属-类金属二元合金，在无序密堆硬球模型中，可以认为金属原子位于贝尔纳多面体的顶点，而类金属原子则嵌在多面体间隙中。计算结果表明，如果所有的多面体间隙都被类金属原子所填充，则在非晶态合金中类金属原子含量为21%（原子分数），这和大多数较易形成非晶态的金属-类金属合金的成分相一致。X射线衍射结果也表明，在实际材料中，类金属原子是被金属原子所包围的，它们本身不能彼此互为近邻，这与模型结果也是一致的。但应注意到，贝尔纳多面体的间隙较小，特别是当类金属的含量很高时，多面体会发生很大的畸变。

目前，用上述模型还远不能回答有关非晶态材料的真实结构以及与成分有关的许多问题，但在解释非晶态的弹性和磁性等问题时，还是取得了一定的成功。随着对非晶态材料的结构和性质的进一步了解，结构模型将会进一步完善，最终有可能在非晶态结构模型的基础之上解释和提高非晶态材料的物理性能。

6.3 非晶态材料的制备原理与方法

6.3.1 非晶态材料的制备原理

要获得非晶态，最根本的条件就是要有足够快的冷却速率，并冷却到材料的再结晶温度以下。为了达到一定的冷却速率，必须采用特定的方法与技术，而不同的技术方法，其非晶态的形成过程又有较大区别。考虑到非晶态固体的一个基本特征是其构成的原子或分子在很大程度上的排列混乱，体系的自由能比对应的晶态要高，因而是一种热力学意义上的亚稳态。基于这样的特点，无论哪一类的制备方法都要解决如下两个技术关键：

① 必须形成原子或分子混乱排列的状态；

② 将这种热力学亚稳态在一定的温度范围内保存下来，并使之不向晶态发生转变。

图6-5给出了制备非晶态材料的基本原理示意。

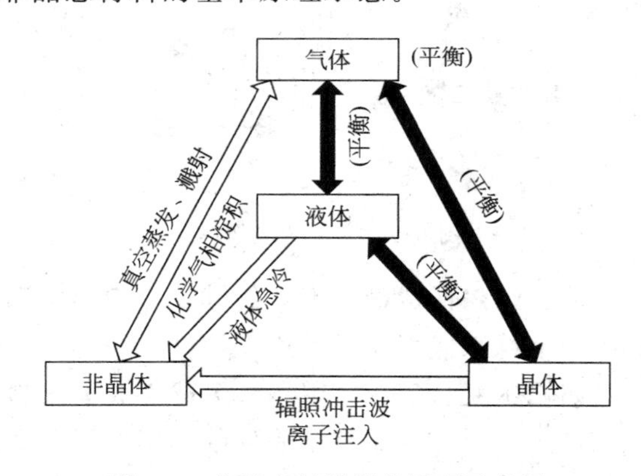

图6-5 非晶态材料制备原理示意图

可以看出，一般的非晶态形成存在气态、液态和固态三者之间的相互转变。图中6-5粗黑箭头表示物态之间的平衡转变。考虑到非晶态本身是非平衡态，因此非晶态的转变在图中用空心箭头表示，在箭头的旁边标出了实现该物态转变所采用的技术。

要得到大块非晶体，即在较低的冷却速率下也能制得非晶材料，就要设法降低熔体的临界冷却速率 R_c，使之更容易获得非晶相。这就要求从热力学、动力学和结晶学的角度寻找

提高材料非晶形成能力、降低冷却速率的方法，图 6-6 给出了熔体凝固的 C 曲线示意图。

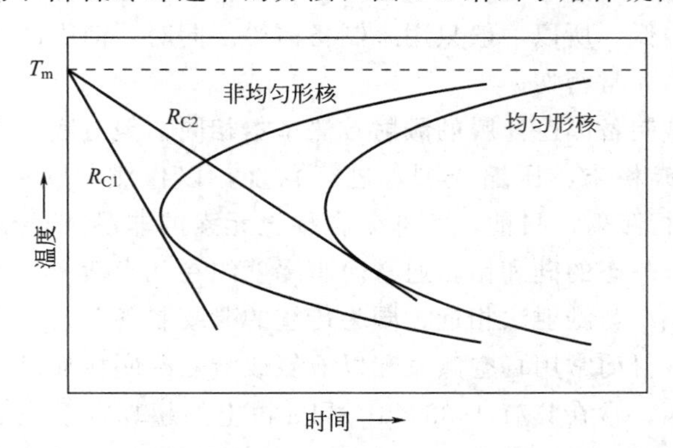

图 6-6　金属熔体凝固的 C 曲线图

通常，降低熔点可以使合金成分处于共晶点附近，由热力学原理有：

$$\Delta G=\Delta H-T\Delta S \tag{6-13}$$

式中，ΔG 为相变自由能差；ΔH 和 ΔS 为焓变和熵变。

在熔点处，即 $T=T_m$时，有：

$$\Delta G=0 \quad T_m=\Delta H/\Delta S \tag{6-14}$$

可见，要降低熔点，就要减小焓变或提高熵变。而增加合金中的组元数可以有效提高 ΔS，降低熔点 T_m。也就是说，多元合金比二元合金更容易形成非晶态。

在某些材料的热容-温度曲线上，随着温度升高，热容值有一急剧增大的趋势，该点为玻璃化温度 T_g，表现在 DSC 曲线上是在 T_g处向吸热方向移动。由于过冷金属液的结晶发生在 T_m和 T_g之间，因此，提高 T_g或 T_{rg}（T_g/T_m）值，则金属更容易直接过冷到 T_g以下而不发生结晶。

6.3.2　非晶态材料的制备方法

制备非晶态材料的方法有很多，除传统的粉末冶金法和熔体冷却以外，还有气相沉积法、液相沉积法、溶胶-凝胶法和利用结晶材料通过辐射、离子渗入、冲击波等方法制备。

6.3.2.1　粉末冶金法

粉末冶金法是一种制备非晶态材料的早期方法。首先用液相急冷法获得非晶粉末或将用液相粉末法获得的非晶带破碎成粉末，然后利用粉末冶金方法将粉末压制或黏结成型，如压制烧结、热挤压、粉末轧制等。但是，由于非晶合金硬度高，粉末压制的致密度受到限制。压制后的烧结温度又不能超过其粉末的晶化温度（一般在 600℃以下），因而烧结后的非晶材料整体强度无法与非晶颗粒本身的强度相比。黏结成型时，由于黏结剂的加入使大块非晶材料的致密度下降，而且黏结后的性能在很大程度上取决于黏结剂的性质。这些问题都使得粉末冶金大块非晶材料的应用遇到很大困难。

6.3.2.2　气相直接凝聚法

由气相直接凝聚成非晶态固体，采取的技术措施有真空蒸发、溅射、化学气相沉积等。蒸发和溅射可以达到极高的冷却速率（超过 10^8 K/s），因此许多用液态急冷方法无法实现非晶化的材料如纯金属、半导体等均可以用这两种方法。但在这些方法中，非晶态材料的凝聚速率（生长速率）相当低，所以一般只用来制备薄膜。同时，薄膜的成分、结构、性能与工艺参数及设备条件关系非常密切。

（1）溅射　与通常制备晶态薄膜的溅射方法基本相同，但对底板冷却要求更高。一般先将样品制成多晶或研成粉末，压缩成型，进行预烧，以作溅射用靶，抽真空后充氩气到 1.33×10^{-1}Pa 左右进行溅射。目前，大部分含稀土元素的非晶态合金大都采用这种方法制备，同时也用于制备非晶态的硅和锗，通常薄膜厚度约在几十微米。

（2）真空蒸发沉积　与溅射法相近，同为传统的薄膜制备工艺。由于纯金属的非晶薄膜晶化温度很低，因此，目前常用真空蒸发配以液氦或液氮冷底板加以制备，并在原位进行观测。为减少杂质的掺入，常在具有 1.33×10^{-8}Pa 以上的超真空系统中进行样品制备，沉淀速率一般为每小时几微米，膜厚为几十微米以下，过厚的样品因受内应力的作用而破碎。此外，这种方法也常用来制备非晶态半导体和非晶态合金薄膜。

（3）电解和化学沉积法　和上述两种方法相比，此法工艺简便、成本低廉，适用于制备大面积非晶态薄层。1947 年，美国标准计量局的 A. Brenner 等，首先采用这种方法制备出 Ni-P 和 Co-P 的非晶态薄层，并将此工艺推广到工业生产。20 世纪 50 年代初，G. Szekely 又采用电解法制备出非晶态锗，其后，J. Tauc 等加以发展，他们用钢板作为阴极，$GeCl_4$ 和 $C_3H_6(OH)_2$ 作为电解液，获得了厚约 30μm 非晶薄层。

（4）辉光放电分解法　这是目前用于制备非晶半导体锗和硅的最常见的方法。将锗烷或硅烷放进真空室内，用直流或交流电场加以分解。分解出的锗或硅原子沉积在加热的衬底上，快速冷凝在衬底上而形成非晶态薄膜。与一般的方法相比，此法突出的特点是：在所制成的非晶态锗或硅样品中，结构缺陷少得多。1975 年英国敦提大学的 Spear 及其合作者又掺入少量磷烷和硼烷，成功地实现了非晶硅的掺杂效应使导电率增大了 10 个数量级，从而引起了全世界的广泛注意。

除了上述几种方法以外，近年来也有用激光加热和离子注入法使材料表面形成非晶态的。前者是以高度聚焦的激光束使材料表面在瞬间加热熔化，激光移去后即快速急冷（对导热性能良好的金属和合金，冷却速率可达到 $10^9\sim10^{15}$K/s），而形成非晶态表面层。美国联合技术研究中心正试图用这种技术在合金表面形成非晶态的耐蚀层，以提高合金的防腐能力。用离子注入法不仅可以注入金属元素，而且可以注入类金属或非金属元素，这是一种探索新型非晶态表面层的好方法。

6.3.2.3　液体急冷法

如果将液体金属以大于 10^5K/s 的速率急冷，使液体金属中比较紊乱的原子排列保留到固态，则可获得金属玻璃。为提高冷却速率，除采用良好的导热体作基板外，还应满足下列条件：①液体必须与基板接触良好；②液体层必须相当薄；③液体与基板从接触开始至凝固终止的时间需尽量缩短。从上述基本条件出发，已研究出多种液体急冷方法。

（1）喷枪法　Duwez 最早发展出喷枪技术。此方法的要点是：将少量金属装入一个底部有一直径约 1mm 小孔的石墨坩埚中，由感应加热或电阻加热，并在惰性气体中使之熔化，因为金属熔体的表面张力高，故不至于从小孔中溢出。随后用冲击波使熔体由小孔中很快喷出，在铜板上形成薄膜。如果有需要，可将基板浸入液氮中。冲击波由高压室内惰性气体的压力增加到某一定值时冲破塑料薄膜而产生，波速为 150～300m/s。后来，Willens 和

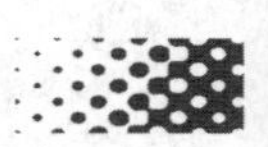

TakaMori 等曾对喷枪法装置进行了改进，将金属材料悬浮熔融。这样提高了熔化速率，并减少了熔体的污染。喷枪法的冷却速率很高，可达到 $10^6 \sim 10^8$K/s，由此法制得的样品，宽约 10mm，长为 20～30mm，厚度为 5～25μm。但所得的样品形状不规则，厚度不均匀，且疏松多孔。

（2）锤砧法　如果用两个导热表面迅速地相对运动而挤压落入它们之间的液珠，则此液珠将被压成薄膜，并急冷成金属玻璃，锤砧法就是按此原理提出来的。用此法制得的薄膜要比用喷枪法制得的均匀，且两面光滑。但冷却速率不及喷枪法的高，一般为 $10^5 \sim 10^6$K/s。后来又发展出一种锤砧法与喷枪法相结合的装置。它综合了上述两种方法的优点，所制得的薄膜厚度均匀，且冷却速率又快，这样获得的薄膜宽约为 5mm，长约为 50mm，厚度约为 70μm。

以上两种方法均属于不连续过程，只能断续地工作。后来发展出一些能连续制备玻璃条带的方法，图 6-7 就是这些方法的示意。其基本特征为：液体金属的射流喷到高速运动着的表面，熔层被拉薄而凝成条带。

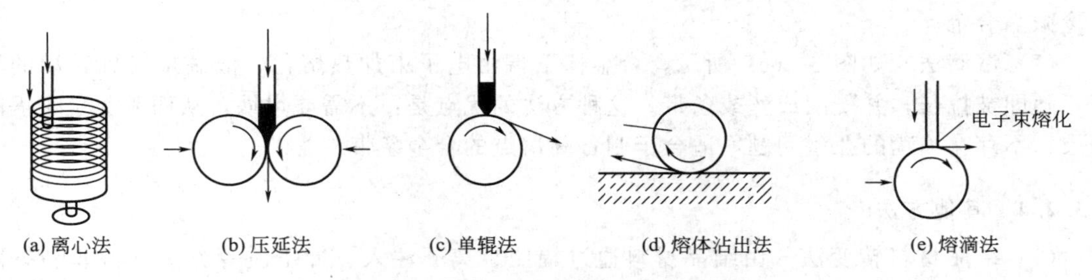

图 6-7　液体急冷连续制备方法示意

（3）离心法　如图 6-7(a) 所示，将 0.5g 左右的合金材料装入石英管，并用管式炉或高频感应炉熔化。随即将石英管降至旋转的圆筒中，并通入高压气体迫使熔体流经石英管底部的小孔（直径 0.02～0.05cm）喷射到高速旋转的圆筒内壁，同时缓慢提升石英管从而可得螺旋状条带。此法的特点是，由旋转筒产生的离心力给予熔体一个径向加速度，使之与圆筒接触良好。因此，此法最易形成金属玻璃，而且可获得表面精度很高的条带，但条带的取出较困难。这种方法冷却速率可达到 10^6K/s。

（4）压延法　压延法又称双辊法，见图 6-7(b)。将熔化的金属流经石英管底部小孔喷射到一对高速旋转的辊子之间而形成金属玻璃条带。由于辊间有一定的压力，条带从两面冷却，并有良好的热接触，故条带两面光滑，且厚度均匀，冷却速率约为 10^6K/s。然而此法工艺要求严格，射流应有一定长度的稳流；射流方向要控制准确；流量与辊子转数要匹配恰当，否则不是因凝固太早而产生冷轧，就是因凝固太晚而部分液体甩出。关于辊子的选材，既要求导热性能良好，又要求表面硬度高，而且还要适当考虑有一定的耐热蚀性。

（5）单辊法　如图 6-7(c) 所示，熔体喷射到高速旋转的辊面上而形成连续的条带。此法工艺较易控制，熔体喷射温度可控制在熔点以上的 10～200℃；喷射压力为 0.5～2kgf/cm^2（表压，1kgf/cm^2＝98.0665kPa）；喷管与辊面的法线约成 14°角；辊面线速度一般为 10～35m/s。当喷射时，喷嘴与辊面间的距离应尽量小，最好小到与条带的厚度相近。辊子材料最好采用铍青铜，也可用不锈钢或滚珠钢。通常用石英管做喷嘴，如熔化高熔点金属则可用氧化铝或碳等。由于离心力的作用，熔体与辊面的热接触不理想，因此，条带的厚度和表面状态不及上述两种方法。此法的冷却速率约为 10^6K/s，若需制备活性元素（如 Ti、Re 等）的合金条带，则整个过程应在真空或惰性气氛中进行。对工业性连续生长，辊子应通水冷却。

条带的宽度可通过喷嘴的形状和尺寸来控制。若制备宽度小于 2mm 的条带，则喷嘴可用圆孔；若制备大于 2mm 的条带，则应采用椭圆孔、长方孔或成排孔（见图 6-8）。条带的厚度与液体金属的性质及工艺参数有关。

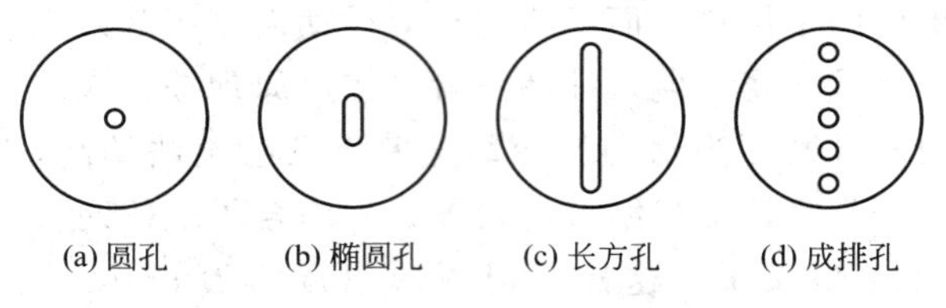

图 6-8　喷嘴形状示意图

（6）熔体沾出法　如图 6-7(d) 所示，当金属圆盘紧贴熔体表面高速旋转时，熔体被圆盘沾出一薄层，随之急冷而成条带。此法不涉及上述几种方法中喷嘴的孔型问题，可以制备不同断面的条带。其冷却速率不及上述方法高，所以很少用于制备金属玻璃，而常用于制备急冷微晶合金。

（7）熔滴法　如图 6-7(e) 所示，合金棒下端由电子束加热熔化，液滴接触到转动的辊面，随即被拉长，并凝固成丝或条带。这种方法的优点是：不需要坩埚，从而避免了坩埚的污染；不存在喷嘴的孔型问题，适合于制备高熔点的合金条带。

6.3.2.4　其他方法

（1）结晶材料转变法　由结晶材料通过辐照、离子注入、冲击波等方法制得非晶态固体。目前，离子注入技术在金属材料改性及半导体工艺中用得很普遍，在许多情况下是利用了注入层的非晶态本质。高能注入离子与注入材料（靶）中的原子核及电子碰撞时有能量损失，因此，注入离子有一定的射程，只能得到一薄层非晶态材料。激光或电子束的能量密度较高（约 $100kW/cm^2$），用它们来辐照金属表面，可使表面局部熔化，并以 $4\times10^4\sim5\times10^6$ K/s 的速率冷却。例如，对 $Pd_{91.7}Cu_{4.2}Si_{5.1}$ 合金，可在表面上产生 400μm 厚的非晶层。

（2）落管技术　将样品密封在石英管中，内部抽成真空或通入保护气。先将样品在石英管上端熔化，然后让其在管中自由下落（不与管壁接触），并在下落中完成凝固过程（见图 6-9）。与悬浮法相类似，落管法可以实现无器壁凝固，可以用来研究非晶相的形成动力学、过冷金属熔体的非平衡过程等。

6.3.2.5　大块非晶材料制备的新方法

关于具有极低临界冷却速率和宽过渡区合金系列非晶态的研究可以追溯到 20 世纪 80 年代，发现合金的过冷区 $\Delta T_x = T_x - T_g$（T_x 为晶化温度）可达 70K。20 世纪 80 年代末 A. Inoue 等开发了临界冷却速率在 10～100K/s 之间的镁基、锆基合金。目前国外关于大块非晶合金的研究主要集中在日本，尤其是日本东北大学材料研究所的井上明久研究小组做了大量工作，合金系列涉及过渡金属-类金属系，铁基、铝基、镁基等，研究方法覆盖了从粉末冶金法到水淬、区域熔炼等多种方法。例如，将 ZrAlNiCu 合金在石英管中熔化，然后将石英管淬入水中，得到了直径达 30mm 的非晶棒。国内关于大块非晶合金的研究开展不多，工作集中于中科院物理所的研究人员，利用落管等技术，主要对 PdNiP 系合金的非晶形成

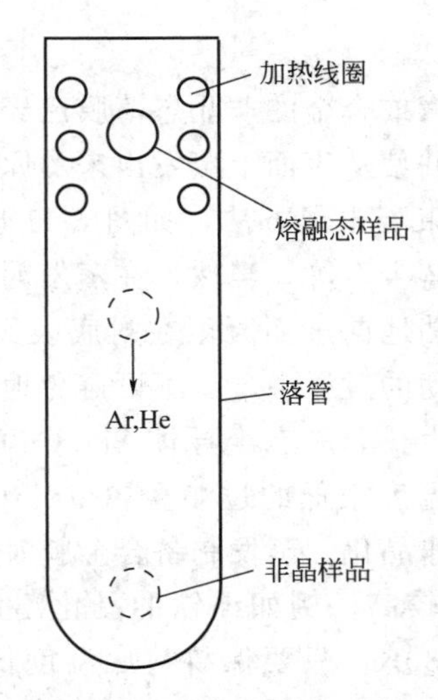

图 6-9　落管法制取大块非晶合金原理

动力学进行了研究，在实验室中制出了直径达 4mm 的非晶小球，并对非晶形成动力学及其稳定性进行了研究。

6.3.3　非晶态材料制备技术举例

6.3.3.1　急冷喷铸技术

所谓“急冷喷铸”就是将熔体喷射到一块运动着的金属基板上进行快速冷却，从而形成条带的这样一个过程，示意见图 6-10。此过程的特征为：线速度高、流量大和急冷速率高(对金属来说，一般为 10^5～10^8K/s)。尽管有不少学者对此工艺进行了研究，但还有许多基本问题和应用问题尚未解决，如条带怎么样形成？在其形成的过程中能、热和流体力的限制是什么？条带的尺寸和喷铸工件之间的基本关系是什么？等等。Mobley 曾具体地描述了急冷喷铸工艺。借助于气体压力使熔体流经喷嘴而形成射流，它射到运动着的基板上即凝固成条带。

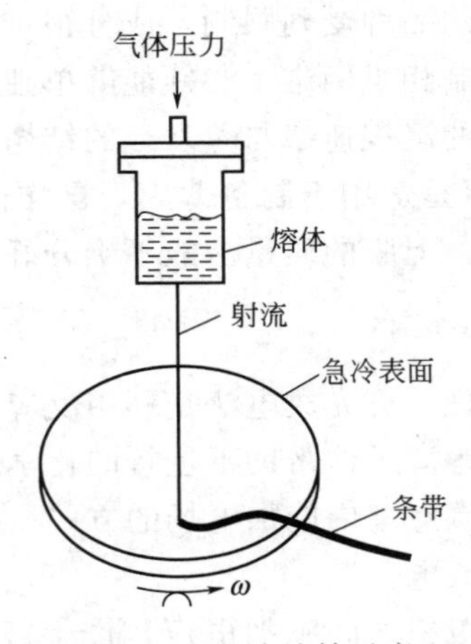

图 6-10　急冷喷铸示意

6.3.3.2 真空蒸发技术

用真空蒸发的方法来制备元素或合金的非晶态薄膜已经有很长的历史了。蒸发时，在真空中将预先配制好的材料加热，并使从表面上蒸发出来的原子淀积在衬底上。原料加热可以采用电阻加热、高频加热或电子束轰击等方法，如图 6-11 所示。衬底可根据用途选用适当的材料，如玻璃、金属、石英、蓝宝石等。当然，在蒸发前，衬底都要进行仔细清洗。蒸发出来的原子在真空中可以不受阻挡地前进而凝聚在衬底表面。但是，即使在 1.33×10^{-4} Pa 的真空下，在蒸发原子向衬底运动的过程中，也不可避免地夹带着若干杂质，这对于沉积膜的性质会有很大的影响。在蒸发生长非晶态半导体 Si、Ce 的时候，衬底一般保持在室温或高于室温的温度；但在蒸发晶化温度很低的过渡金属 Fe、Co、Ni 时，一般要将衬底降温，例如保持在液氮温度，才能实现非晶化。蒸发制备合金膜时，大都用各组分元素同时蒸发的方法。因为合金的晶化温度一般较高，例如纯铁的晶化温度为 3K，当含有 10%（质量分数）的 Ce 时，晶化温度提高到 130K。只要保持衬底温度低于晶化温度，一般都可获得非晶态。

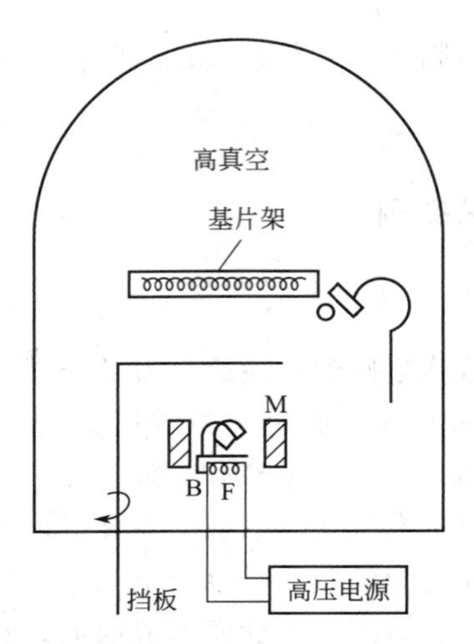

图 6-11 真空蒸发沉积

真空蒸发方法的缺点是合金的品种受到限制，成分很难调节。特别是当合金各组元的蒸气压相差很大时，合金成分的控制相当困难，必须能够单独调节各组元的蒸发速率才行。为此，可采用计算机控制。蒸发时的沉积速率与蒸发台的结构、真空度及蒸发材料有关，一般为 0.5～1nm/s。蒸发方法的优点是适用于制备薄膜，操作简单方便，衬底容易冷却，很适用于制作非晶态纯金属或半导体，但膜的质量一般不十分好。

6.3.3.3 辉光放电技术

（1）辉光放电技术与装置原理　辉光放电法是利用反应气体在等离子体中发生分解而在衬底上沉积成薄膜，实际上是在等离子体帮助下进行的化学气相沉积。等离子体是由高频电源在真空系统中产生的。根据在真空室内施加电场的方式，可将辉光放电法分为直流法、高频法、微波法及附加磁场的辉光放电。

在直流辉光放电中，在两块极板之间施加电压，产生辉光，辉光区包含有电子、离子、等离子体及中性分子等物质。在阴极上安放衬底，用以 Ar 稀释的硅烷作反应气体通入辉光放电区，就可以在衬底上沉积非晶硅。高频辉光放电方法目前用得最普遍，又可分为电感耦

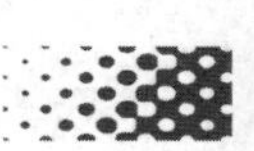

合式和电容耦合式，使用的频率一般为 1～100MHz，常用 13.56MHz。其特点是反应室的形状和尺寸可以根据需要进行设计。

在电感耦合式装置（图 6-12）中，气体 G（纯硅烷或经过稀释的硅烷）通入石英反应管，石英管的直径为 5～10cm。石英管中的压强为 13.3～133Pa，气体流速为 0.1～10cm^3/s。用机械泵 RP 来保持石英中的气流和压强。衬底 S 置于基座 H 上，基座放在辉光放电离子区 P 的下部，辉光是用连接在 13.56MHz 的射频电源上的耦合线团来激发的。线圈绕在石英管的外面，线团的匝数根据电源的输出特性及反应器结构而定，一般只需要 3～5 匝，甚至 1～2 匝即可。这种系统比较简单，但只有严格控制工艺参数，样品的质量才能得到保证。薄膜的质量与含氢量和系统的几何尺寸也有密切的关系。一般说来，感应线圈与衬底的相对位置、衬底温度和射频功率是非常重要的因素。

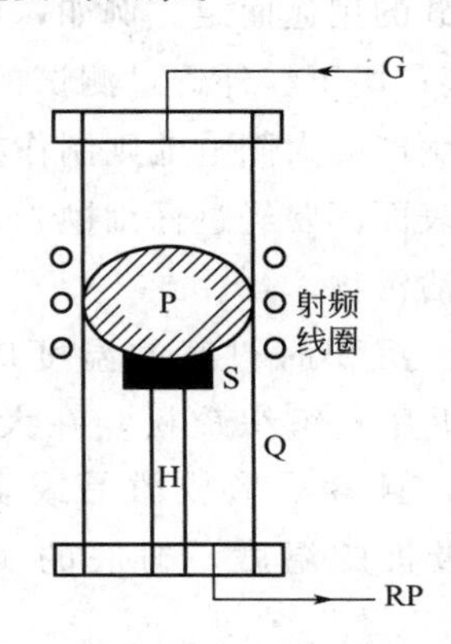

图 6-12　电感耦合辉光放电沉积装置

（2）辉光放电工艺参数控制　虽然辉光放电装置并不复杂，但要生长出优质的非晶硅膜并非易事，因为从设备、材料到操作过程，影响薄膜质量的因素很多。

① 反应室设计。设计反应室时，特别要注意气体在反应室中流动的方向。设计的原则是力求避免硅烷等反应气体在电极的局部区域过剩，而在另一些部位上枯竭。否则，不仅非晶硅膜的厚度不均匀，而且结构和性能也不均匀。气体可以从与极板平行的侧向通入，这样容易在进气端和出气端造成气体浓度同辉光区一样。反应气体也可以从极板中心通入，再从极板外缘排出，这时随着气流下游反应气体浓度的耗竭，沉积面积反而增大，造成不均匀生长。如果气体从极板外缘通入，而从极板中心流出，则可以避免这一弊端。衬底经常放在下极板上，但硅烷气相分解生成的小颗粒以及上极板上的沉积物容易掉落在样品上，造成针孔及小丘，损害样品质量，因此最好把衬底放在极板上。

② 杂质及安全性控制。反应气体的纯度和气体的种类对于非晶硅膜的质量有着决定性的影响。硅烷是基本的反应气体，最好采用未经稀释的高纯硅烷，其中含的杂质应最少。

使用硅烷时要注意安全，因为高浓度的硅烷遇到空气就会起火燃烧。由机械泵排出的尾气中含有未经反应的硅烷，往往在排气口燃烧，生成的氧化硅粉末容易使排气口堵塞，使机械泵不能正常工作。为了避免这一情况发生，可以在排气管路中充氯气以稀释，或者将排气口接入一敞开的水池，令硅烷在水面燃烧。

稀释至 3%～5%的硅烷使用时非常安全。通常认为用 5%～10%的稀释硅烷生长出的非晶硅膜，质量较用纯硅烷时差，但对此并无可靠的实验证据。如果工艺参数选择得当，用稀释的硅烷生长的薄膜质量并不见得差。但是对稀释用的气体的种类和纯度必须非常注意。常用的稀释剂有 Ar、H_2和 He。一般的规律是用分子量小的气体稀释时，所得的非晶硅质量较好，无柱状结构，即组织比较均匀。但并非每个实验室都有条件获得高纯氦，而且其价格昂贵，故大都用H_2将硅烷稀释释到 5%～10%。超纯氢也容易获取。氢容易自燃，为保证安全操作，应使尾气的排出通畅，并在出气口点燃。使用 Ar 非常安全，但如果工艺参数调节不当，容易得到柱状结构。此外，氩中的含水量和含氧量一般较高，而高纯氩的价格也比较贵。

在薄膜生长之前，在反应室及电极板上不可避免地会吸附有空气、水及其他沾染物，非晶硅中常有的氧、氮、碳杂质就是由这些沾染物引入的。因此，要获得质量较高的薄膜，在沉积前应将反应室预抽真空至 1.33×10^{-3}Pa，并同时进行长时间的烘烤。

用作薄膜衬底的材料根据非晶硅的用途而定。例如，用于电导率测试的样品要求用绝缘衬底，如石英、蓝宝石或 7095 玻璃；用于红外透过测试的样品要求沉积在红外透明的衬底上，如两面抛光的高阻硅片；批量生产的太阳电池则制作在抛光的不锈钢带或生长有透明导电膜的玻璃上。但无论何种衬底，表面都要经过仔细抛光，并经化学清洗，或者在沉积前在原位进行等离子刻蚀，以清洗表面沾污物。

③ 反应流量及衬底温度控制。沉积时衬底的温度应保持在 200～400℃ 的范围内。衬底温度太低，则膜的柱状结构明显，组织疏松，在大气中容易吸水。衬底温度太高，则膜中的含氢量偏低，性能恶化，且容易形成微晶或多晶膜。衬底温度的直接测量比较困难，通常在反应室外面测量极板的温度，衬底的实际温度一般要比测量值低30～50℃。

沉积时硅烷的流量可取 20～30cm^3/s。沉积时的功率密度可取 0.02～2.0W/cm^3。功率、流量和衬底温度是影响膜质量的三个最主要的因素，必须注意控制。

④ 生长过程描述。在辉光放电装置中，非晶硅膜的生长过程就是硅烷在等离子体中分解并在衬底上沉积的过程，对这一过程的细节目前了解得还很不充分，但这一过程对于膜的结构和性质有很大的影响。硅烷是一种很不稳定的气体，在 650℃ 以上即以显著的速率分解。在等离子体气氛中，由于电子温度可能高达 10000K，因此可以在较低的衬底温度下发生分解。粗略地说，非晶硅的生长过程可以分为以下三个阶段：

a. 硅烷在等离子体中分解。硅烷分解的全反应为：

$$SiH_4 \longrightarrow Si + 2H_2 \tag{6-15}$$

$$SiH + H \longrightarrow Si + H_2 \tag{6-16}$$

实际上，在反应过程中生成许多中间产物。因此，在辉光区包含有 H、SiH、SiH_2等活性物质。

b. H、SiH、SiH_2等向衬底表面扩散输运，并吸附在衬底表面上。

c. 吸附物在表面上发生反应。反应过程往往是不完全的，可形成 H、SiH 等中性基，放出氢气。图 6-13 示意了这一过程。因此在非晶硅膜中含有不同数量的 SiH、SiH_2以及聚合 $(SiH_2)_n$，各自的含量随生长条件而异。

6.3.3.4 溅射技术

(1) 二极管溅射装置　溅射是比较成熟的薄膜沉积技术，简单地说，溅射就是在

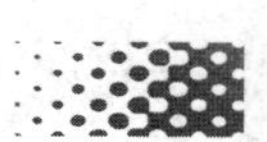

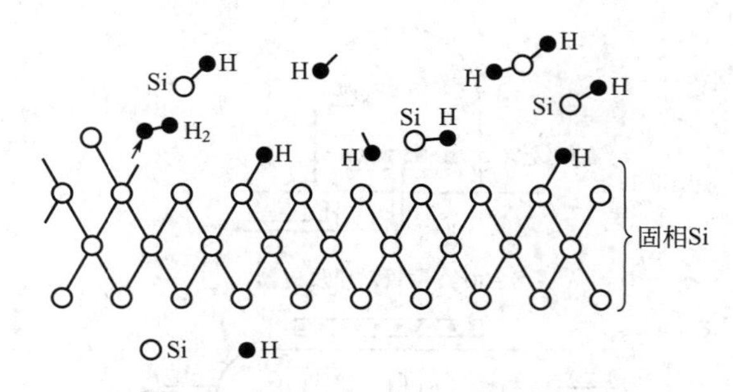

图 6-13　非晶硅的生长过程

0.133～13.3Pa 的 Ar 气氛中，在靶上施加高电场。产生辉光放电，生成的高能 Ar 离子轰击靶材的表面，使构成靶材的原子逸出，沉积在置于电极的衬底上。在用溅射法沉积非晶硅时，大都用多晶硅作靶材，并用 13.56MHz 的高频电源。

用溅射法制备非晶硅早已为人们所知，但自从用辉光放电法制备了含氢的非晶硅，使之具有广泛的应用前景之后，溅射就成了制备非晶硅膜的主要方法之一。这种在溅射气氛中通以化学活性气体的溅射也称为反应溅射。图 6-14 为射频二极管溅射系统的示意。

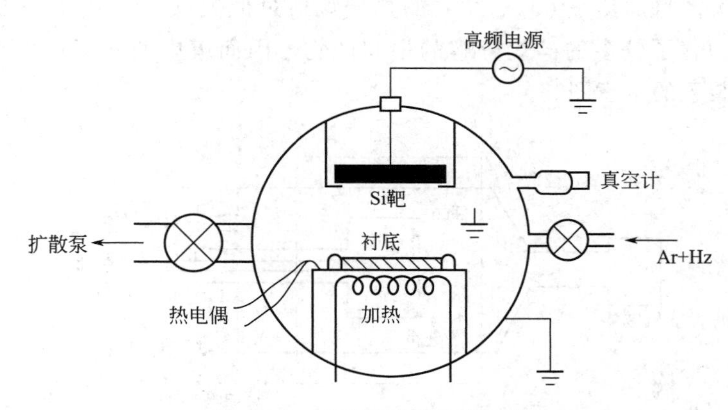

图 6-14　二极管溅射装置示意

(2) 技术特点　与辉光放电法相比，溅射技术有以下几个特征：

① 膜中的含氨量较高，可达 6%～7%。

② 溅射时，高能粒子对膜表面的轰击比较严重，这有利于除去表面上结合较弱的原子，但也造成了膜表面的轰击损伤，产生缺陷。

③ 溅射制备工艺参数调节范围比辉光放电法大，但设备比较复杂，产量低，比较适合于实验室条件下使用。

④ 用掺杂的多晶硅作靶，可以生长 P 型或 N 型的非晶硅膜，不必像辉光放电那样采用剧毒的硼烷或磷烷，操作比较安全。

6.3.3.5　化学气相沉积 (CVD) 技术

(1) CVD 反应装置　图 6-15(a) 是一种常压 CVD 反应器示意图，衬底置于用高频线圈加热的石墨基座上，反应在石英罩内进行。为了提高气体的扩散速率，改善沉积均匀性，常

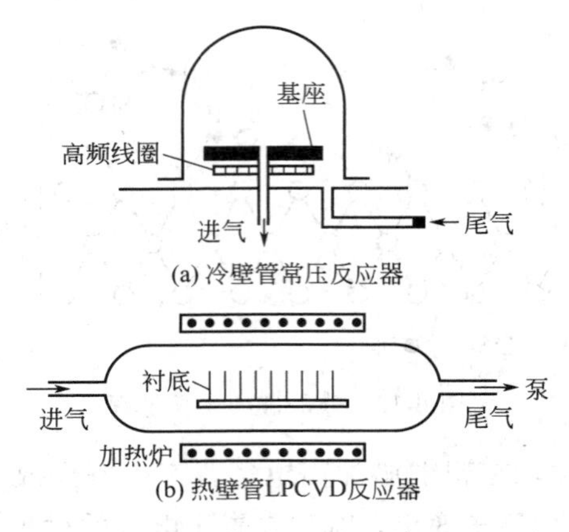

图 6-15 CVD 反应器示意图

用低压化学气相沉积（LPVCD）的方法，如图 6-15(b) 所示。石英管反应器置于电阻炉内(故为热壁反应器)，衬底平行排列在石英管内的支架上，反应气体从石英管一端进入，另一端用机械泵抽气，保持反应器内为低真空。

（2）HOMOCVD 装置　为了改善 CVD 非晶硅膜的质量，发展了一种均匀反应 CVD 方法（HOMOCVD）。将加热至 600℃左右的热硅烷通过低温（≤300℃）衬底，在衬底上沉积的非晶硅膜中包含了较多的硅烷分解的中间产物，因而膜中的含氢量大大提高。图 6-16 是 HOMOCVD 装置的示意图。

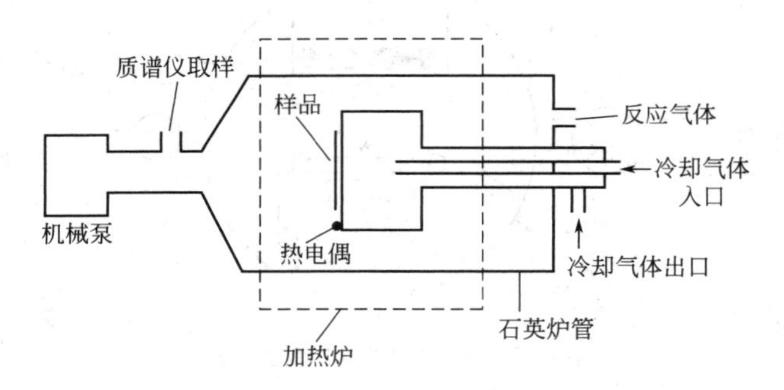

图 6-16 HOMOCVD 装置示意图

（3）CVD 反应参数控制　与辉光放电法不同之处是，经典的 CVD 法是热分解过程。CVD 法生长非晶硅是利用硅的气体化合物（主要是硅烷）的热分解。在电子工业中，CVD 法广泛地应用在单晶硅膜的外延生长和多晶硅膜沉积中，这时，生长温度一般为 900～1100℃。在同样的沉积系统中，降低生长温度，即可得到非晶硅膜。图 6-17 是生长速率和温度倒数的关系。反应气体常用硅烷，并用超纯氢稀释至 3%左右，生长温度约为 600℃，这时可达到 1μm/h 的生长速率。也可以用其他的反应气体如氯硅烷或氟硅烷，但分解比较困难，故用得不多。高硅烷如 Si_2H_6、Si_3H_8 等很不稳定，生长温度可降至 450℃以下，能完全避免非晶膜晶化。反应气体用载气（如氢）送入反应器，载气亦可用于沉积前或沉积后冲洗反应器及管道。根据需要，可以将 PH_3 或 B_2H_6 混入硅烷中，一同送入反应器，生长 P 型或 N 型非晶硅膜。

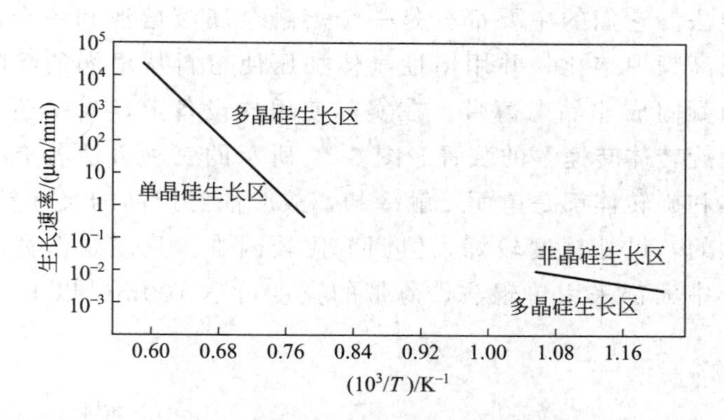

图 6-17 单晶、多晶和非晶硅膜生长的温度范围和生长速度范围

6.3.3.6 液体急冷技术

将液体金属或合金急冷，从而把液态的结构冻结下来以获得非晶态的方法称为液体急冷法，可用来制备非晶态合金的薄片、薄带、细丝、粉末，适宜于大批量生产，是目前广为流行的非晶合金制备方法。急冷装置有多种类型，其中喷枪法、活塞法及抛射法都只能得到数百毫克重的非晶态薄片，而离心法、单辊法及双辊法都可用来制作连续的薄带，适合于工业生产。

（1）薄膜的制备 用急冷法制备非晶态薄片所用的设备示意于图 6-18 中。喷枪法是用高压气体将熔化金属的液滴喷在热导率很高的基板表面上，使之高速冷却。活塞法是在熔融液滴下落的过程中，在活塞和砧板之间高速压制以获得极高的冷却速率。抛射法则是将液滴高速抛射到冷却基板上。

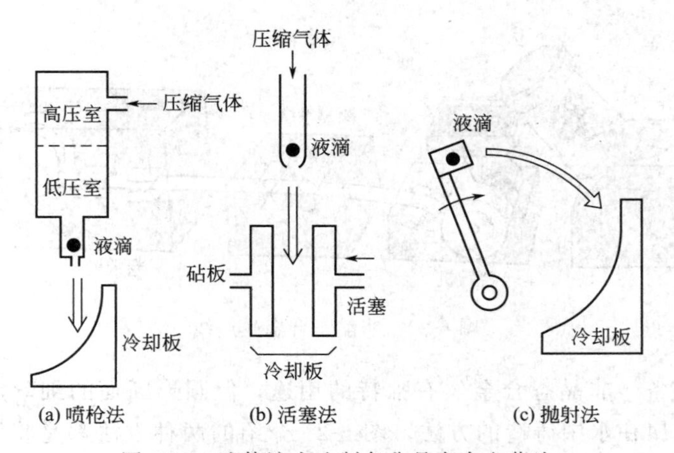

图 6-18 液体淬火法制备非晶态合金薄片

上述几种方法所得到的非晶态材料量很少，一般只适于实验室研制新材料之用。此外，所得样品形状不规则，厚度不均匀，性能测试有一定的困难，对于需要较大样品的力学性能测试困难更大。但上述方法有一个很大的优点，即冷却速率相当高，可达 109K/s，很适于新材料的研制。还有一点值得注意，样品可以制得很薄，可直接用作透射电镜的样品进行观察而不必减薄，避免了在减薄过程中可能发生的结构变化。

（2）薄带的制备 图 6-19 是几种制备非晶态薄带的方法和设备示意图，分别为离心法、单辊法和双辊法。它们的主要部分是一个熔融金属液熔池和一个旋转的冷却体。金属或合金用电炉或高频炉熔化，并用惰性气体加压使熔料从坩埚的喷嘴中喷到旋转冷却体上，在接触表面凝固成非晶态薄带。在实际使用的设备上，当然还要附加控制熔池温度、液体喷出量及旋转体转速等的装置。图 6-19 所示的三种方法各有优缺点：在离心法和单辊法中，液体和旋转体都是单面接触冷却，故应注意产品的尺寸精度及表面光洁度。双辊法是两面接触的，尺寸精度较好，但调节比较困难，只能制作宽度在 10mm 以下的薄带。目前在生产中大都采用单辊法，薄带的宽度可达 100mm 以上，长度可达 100mm 以上。

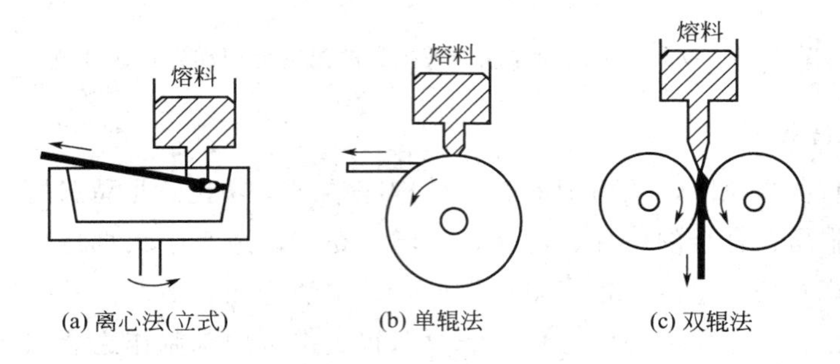

图 6-19　液体淬火法制备非晶态合金薄带

随着金属玻璃进入工业生产，已经发展了包括后续工序的联机系统，但基本原理仍然是一样的。图 6-20 是美国联合公司的非晶态合金生产线示意图。其特点是对熔料的喷出量可进行自动控制，并可用反馈系统调节薄带的尺寸。此外，还附有理带和卷带装置，最终提供成卷的金属玻璃商品。

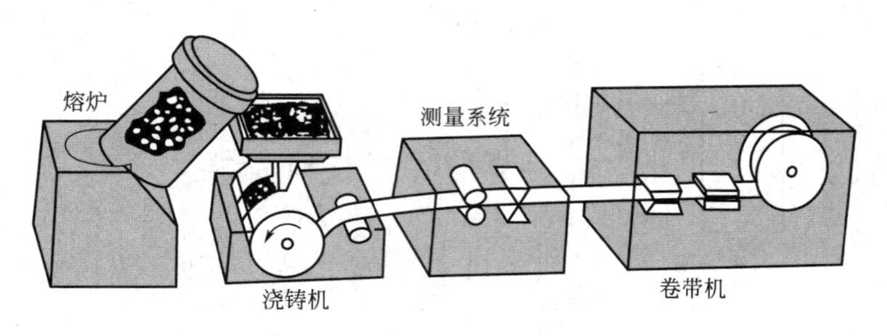

图 6-20　非晶态合金生产线

（3）细丝的制备　非晶态合金丝有独特的用途，但圆形断面的细丝用辊面冷却很难制作，一般用液态金属在水中铸造的方法，图 6-21 介绍的两种方法都是将液体金属料连续地流入冷却介质中。冷却介质可用蒸馏水或食盐水，冷却速率为 $10^4 \sim 10^5$ K/s，因此无法控制铁基金属玻璃丝。但若选择适当的类金属元素含量，仍有可能获得直径为 100～150μm 的 Fe、Co、Ni 基金属玻璃丝。

（4）粉末的制备　利用非晶态合金粉末的活性，可以制成催化剂或储氢材料，因此研究人员对于制备金属玻璃粉末也有浓厚的兴趣。特别是，用液体急冷法制造出的非晶态薄带的厚度和宽度都较小，因而在工程上应用受到限制，例如制造低磁滞变压器铁芯就有困难。而用非晶态粉末压结的方法就有可能实现制造大块非晶态材料这一迫切愿望。非晶粉末的制备

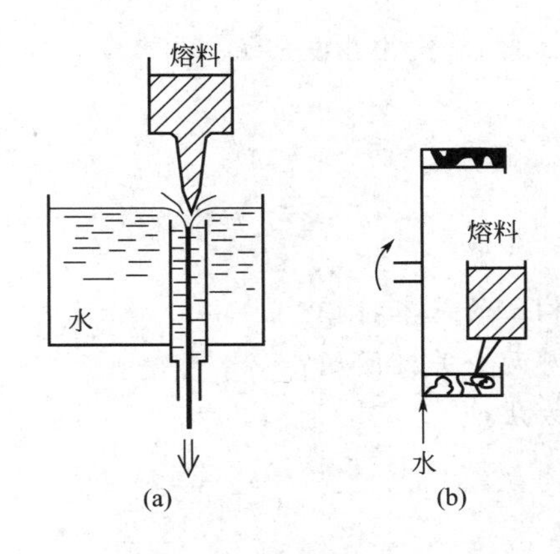

图 6-21　非晶态合金细丝制备方法

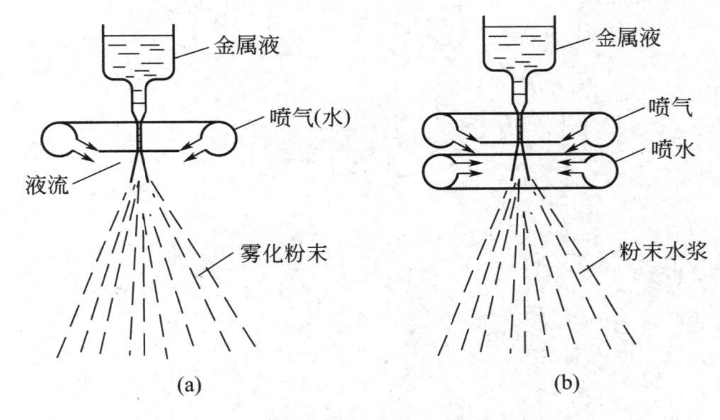

图 6-22　非晶态合金粉末的制备方法

方法可分为两大类，即雾化法和破碎法。下面主要介绍雾化法。

雾化法是用超声气流将金属液吹成小滴而雾化，如图 6-22(a) 所示，而气流本身又起到淬火冷却剂的作用。超声频率为 80kHz 左右，冷却速率决定于金属液滴的尺寸和雾化用气体的种类。用氦气雾化的效果比用氩气好，用压力为 8.1MPa 的氦气曾制成了 $Cu_{60}Zr_{40}$ 粉末，颗粒为球状，直径小于 50μm，完全是非晶态。当颗粒尺寸增大到 125μm 时，则颗粒内包含有部分结晶区。当颗粒尺寸超过 125μm 时，则得到结晶粉末。估计当颗粒尺寸为 20μm 时，冷却速率为 10^5 K/s。

也可用液体（如水）代替气体作为淬火介质，这样冷却速率较高，但得到的颗粒形状不很规则。用这种方法曾制成了 $Fe_{69}Si_{17}B_{14}$ 非晶粉末，颗粒尺寸小于 20μm，但尺寸不均匀。如果同时使用气体和液体喷流，如图 6-22（b）所示，气体将小颗粒（10～15μm）淬火，而大颗粒则由高速喷射的液体提供较高的冷却速率，平均淬火冷却速率可达 10^5～10^6 K/s。目前，用 4.2MPa 的氩和 1.6MPa 的水雾化淬火，已得到 $Cu_{60}Zr_{40}$ 非晶粉。由于气-液雾化时的冷却速率较高，因此，大尺寸颗粒仍可保持非晶态。这种方法还有另外一个优点，即可以改变气、液流的相对喷出量，以控制颗粒的形状。

参考文献

[1] 吴建生．张寿柏编．材料制备新技术．上海：上海交通大学出版社，1998.

[2] 王一禾，杨膺善．非晶态合金．北京：冶金工业出版社，1989.

思考题

1. 简述非晶态材料在微观结构上的基本特征。
2. 制备非晶态合金必须解决哪两个关键问题？
3. 简述大块非晶合金的制备方法。
4. 简述玻璃的制备方法。

第7章 薄膜材料的制备

薄膜材料兴起于20世纪60年代，是新理论与高技术高度结合的材料，是电子、信息、传感器、光学、太阳能利用等的核心技术。

薄膜是采用一定方法，使处于某种状态的一种或几种物质（原材料）的基团以物理或者化学方式附着于某种物质（衬底材料）表面而形成一层新的物质，这层新的物质就称为薄膜。薄膜的基本特征是具有二维延展性，其厚度方向的尺寸远小于其他两个方向的尺寸。不管是否能够形成自支撑的薄膜，衬底材料是必备的前提条件，即只有在衬底表面才能获得薄膜。厚度是薄膜的一个重要参数。它不仅影响薄膜的性能，而且与薄膜质量有关。薄膜厚度的范围尚没有确切的定义，一般认为小于几十微米，通常在1μm左右。按结晶状态，薄膜可以分为非晶态与晶态，后者进一步分为单晶薄膜和多晶薄膜。单晶薄膜是从外延生长，特别是同质外延和结晶而来的。在单晶衬底材料上进行同质或异质外延，要求外延薄膜连续、平滑且与衬底材料的晶体结构存在对应关系，并且是一种定向生长。这就要求单晶薄膜不仅在厚度方向上有晶格的连续性，而且在衬底材料表面方向上也有连续性。多晶薄膜是指在一个衬底材料上生长的由许多取向相异的单晶集合体组成的薄膜。相对于晶态薄膜，非晶态薄膜是指在薄膜结构中原子的空间排列表现为短程有序和长程无序。

薄膜的制备方法可分为物理气相沉积（PVD）和化学气相沉积（CVD）等。薄膜制备是一门迅速发展的材料技术，薄膜的制备方法综合了物理、化学、材料科学以及高技术手段。本章将简要介绍薄膜制备的基本方法和几类典型的高技术制膜技术，主要内容有：真空蒸镀、溅射镀膜、化学气相沉积等。

7.1 物理气相沉积——真空蒸镀

物理气相沉积（physical vapor deposition，PVD）是利用某种物理过程，如物质的热蒸发或在受到粒子轰击时物质表面原子的溅射等现象，实现物质原子从源物质到薄膜的可控转移的过程。这种薄膜制备方法相对于化学气相沉积方法而言，具有以下几个特点；

① 需要使用固态的或者熔融态的物质作为沉积过程的源物质；

② 源物质经过物理过程而进入气相；

③ 需要相对较低的气体压力环境；

④ 在气相中及在衬底表面并不发生化学反应。

物理气相沉积方法的另外特点是在低压环境中，其他气体分子对于气相分子的散射作用较小、气相分子的运动路径近似为一条直线；气相分子在衬底上的沉积概率接近100%。

物理气相沉积技术中最为基本的两种方法是蒸镀法和溅射法：在薄膜沉积技术发展的最

初阶段，由于蒸镀法相对于溅射法具有一些明显的优点，包括较高的沉积速率、相对较高的真空度，以及由此导致的较高的薄膜纯度等，因此蒸镀法受到了相对较多的重视。但另一方面，溅射法也具有自己的一些特点，包括在沉积多元合金薄膜时化学成分容易控制、沉积层对衬底的附着力较好等。同时，现代技术对于合金薄膜材料的需求也促进了各种高速溅射方法以及高纯靶材、高纯气体制备技术的发展。这些都使得溅射法制备的薄膜质量得到了很大的改善。如今，不仅蒸镀法和溅射法两种物理气相沉积方法已经大量应用于各个技术领域，而且为了充分利用这两种方法各自的特点，还开发出了许多介于上述两种方法之间新的薄膜沉积技术。

7.1.1 真空蒸发镀膜

所谓真空蒸镀是将需要制成薄膜的物质放于真空中进行蒸发或升华，使之在一定温度的工件（或称基片、衬底）表面上凝结沉积的过程。它是一种非常简单的薄膜制备技术，真空蒸镀设备也比较简单，除了真空系统以外，它由真空室、蒸发源、基片支撑架、挡板以及监控系统组成。许多物质都可以用蒸镀方法制成薄膜，当用多种元素同时蒸镀时，可获得一定配比的合金薄膜。

真空蒸发镀膜分为三个基本过程：

① 被蒸发材料的加热蒸发。通过一定加热方式，使被蒸发材料受热蒸发或升华，即由固态或液态转变为气态。

② 气态原子或分子由蒸发源到衬底的输送。该过程主要受真空度、蒸发源-衬底间距、被蒸发材料蒸气压的影响。

③ 衬底表面的沉积过程。包括粒子与衬底表面的碰撞、粒子在衬底表面的吸附与解吸、表面迁移以及成核和生长等过程。

图 7-1 是真空蒸发镀膜设备的结构示意图。与溅射法相比，蒸镀法的显著特点之一是其较高的背底真空度。在较高的真空度条件下，不仅蒸发出来的物质原子或分子具有较长的平均自由程，可以直接沉积到衬底表面上，而且还可以确保所制备的薄膜具有较高的纯净程度。

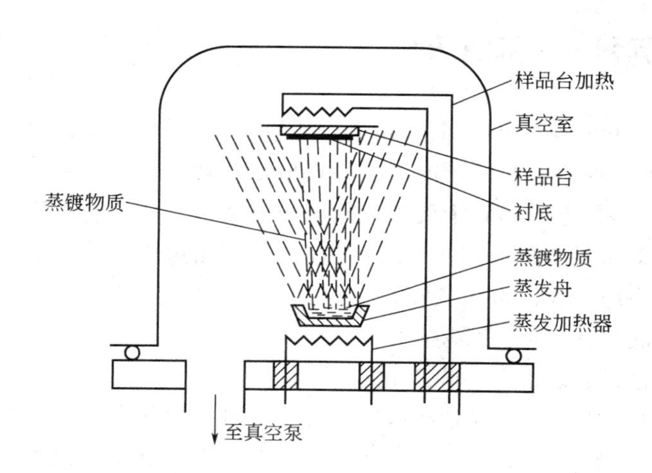

图 7-1 真空蒸发镀膜示意图

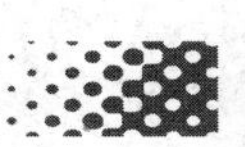

7.1.2 蒸发的分子动力学基础

在一定的温度下，处于液态或固态的元素都具有一定的平衡蒸气压。因此，当环境中元素的分压降低到了其平衡蒸气压之下时，就会发生元素的净蒸发。当密闭容器内存在某种物质的凝聚相和气相时，气相蒸气压通常是温度的函数。在凝聚相和气相之间处于动态平衡时，从凝聚相表面不断向气相蒸发分子，同时也会有相当数量的气相分子返回到凝聚相表面。由于气相分子不断沉积于器壁与基片上，为保持热平衡，凝聚相不断向气相蒸发。从蒸发源蒸发出来的分子在向基片沉积的过程中，还不断与真空中残留的气体分子相碰撞，使蒸发分子失去定向运动的动能，而不能沉积于基片。真空中残留气体分子越多，即真空度越低，则沉积于基片上的分子越少。可见，从蒸发源发出的分子是否能全部达到基片，与真空中的残留气体有关。为了保证80%～90%的蒸发元素到达基片，一般要求残留气体的平均自由程是蒸发源至基片距离的5～10倍。

金属元素的单质多是以单个原子，但有时也可能是以原子团的形式蒸发进入气相的。根据物质的蒸发特性，物质的蒸发情况又可被划分为两种类型。第一种情况：即使是当温度达到了物质的熔点，其平衡蒸气压也低于10^{-1}Pa。在这种情况下，要想利用蒸发方法进行物理气相沉积，就需要将物质加热到其熔点以上。大多数金属的热蒸发属于这种情况。另一种情况：如Cr、Ti、Mo、Fe、Si等元素的单质，在低于熔点的温度下，其平衡蒸气压已经相对较高，可以直接利用其固态物质的升华现象，实现元素的气相沉积。

7.1.3 真空蒸发镀膜的纯度

薄膜的纯度是人们在制备薄膜材料时十分关心的问题。在真空蒸发镀膜的情况下，薄膜的纯度将取决于：

① 蒸发源物质的纯度；

② 加热装置、坩埚等可能造成的污染；

③ 真空系统中残留的气体。

前面两个因素的影响可以依靠使用高纯物质作为蒸发源以及改善蒸发装置的设计而得以避免，而后一个因素则需要从改善设备的真空条件入手来加以解决。沉积物中杂质的含量与残余气体的压强成正比，与薄膜的沉积速率成反比。要想制备高纯度的薄膜材料，一方面需要改善沉积的真空条件，另一方面需要提高物质的蒸发及沉积速率。由于真空蒸发方法易于做到上述两点，比如薄膜的沉积速率可以达到100nm/s，真空室压力可以低于10^{-6}Pa，因而它可以制备出纯度极高的薄膜材料。

与蒸发法相比，溅射法制备的薄膜的纯度一般较低。这是因为在溅射法中，薄膜的沉积速率一般要比蒸发法低一个数量级以上，而真空度往往要相差5个数量级左右。

7.1.4 蒸发源

7.1.4.1 蒸发源的组成

蒸发源一般有三种形式，如图7-2所示。一般而言，蒸发源应具备三个条件：能加热到平衡蒸气压在1.33～1.33×10^{-2}Pa时的蒸发温度；要求坩埚材料具有化学稳定性；能承载

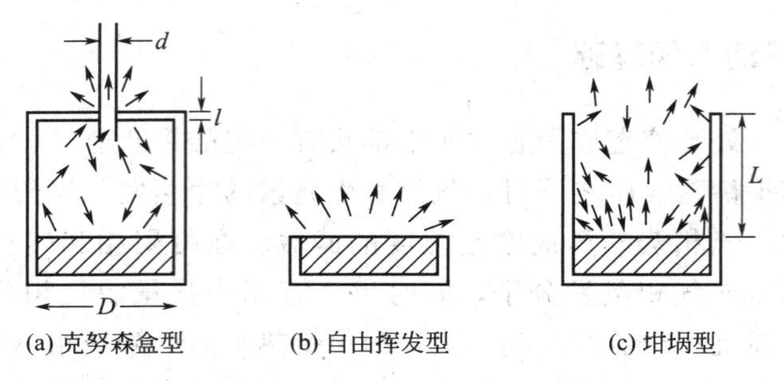

图 7-2 几种典型的蒸发源

一定量的待蒸镀原料。应该指出，蒸发源的形状决定了蒸发所得镀层的均匀性。

在物质蒸发的过程中，被蒸发原子的运动具有明显的方向性，并且蒸发原子运动的方向性对沉积的薄膜的均匀性以及其微观组织都会产生影响。从理论上分析，蒸发源有两种类型，即点源和微面源。图 7-2 画出的自由蒸发源即相当于面蒸发源的情况。在蒸发沉积方法中经常使用的克努森盒型蒸发源［Knudsen cell，见图 7-2(a)］也相当于一个面蒸发源。它是在一个高温坩埚的上部开一个直径很小的小孔。在坩埚内，物质的蒸气压近似等于其平衡蒸气压；而在坩埚外，仍保持着较高的真空度。与普通的面蒸发源相比，它具有较小的有效蒸发面积，因此它的蒸发速率较低。但同时，其蒸发束流的方向性较好。最为重要的是，克努森盒的温度以及蒸发速率可以被控制得极为准确。图 7-2(c) 是以坩埚作为蒸发容器的蒸发源的一般情况，其蒸发速率的可控性等介于克努森盒型和自由挥发型两种蒸发源之间。

7.1.4.2 蒸发源的加热方式

真空中加热物质的方法主要有：电阻加热法、电子束加热法、高频感应加热法、电弧加热法、激光加热法等几种。

(1) 电阻加热　应用最为普遍的一种蒸发加热装置是电阻式蒸发装置；对于加热用的电阻材料，要求其具有使用温度高、在高温下的蒸气压较低、不与被蒸发物质发生化学反应、无放气现象或造成其他污染、具有合适的电阻率等性质。这导致了在实际中使用的电阻加热材料一般均是一些难熔金属，如 W、Mo、Ta 等。

将钨丝制成各种等直径或不等直径的螺旋状，即可作为物质的电阻加热装置。在熔化以后，放蒸发物质或与钨丝形成较好的浸润，靠表面张力保持在螺旋状的钨丝之中；或与钨丝完全不浸润，被钨丝的螺旋所支撑。显然，钨丝一方面起着加热器的作用，另一方面也起着支撑被加热物质的作用。

对于不能使用钨丝装置加热的被蒸发物质，如一些材料的粉末等，可以考虑采用难熔金属板制成的舟状加热装置。

选择加热装置需要考虑的问题之一是被蒸发物质与加热材料之间发生化学反应的可能性。很多物质会与难熔金属发生化学反应。在这种情况下，可以考虑使用表面涂有一层 Al_2O_3 的加热体。另外，还要防止被加热物质的放气过程可能引起的物质飞溅。

应用各种材料，如高熔点氧化物、高温裂解 BN、石墨、难熔金属等制成的坩埚也可以作为蒸发容器。这时，对被蒸发物质的加热可以来取两种方法，即普通的电阻加热法和高频感应法。前者依靠缠于坩埚外的电阻丝实现加热，而后者依靠感应线圈在被加热的物质中或在坩埚中感生出感应电流来实现对蒸发物质的加热。显然，在后者的情况下，需要被加热的

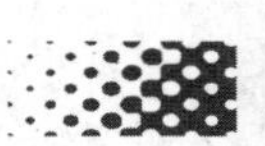

物质或坩埚本身具有一定的导电性。

蒸发源材料的选择一般应满足以下要求：

① 蒸发温度下足够低的蒸气压，即蒸发源的熔点尽量高于蒸发温度。

② 高温下好的热稳定性，不发生高温蠕变。

③ 高温下不与被蒸发材料反应。

④ 对不同的蒸发源，需要考虑其与被蒸发材料间的湿润关系，丝状蒸发源要求其与被蒸发材料间有良好的湿润性。

⑤ 易于成形，要求做成易于薄膜材料蒸发的形状，且经济、耐用。

电阻加热使用的蒸发源材料主要有：Al、W、Mo、Nb 及石墨等。其优点是设备简单，操作方便；缺点是不能蒸发高熔点的薄膜材料，薄膜中会存在蒸发源材料的污染。

（2）电子束加热　电阻加热装置的缺点之一是来自坩埚、加热元件以及各种支撑部件的可能的污染。另外，电阻加热法的加热功率或加热温度也有一定的限制。因此电阻加热法不适用于高纯或难熔物质的蒸发。电子束蒸发装置正好克服了电阻加热法的上述两个不足，因而它已成为蒸发法高速沉积高纯物质薄膜的一种主要的加热方法。

如图 7-3 所示，在电子束加热装置中，被加热的物质被放置于水冷坩埚中，电子束只轰击到其中很少的一部分物质，而其余的大部分物质在坩埚的冷却作用下一直处于很低的温度，即后者实际上变成了被蒸发物质的坩埚。因此，电子束蒸发沉积方法可以做到避免坩埚材料的污染。在同一蒸发沉积装置中可以安置多个坩埚，这使得人们可以同时或分别蒸发和沉积多种不同的物质。在图 7-3 所示的装置中，由加热的灯丝发射出的电子束受到数千伏的偏置电压的加速，并经过横向布置的磁场偏转 270°后到达被轰击的坩埚处。磁场偏转法的使用可以避免灯丝材料的蒸发对于沉积过程可能造成的污染。

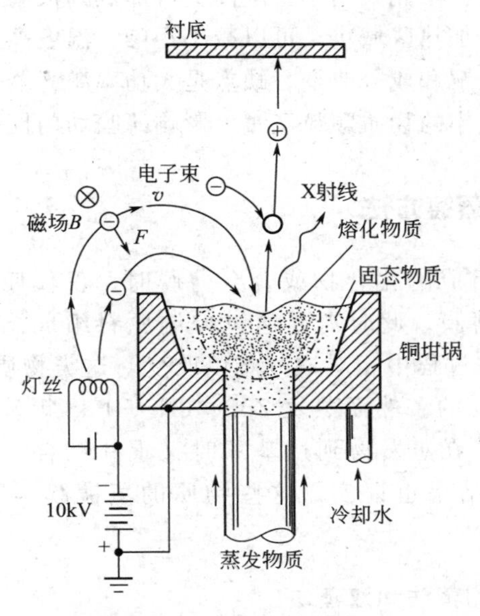

图 7-3　电子束蒸发装置示意图

电子束蒸发方法的一个缺点是电子束的绝大部分能量要被坩埚的水冷系统所带走，因而其热效率较低。另外，过高的加热功率出会对整个薄膜沉积系统形成较强的热辐射。

（3）高频感应加热　盛放材料的导电坩埚周围绕有高频线圈，当线圈中有高频电流时，坩埚中感应产生电流而升温，从而使材料受热汽化。优点是可用大坩埚，蒸发面积大，蒸发速率高，蒸发温度易控制，操作简单。缺点是需配备昂贵的大功率电源。高频频率一般在0.1MHz至几兆赫，会对外界产生电磁干扰，需要进行电磁屏蔽。

（4）电弧加热　与电子束加热方式相类似的一种加热方式是电弧放电加热法。被蒸发材料作阴极，耐高温的钼杆作阳极，端部呈尖状，在高真空下通电时，在两电极间有一定电压，使两电极间产生弧光放电，使阴极材料蒸发。

它也具有可以避免电阻加热材料或坩埚材料的污染，加热温度较高的特点，特别适用于熔点高，同时具有一定导电性的难熔金属、石墨等的蒸发。同时，这一方法所用的设备比电子束加热装置简单，因而是一种较为廉价的蒸发装置。但蒸发速率不易控制、重复性差，沉积的薄膜质量较差。

（5）激光加热　使用高功率的激光束作为能源进行薄膜的蒸发沉积的方法被称为激光蒸发沉积法。用激光束作为热源，使被蒸发材料汽化，常用的有CO_2、Ar和红宝石等大功率激光器。显然，这种方法也具有加热温度高、可避免坩埚污染、材料的蒸发速率高、蒸发过程容易控制等特点。在实际应用中，多使用波长位于紫外波段的脉冲激光器作为蒸发的光源，如波长为248nm、脉冲宽度为20ns的Krf准分子激光等。由于在蒸发过程中，高能激光光子可在瞬间将能量直接传递给被蒸发物质的原子，因而激光蒸发法产生的粒子能量一般显著高于普通的蒸发方法。

激光加热方法特别适用于蒸发那些成分比较复杂的合金或化合物材料，比如近年来研究比较多的高温超导材料$YBa_2Cu_3O_7$，以及铁电陶瓷、铁氧体薄膜等。这是因为，高能量的激光束可以在较短的时间内将物质的局部加热至极高的温度并产生物质的蒸发，在此过程中被蒸发出来的物质仍能保持其原来的元素比例。

激光加热蒸发的优点是：激光束功率密度高，可加热到极高温度，适用任何高熔点材料的蒸发；属于非接触加热，加热区域小，可以减小污染；温度高且加热迅速，有利于化合物材料的蒸发沉积，防止其分解和成分改变。缺点是大功率激光器价格昂贵，制备成本高；激光蒸发法也存在容易产生微小的物质颗粒飞溅，影响薄膜均匀性的问题。

7.1.5　合金、化合物的蒸镀方法

当制备两种以上元素组成的化合物或合金薄膜时，仅仅使材料蒸发未必一定能获得与原物质具有同样成分的薄膜，此时需要通过控制原料组成制作合金或化合物薄膜。对于SiO_2和B_2O_3而言，蒸发过程中相对成分难以改变，这类物质从蒸发源蒸发时，大部分是保持原物质分子状态蒸发的。然而蒸发ZnS、CdS、PdS等硫化物时，这些物质的一部分或全部发生分解而飞溅，在蒸发物到达基片时又重新结合，只是大体上形成与原来组分相当的薄膜材料。实验结果也证实，这些物质的蒸镀膜与原来的薄膜材料并不完全相同。

7.1.5.1　合金的蒸镀——闪蒸法和双蒸法

（1）闪蒸蒸镀法　闪蒸蒸镀法就是把合金做成粉末或微细颗粒，在高温加热器或坩埚蒸发源中，使一个一个的颗粒瞬间完全蒸发。图7-4给出了闪蒸蒸镀法的示意。

（2）双蒸发蒸镀法　双蒸发蒸镀法就是把两种元素分别装入各自的蒸发源中，然后独立地控制各蒸发源的蒸发过程，该方法可以使到达基片的各种原子与所需要薄膜组成相对应。

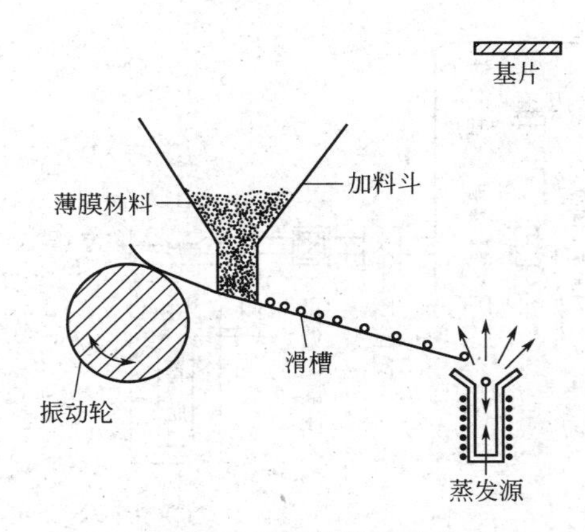

图 7-4　闪蒸蒸镀法示意

其中，控制蒸发源独立工作和设置隔板是关键技术，在各蒸发源发射的蒸发物到达基片前，绝对不能发生元素混合，如图 7-5 所示。

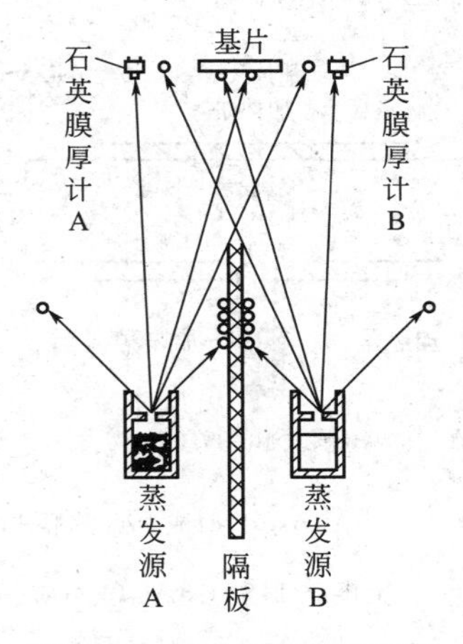

图 7-5　双蒸发源蒸镀原理

7.1.5.2　化合物蒸镀方法

化合物薄膜蒸镀方法主要有电阻加热法、反应蒸镀法、双蒸发源蒸镀法和分子束外延法。

(1) 反应蒸镀法　反应蒸镀即在充满活泼气体的气氛中蒸发固体材料，使两者在基片上进行反应而形成化合物薄膜。这种方法在制作高熔点化合物薄膜时经常被采用。例如，在空气或氧气中蒸发 SiO 来制备 SiO_2 薄膜；在氮气气氛中蒸发 Zr 制备 ZrN 薄膜；由 C_2H_4-Ti 系制备 TiC 薄膜等。图 7-6 是反应蒸镀 SiO_2 薄膜的原理，即在普通真空设备中引入 O_2。要准确地确定 SiO_2 的组成，可从氧气瓶引入 O_2，或对装有 Na_2O 粉末的坩埚进行加热，分解产生 O_2 在基片上进行反应。由于所制备的薄膜组成与晶体结构随气氛压力、蒸镀速率和基片温度三个参量而改变，所以必须适当控制三个参量，才能得到优良的 SiO_2 薄膜。

(2) 双蒸发源蒸镀——三温度法　三温度-分子束外延法主要是用于制备单晶半导体化合物薄膜。从原理上讲，就是双蒸发源蒸镀法。但也有区别，在制备薄膜时，必须同时控制基片和两个蒸发源的温度，所以也称三温度法。三温度法是制备化合物半导体的一种基本方法，它实际上是在Ⅴ族元素气氛中蒸镀Ⅲ族元素，从这个意义上讲非常类似于反应蒸镀。图

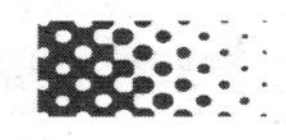

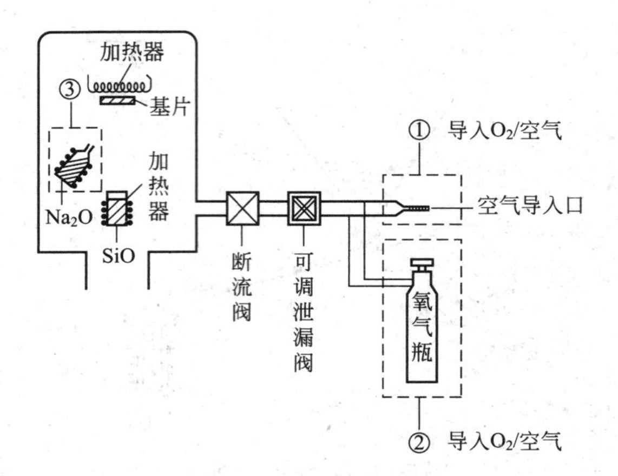

图 7-6　SiO-O_2-空气反应蒸镀 SiO_2 膜原理

7-7 就是典型的三温度法制备 GaAs 单晶薄膜原理，实验中控制 Ga 蒸发源温度为 910℃，As 蒸发源温度为 295℃，基片温度为 425～450℃。

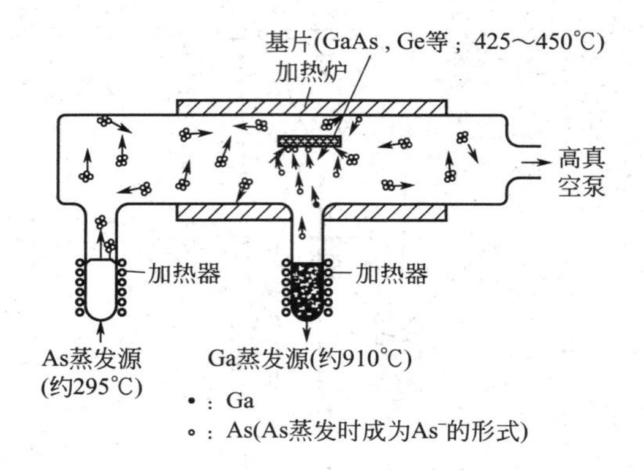

图 7-7　三温度法制备 GaAs 单晶薄膜原理

所谓分子束外延法实际上为改进型的三温度法。当制备 $GaAs_xP_{1-x}$ 之类的三元混晶半导体化合物薄膜时，再加一蒸发源，即形成了四温度法。相应原理如图 7-8 所示。由于 As 和 P 的蒸气压都很高，造成这些元素以气态存在于基片附近，As 和 P 的量难以控制。为了

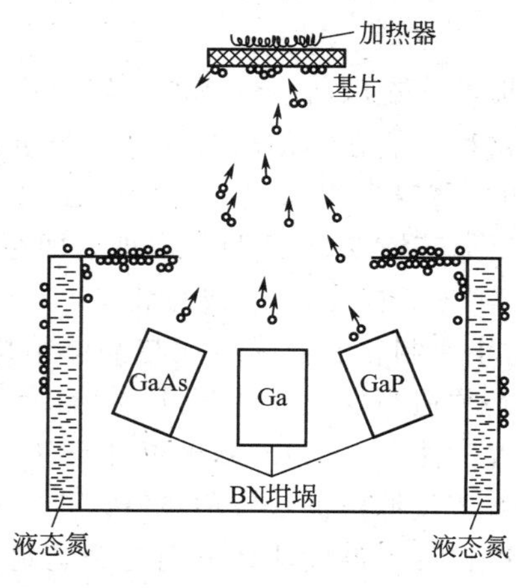

图 7-8　分子束外延原理

解决上述困难，就要设法使蒸发源发出的所有组成元素分子呈束状，而不构成整个腔体气氛，这就是分子束外延法的思想。

7.2　物理气相沉积——溅射镀膜

薄膜物理气相沉积的第二大类方法是溅射法。溅射现象于 1842 年由 Grove 提出，1870 年开始将溅射现象用于薄膜的制备，但真正达到实用化却是在 1930 年以后。进入 20 世纪 70 年代，随着电子工业中半导体制造工艺的发展，需要制备复杂组成的合金。而用真空蒸镀的方法来制备合金膜或化合物薄膜，无法精确控制膜的成分。另一方面，蒸镀法很难提高蒸发原子的能量从而使薄膜与基体结合良好。例如，加热温度为 1000℃ 时，蒸发原子平均动能只有 0.14eV 左右，导致蒸镀膜与基体附着强度较小；而溅射逸出的原子能量一般在 10eV 左右，为蒸镀原子能量的 100 倍以上，与基体的附着力远优于蒸镀法。随着磁控溅射方法的采用，溅射速率也相应提高了很多，溅射镀膜得到了广泛应用。溅射镀膜与真空蒸发镀膜的区别是，前者以动量转换为主，后者以能量转换为主。

用高能粒子（大多数是由电场加速的正离子）撞击固体表面，在与固体表面的原子或分子进行能量交换后，从固体表面飞出原子或分子的现象称为溅射。当入射离子与靶原子发生碰撞时把能量传给靶原子，在准弹性碰撞中，通过动量转移导致晶格的原子撞出，使表面粒子的能量足以克服结合能，逸出成为溅射粒子，在高压电场的加速作用下沉积到基底或工件表面形成薄膜的方法，称为溅射镀膜法。

溅射镀膜的特点是：a. 镀膜过程中无相变现象，使用的薄膜材料非常广泛；b. 沉积粒子能量大，并对衬底有清洗作用，薄膜附着性好；c. 薄膜密度高、杂质少；d. 膜厚可控性和重复性好；e. 可以制备大面积薄膜；f. 设备复杂，需要高压，沉积速率低。

在上述薄膜沉积的过程中，离子的产生过程与等离子体的产生或气体的放电现象密切相关，因而首先需要对气体放电这一物理现象有所了解，其后再详细介绍离子溅射以及薄膜的沉积过程。

7.2.1　气体放电理论

在讨论气体放电现象之前，先简要考察一下直流电场作用下物质的溅射现象。在图 7-9 所示的真空系统中，靶材是需要溅射的材料，它作为阴极，相对于作为阳极并接地的真空室处于一定的负电位。沉积薄膜的衬底可以是接地的，也可以是处于浮动电位或是处于一定的正、负电位。在对系统预抽真空以后，充入适当压力的惰性气体，例如以 Ar 作为放电气体时、其压力范围一般处于 10^{-1}～10Pa 之间。在正负电极间外加电压的作用下，电极间的气体原子将大量电离。电离过程使 Ar 原子电离为 Ar^{+} 离子和可以独立运动的电子。其中的电子会加速飞向阳极；而带正电荷的 Ar^{+} 离子则在电场的作用下加速飞向作为阴极的靶材，并在与靶材的撞击过程中释放出相应的能量。离子高速撞击靶材的结果之一是使大量的靶材表面原子获得了相当高的能量，使其可以脱离靶材的束缚而飞向衬底。当然，在上述溅射的过程中，还伴随有其他粒子（包括二次电子等）从阴极的发射过程。相对而言，溅射过程比蒸发过程要复杂一些，其定量描述也困难一些。

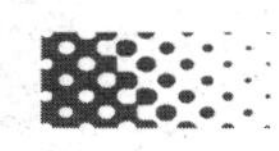

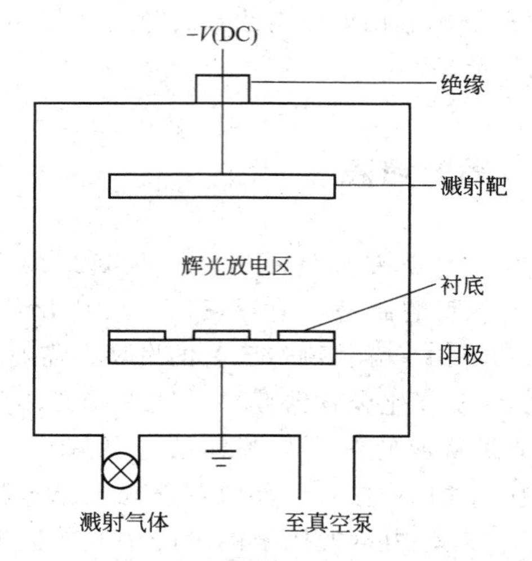

图 7-9　直流溅射沉积装置示意图

7.2.1.1　气体的放电过程

由上面的介绍我们知道，气体放电是离子溅射过程的基础。下面我们简单讨论一下气体的放电过程。设有如图 7-10 那样的一个直流气体放电体系。在阴阳两极之间由电动势为 E 的直流电源提供电压 V 和电流 I，并以电阻 R 作为限流电阻。在电路中，各参数之间应满足下述关系

$$V=E-IR \tag{7-1}$$

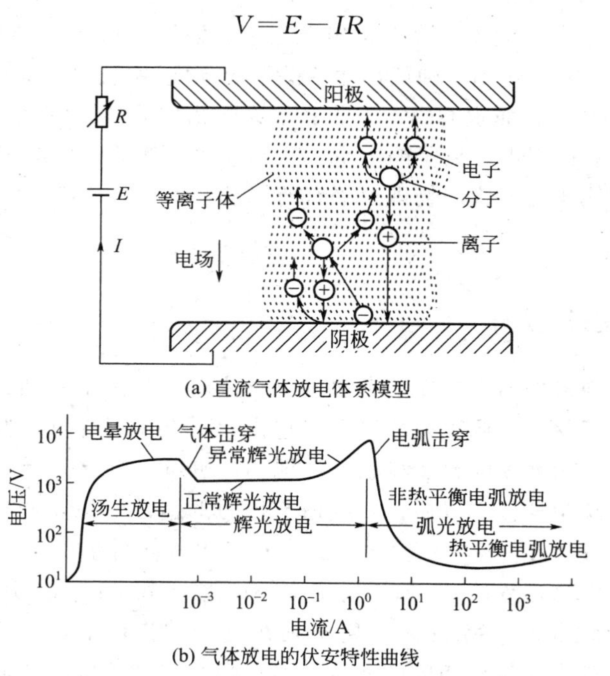

图 7-10　直流气体放电体系模型及伏安特性曲线

使真空容器中 Ar 气的压力保持为 1Pa，并逐渐提高两个电极之间的电压。在开始时，电极之间几乎没有电流通过，因为这时气体原子大多仍处于中性状态，只有极少量的电离粒

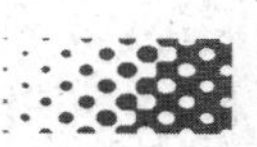

子在电场的作用下做定向运动，形成极为微弱的电流，即如图7-10(b) 中曲线的开始阶段所示的那样。

随着电压逐渐地升高，电离粒子的运动速度也随之加快，即电流随电压上升而增加。当这部分电离粒子的速度达到饱和时，电流不再随电压升高而增加。此时，电流达到了一个饱和值［对应于图7-10(b) 曲线的第一个垂直段］。当电压继续升高时，离子与阴极之间以及电子与气体分子之间的碰撞变得重要起来。在碰撞趋于频繁的同时，外电路转移给电子与离子的能量也在逐渐增加。一方面，离子对于阴极的碰撞将使其产生二次电子的发射；另一方面电子能量也增加到足够高的水平，它们与气体分子的碰撞开始导致后者发生电离，如图7-10(a) 所示。这些过程均产生新的离子和电子，即碰撞过程使得离子和电子的数目迅速增加。这时，随着放电电流的迅速增加，电压的变化却不大。这一放电阶段称为汤生放电。

在汤生放电阶段的后期，放电开始进入电晕放电阶段。这时，在电场强度较高的电极尖端部位开始出现一些跳跃的电晕光斑。因此，这一阶段称为电晕放电。在汤生放电阶段之后，气体会突然发生放电击穿现象。这时，气体开始具备了相当的导电能力。我们将这种具备了一定的导电能力的气体称为等离子体。此时，电路中的电流大幅度增加，同时，放电电压却有所下降。这是由于这时的气体已被击穿，因而气体的电阻将随着气体电离度的增加而显著下降，放电区由原来只集中于阴极边缘和不规则处变成向整个电极表面扩展。在这一阶段，气体中导电粒子的数目大量增加，粒子碰撞过程伴随的能量转移也足够地大，因此放电气体会发出明显的辉光。

电流的继续增加将使得辉光区域扩展到整个放电长度上，同时，辉光的亮度不断提高。当辉光放电区域充满了两极之间的整个空间之后，在放电电流继续增加的同时，放电电压又开始上升。这两个不同的辉光放电阶段常被称为正常辉光放电和异常辉光放电阶段。异常辉光放电是一般薄膜溅射或其他薄膜制备方法经常采用的放电形式，因为它可以提供面积较大、分布较为均匀的等离子体，有利于实现大面积的均匀溅射和薄膜沉积。

随着电流的继续增加，放电电压将会突然大幅度下降，而电流强度则会剧烈增加。这表明，等离子体自身的导电能力再一次迅速提高。此时，等离子体的分布区域发生急剧的收缩，阴极表面开始出现很多小的（直径约 $10\mu m$）、孤立的电弧放电斑点。在阴极斑点内，电流的密度可以达到 $10^8 A/cm^2$ 的数量级。此时，气体放电开始进入弧光放电阶段。在弧光放电过程中，阴极斑点会产生大量的焦耳热，并引起阴极表面局部温度大幅度升高。这不仅会导致阴极热电子发射能力的大幅度提高，而且还会导致阴极物质自身的热蒸发。与此相比，在阳极表面上，电流的分布并不像在阴极表面上那样集中。但即使如此，冷却不足也会造成放电斑点处温度过高和电极材料的蒸发。

7.2.1.2　电离过程系数

溅射通常利用辉光放电时的正离子对阴极进行轰击。当作用于低压气体的电场强度超过某临界值时，将出现气体放电现象。气体放电时在放电空间会产生大量电子和正离子，在极间的电场作用下它们将作迁移运动形成电流。低压气体放电是指由于电子获得电场能量，与中性气体原子碰撞引起电离的过程。Townsend 引入三个系数来分别表征放电管内存在的三个电离过程。

(1) 电子的电离系数 α　在电场作用下，电子获得一定能量，在向阳极运动过程中与中性气体原子发生非弹性碰撞，使中性原子失去外层电子变成正离子和新的自由电子。这种现象会增殖而形成电子崩，电子电离系数就是表示自由电子经单位距离，由于碰撞电离而增殖的自由电子数目或产生的电离数目。

（2）正离子电离系数β　正离子向阴极运动过程中，与中性分子碰撞而使分子电离。经单位距离由于正离子碰撞产生的电离数目用β表示。与电子相比正离子引起的电离作用是较小的。

（3）二次电子发射系数γ　击中阴极靶面的正离子使阴极逸出二次电子，称为二次电子发射。一般而言，气体的电离电位较高，阴极靶的电子逸出功较低时，则系数γ也较大。由于二次电子的发射，增加了阴极附近的电子数量。

7.2.1.3　辉光放电

当低压放电管外加电压超过点燃电压后，放电管能自持放电，并发出辉光，这种放电现象称为辉光放电。从阴极到阳极可将辉光放电分成三个区域，即阴极放电区、正柱状区及阳极放电区三个部分。其中阴极放电区最复杂，可分成阿斯顿暗区、阴极辉光层、克鲁斯暗区、负辉光区以及法拉第暗区几个部分，如图 7-11 所示。

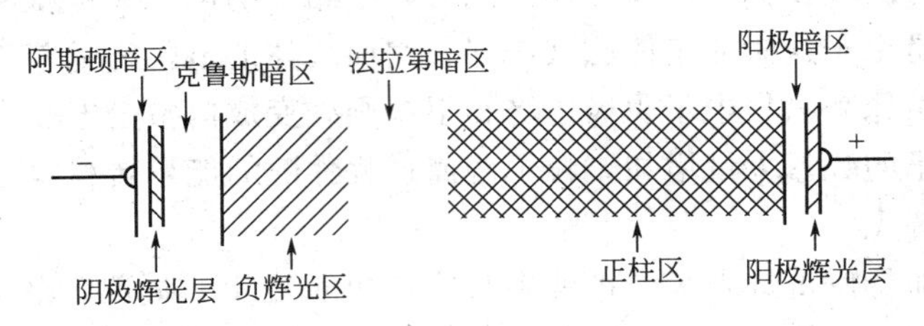

图 7-11　正常辉光放电的外貌示意

（1）阿斯顿暗区　该区紧靠阴极表面一层，由于电子刚刚从阴极表面逸出，能量较小，还不足以使气体激发电离，所以不发光，但电子在该区可获得激发气体原子所必须的能量。

（2）阴极辉光层　电子获得足够的能量后，能使气体原子激发而发光，形成阴极辉光层。

（3）克鲁斯暗区　随着电子在电场中获得的能量不断增加，使气体原子产生大量的电离，在该区域内电子的有效激发电离随之减小，发光变得微弱。该区域称为克鲁斯暗区。

（4）负辉光区　由于从阴极逸出的电子经过多次非弹性碰撞，大部分电子能量降低，加上阴极暗区电离产生大量电子进入这一区域，导致负空间电荷堆积而产生光能，形成负辉光区。

（5）法拉第暗区　法拉第暗区即负辉光区至正柱区的中间过渡区。电子在该区内由于加速电场很小，继续维持其低能状态，发光强度较弱。

（6）阳极暗区　阳极暗区是正柱区和阳极之间的区域，它是一个可有可无的区域，取决于外电路电流大小及阳极面积和形状等因素。

以上辉光放电区域虽然具有不同的特征，但紧密联系，其中阴极区最重要，当阴极和阳极之间距离缩短时，首先消失的是阳极区，接着是正柱区和法拉第区。若极间距进一步缩小，则不能保证原子的离子化，辉光放电终止。

7.2.1.4　溅射机理

（1）溅射蒸发论　蒸发论由 Hippel 于 1926 年提出，后由 Sommereyer 于 1935 年进一步完善。基本思想是：溅射的发生是由于轰击离子将能量转移到靶上，在靶上产生局部高温

区，使靶材从这些局部区域蒸发。按这一观点，溅射率是靶材升华热和轰击离子能量的函数，溅射原子成膜应该与蒸发成膜一样呈余弦函数分布。早期的实验数据支持这一理论。然而进一步的实验证明，上述理论存在严重缺陷，主要有以下几点：a. 溅射粒子的分布并非余弦规律；b. 溅射量与入射粒子质量和靶材原子质量之比有关；c. 溅射量取决于入射粒子的方向。

（2）动量转移理论　动量转移论由Stark于1908年提出，Compton于1934年完善。这种观点认为，轰击离子对靶材轰击时，与靶材原子发生了弹性碰撞，从而使靶材表面原子获得了动量而形成溅射原子。

7.2.1.5 溅射的一般特性

（1）溅射阈值　是指使靶材原子发生溅射的最小的入射离子能量，当入射离子能量小于溅射阈值时，就不能发生溅射现象。其值大小主要取决于溅射靶材料。周期表中同一周期的元素，溅射阈值随着原子序数增加而减小。对于大多数金属，溅射阈值约为10～20eV。

（2）溅射率　是衡量溅射效率的重要参量，它表示正离子轰击靶阴极时，平均每个正离子能从靶阴极上打出的粒子数。又称溅射产额或溅射系数。

（3）溅射粒子　指从靶材上被溅射下来的物质微粒。溅射粒子的状态多为单原子。溅射粒子的能量和速度也是描述溅射特性的重要物理参数。一般由蒸发源蒸发出来的原子的能量为0.1eV左右，溅射粒子的能量比蒸发原子能量大1～2个数量级，约为5～10eV。溅射中，由于溅射粒子是与高能量的入射离子交换动量而飞溅出来的，所以溅射粒子具有较大的能量，使得用溅射法制备的薄膜与基片之间有着优良的附着性。

（4）溅射粒子的角度分布　溅射原子的角度分布与入射离子的方向有关，溅射原子逸出的主要方向与晶体结构有关。

7.2.2 几种典型的溅射镀膜方法

溅射法使用的靶材可以根据材质的不同分为纯金属、合金以及各种化合物等。一般来讲，金属与合金的靶材可以通过冶炼或粉末冶金的方法制备，其纯度及致密性较好；化合物靶材多采用粉末热压的方法制备，其纯度及致密性往往要逊于前者。

主要的溅射方法可以根据其特征分为四种：直流溅射、射频溅射、磁控溅射、反应溅射。另外，利用各种离子束源也可以实现薄膜的溅射沉积。

7.2.2.1 直流溅射

典型的直流二极溅射设备原理如图7-12所示，它由一对阴极和阳极组成的二极管阴极辉光放电管组成。阴极相当于靶，阳极同时起支撑基片作用。Ar气压保持在13.3～0.133Pa之间，附加直流电压在千伏数量级时，则在两极之间产生辉光放电，于是Ar^+由于受到阴极位降而加速，轰击靶材表面，使靶材表面溢出原子，溅射出的粒子沉积于阳极处的基片上，形成与靶材组成相同的薄膜。

影响直流溅射成膜的主要参数有阴极位降、阴极电流、溅射气体压力等。随着溅射气压升高，两极间距的增加，从靶材表面向基片飞行中的溅射粒子因不断与气体分子或离子碰撞损失动能而不能到达基片。溅射的物质量正比于溅射装置所消耗的电功率，反比于气压和极间距。

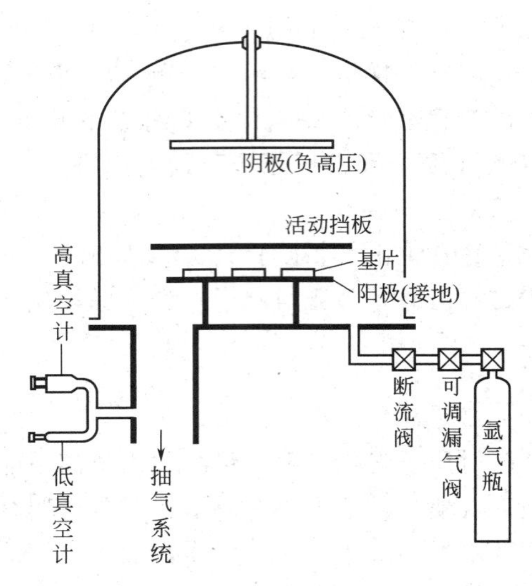

图 7-12　典型的二极直流溅射设备原理

二极直流溅射是溅射方法中最简单的，然而有很多缺点，其中最主要是放电不够稳定，需要较高起辉电压，并且由于局部放电常会影响制膜质量。此外，二极溅射以靶材为阴极，所以不能对绝缘体进行溅射。

直流溅射与真空蒸镀相比有以下特点：

① 电流溅射应用更广，对熔点高、蒸气压低的元素也同样适用。

② 直流溅射制备的薄膜膜层与基片的附着力比真空蒸镀薄膜更强。

③ 直流溅射只适用于溅射导体材料，不适用于绝缘材料，因此直流溅射只适用于制备金属薄膜，并且直流溅射的成膜速率较慢，约为真空蒸镀的 1/10。

7.2.2.2　射频溅射

使用直流溅射方法可以很方便地溅射沉积各类合金薄膜，但这一方法的前提之一是靶材应具有较好的导电性。由于一定的溅射速率需要一定的工作电流，因此要用直流溅射方法溅射导电性较差的非金属靶材，就需要大幅度地提高直流溅射电源的电压，以弥补靶材导电性不足引起的电压降。因此，对于导电性很差的非金属材料的溅射，需要一种新的溅射方法。

射频溅射是适用于各种金属和非金属材料的一种溅射沉积方法。在直流溅射设备的两电极之间接上交流电源。当交流电源的频率低于 50kHz 时，气体放电的情况与直流的时候相比没有什么根本的改变，气体中的离子仍可及时到达阴极完成放电过程。唯一的差别只是在交流的每半个周期后阴极和阳极的电位互相调换。这种电位极性的不断变化导致阴极溅射交替式地在两个电极上发生。

当频率超过 50kHz 以后，放电过程开始出现以下两个变化。第一，在两极之间等离子体中不断振荡运动的电子将可从高频电场中获得足够的能量，并更有效地与气体分子发生碰撞并使后者发生电离；由电极过程产生的二次电子对于维持放电过程的相对重要性下降。因此，射频溅射可以在 1Pa 左右的低压下进行，沉积速率也因气体分子散射少而较二极溅射时为高。第二，高频电场可以经由其他阻抗形式耦合进入沉积室，而不必再要求电极一定要是导体。因此，采用高频电源可使溅射过程摆脱对靶材导电性能的限制。

采用高频电压时，可以溅射绝缘体靶材。由于绝缘体靶表面上的离子和电子的交互撞击

作用，使靶表面不会蓄积正电荷，因而同样可以维持辉光放电。一般而言，高频放电的点燃电压远低于直流或低频时的放电电压。一般来说，溅射法使用的高频电源的频率已属于射频的范围，其频率区间一般为 5～30MHz。国际上通常采用的射频频率多为美国联邦通信委员会（FCC）建议的 13.56MHz。

7.2.2.3 磁控溅射

相对于蒸发镀膜来说，一般的溅射沉积方法具有两个缺点：第一，溅射方法沉积薄膜的沉积速率较低，大约 50nm/min，这个速率约为蒸镀速度的 1/10～1/5，因而大大限制了溅射技术的推广应用；第二，溅射所需的工作气压较高，否则电子的平均自由程太长，放电现象不易维持。这两个缺点的综合效果是气体分子对薄膜产生污染的可能性较高。因而，磁控溅射技术作为一种沉积速率较高，工作气体压力较低的溅射技术具有其独特的优越性。

在溅射装置中附加磁场，当磁场与电场正交时，垂直方向分布的磁力线可以具有将电子约束在靶材表面附近，延长其在等离子体中的运动轨迹，提高它参与气体分子碰撞和电离过程的概率的作用。因而，在溅射装置中引入磁场，既可以降低溅射过程的气体压力，也可以在同样的电流和气压的条件下显著提高溅射的效率和沉积的速率。

磁控溅射是通过在靶阴极表面引入磁场，利用磁场束缚和延长电子的运动路径，改变电子的运动方向，提高工作气体的电离率，有效利用电子的能量以增加溅射率的方法。

一般溅射镀膜的最大缺点是溅射速率较低和电子使基片温度升高。而磁控溅射正好弥补了这一缺点。与一般溅射相比，磁控溅射的不同之处是在靶表面设置一个平行于靶表面的横向磁场，此磁场是放置于靶内的磁体产生的。磁控溅射工作原理如图 7-13 所示，电子在电场的作用下加速飞向基片的过程中与氩原子发生碰撞，若电子具有足够大的能量（约 30eV），则电离出 Ar^+ 和另一个电子。电子飞向基体，Ar^+ 在电场 E 的作用下加速飞向阴极靶材并以高能量轰击靶表面，使靶材产生溅射。在溅射粒子中，靶原子或分子沉积在基体上形成薄膜。溅射出的二次电子一旦离开靶面，就同时受到电场和磁场作用。从物理学知识可知，处在电场 E 和磁场 B 正交作用下，电子的运动轨迹是以轮摆线的形式沿靶面运动。二次电子在环形磁场的控制下，运动路径不仅很长，而且被磁场束缚在靠近靶表面的等离子体区域内，增加了同工作气体分子的碰撞概率，在该区内电离出大量的 Ar^+ 轰击靶材，从而实现了磁控溅射高速沉积的特点。二次电子每经过一次碰撞就损失一部分能量，经多次碰撞后，其能量逐渐降低成为低能电子，同时逐渐远离靶面，沿着磁力线在电场 E 的作用下到达基体。由于该电子的能量很低，传给基体的能量很少，也就不会使基体过热，因此，基

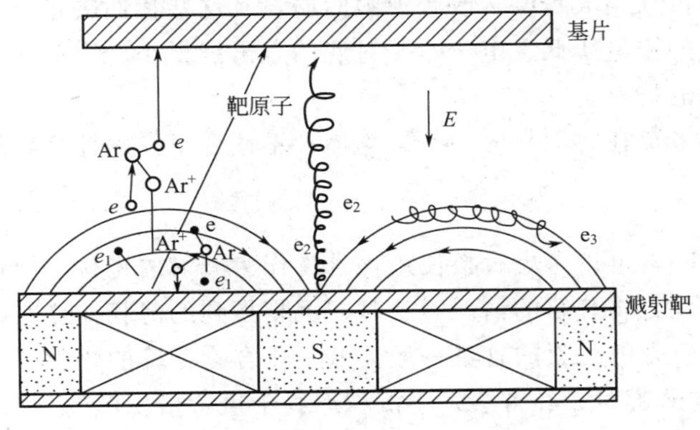

图 7-13 磁控溅射基本原理

体的温度大大降低。

一般平面磁控溅射靶的磁场布置形式如图 7-14 所示。这种磁场设置的特点是在靶材的部分表面上方使磁场与电场方向相垂直，从而将电子的轨迹限制到了靶面的附近，提高了电子碰撞和电离的效率，且有效减少电子轰击作为阳极的衬底，抑制衬底温度升高。实际的做法可将永久磁体或电磁线圈放置在靶的后方，从而造成磁力线先穿出靶面，然后变成与电场方向垂直，最终返回靶面的效果，即如图 7-14 中所示的磁力线的方向那样。

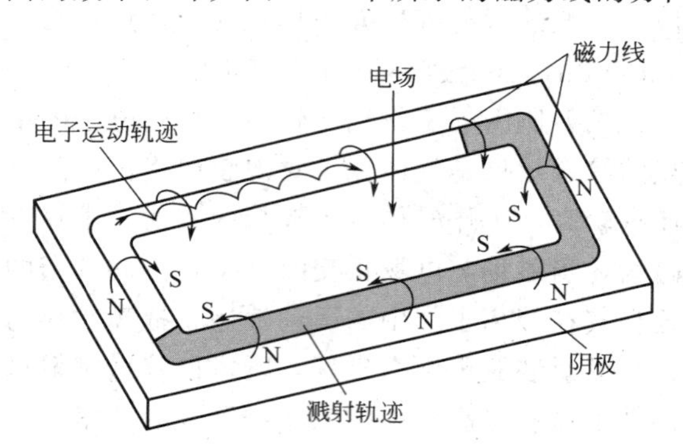

图 7-14　磁控溅射靶材表面的磁场及电子的运动轨迹

在溅射过程中，由阴极发射出来的电子在电场的作用下具有向阳极运动的趋势。但是，在垂直磁场的作用下，它的运动轨迹极其弯曲而重新返回靶面，就如同在电子束蒸发装置中电子束被磁场折向盛有被蒸发物质的坩埚一样。在与靶面平行的磁场的作用下，这部分电子的运动轨迹将是一条摆线。因而，在靶面上将出现一条电子密度和原子电离概率极高，同时离子溅射概率极高的环形跑道状的溅射带。

磁控溅射方法典型的工作条件为：工作气压 0.5Pa、靶电压 600V、靶电流密度 $20mA/cm^2$、薄膜沉积速率 $2\mu m/min$。

目前，磁控溅射已成为应用最广泛的一种溅射沉积方法，其主要原因是磁控溅射法的沉积速率可以比其他溅射方法高出一个数量级。这一方面要归结于磁场中电子的电离效率较高，有效地提高了靶电流密度和溅射效率，而靶电压则因气体电离度的提高而大幅度下降。另一方面还因为在较低气压下溅射原子被气体分子散射的概率较小。由于磁场有效地提高了电子与气体分子的碰撞概率，因而工作的气压可以降低到二极溅射气压的 1/20。即可由 10Pa 降低至 0.5Pa。这一方面将降低薄膜污染的可能性，另一方面也将提高入射到衬底表面原子的能量，后者可在很大程度上改善薄膜的质量。这些特性决定了磁控溅射具有沉积速率高、维持放电所需的靶电压低、电子对于衬底的轰击能量小、容易实现在塑料等衬底上的薄膜低温沉积等显著的特点。

但是，磁控溅射也存在对靶材的溅射不均匀、不适合于铁磁性材料的溅射的缺点。

7.2.2.4　反应溅射

制备化合物薄膜时，可以考虑直接使用化合物作为溅射的靶材。但在有些情况下，溅射时会发生气态或固态化合物分解的情况。这时，沉积得到的薄膜往往在化学成分上与靶材有很大的差别。电负性较强的元素的含量一般会低于化合物正确的化学计量比。比如，在溅射 SnO_2、SiO_2 等氧化物薄膜时，经常会发生沉积产物中氧含量偏低的情况。

显然，发生上述现象的原因是由于在溅射环境中，相应元素的分压低于化合物形成所需

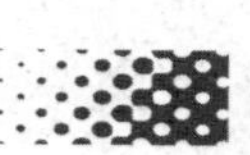

要的平衡压力。因此，解决问题的办法可以是调整溅射室内的气体组成和压力，在通入 Ar 气的同时通入相应的活性气体，从而抑制化合物的分解倾向。但另一方面，也可以采用纯金属作为溅射靶材，但在工作气体中混入适量的活性气体如 O_2、N_2、NH_3、CH_4、H_2S 等的方法，使金属原子与活性气体在溅射沉积的同时生成所需的化合物。一般认为，化合物薄膜是在原子沉积的过程中，由溅射原子与活件气体分子在衬底表面发生化学反应而形成的。这种在沉积的同时形成化合物的溅射技术被称为反应溅射方法。利用这种方法不仅可以制备 Al_2O_3、SiO_2、In_2O_3、SnO_2 等氧化物，还可以制备其他的化合物，如 SiC、WC、TiC 等。

显然，通过控制反应溅射过程中活性气体的压力，得到的沉积产物可以是有一定固溶度的合金固溶体，也可以是化合物，甚至还可以是上述两相的混合物。比如在含 N_2 的气氛中溅射 Ti 的时候，薄膜中可能出现的相包括 Ti、Ti_2N、TiN 以及它们的混合物。提高等离子体中活性气体 N_2 的分压，将有助于含氮量较高的化合物的形成。

反应溅射装置中一般设有引入活性气体的入口，并且基片应预热到 500℃左右的温度。此外，要对溅射气体与活性气体的混合比例进行适当控制。通常情况下，对于二极直流溅射，氩气加上活性气体后的总压力为 1.3Pa，而在高频溅射时一般为 0.6Pa 左右。

7.2.3 离子成膜

离子成膜可分为离子镀、离子束沉积和离子注入。

7.2.3.1 离子镀

离子镀是将真空蒸发与溅射结合的技术，是“辉光放电中的蒸发法”。即利用气体放电产生等离子体，同时将膜层材料蒸发，一部分物质被离子化，一部分变为激发态的中性粒子。离子在电场作用下轰击衬底表面，起清洁作用，中性粒子沉积于衬底表面成膜。

离子镀的特点是：膜层附着性好，密度高，沉积温度相对较低，沉积速率大。

图 7-15 是其中比较有代表性的二极直流放电离子镀的示意。这种方法使用电子束蒸发法提供沉积的物质，同时以衬底作为阴极、整个真空室作为阳极组成一个类似于二极溅射装

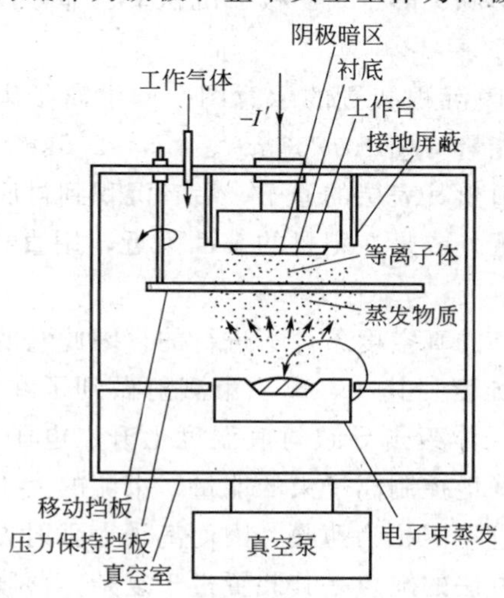

图 7-15 二极直流放电离子镀装置的示意

置的系统。在沉积前和沉积中采用高能量的离子流对衬底和薄膜表面进行溅射处理。由于在这一技术中同时采用了蒸发和溅射两种手段，因而从装置的设计上，可以认为它就是由直流二极溅射以及电子束蒸镀两部分结合而成的。

在沉积薄膜之前，先向真空室内充入 10^{-1}～1.0Pa 压力的 Ar 气。其次，在阴阳两极之间施加一定的电压，使气体发生辉光放电，产生等离子体。离子在 2～5kV 的电压下对衬底进行轰击，其作用是对衬底表面进行清理，溅射清除其表面的污染物。紧接着，在不间断离子轰击的情况下开始蒸发沉积过程，但要保证离子轰击产生的溅射速率低于蒸发沉积的速率。在这一过程中，蒸发源蒸发出来的粒子将与等离子体发生相互作用。由于惰性气体 Ar 的电离能比蒸发元素原子的电离能更高，因此，在等离子体内将会发生氩离子与蒸发原子之间的电荷交换、蒸发原子发生部分电离的过程。含有相当数量离子的蒸发物质在两极之间加速，并带着相应的能量轰击衬底表面。在沉积层开始形成以后，离子轰击和溅射的过程可以持续下去，也可以周期性地进行。

离子镀的主要优点在于它所制备的薄膜与衬底之间具有良好的附着力，并且薄膜结构致密。这是因为，在蒸发沉积之前以及沉积的同时用离子轰击衬底和薄膜表面，可以在薄膜与衬底之间形成粗糙洁净的界面，并形成均匀致密的薄膜结构和抑制柱状晶生长。前者可以提高薄膜与衬底间的附着力，而后者则可以提高薄膜的致密性、细化薄膜微观组织。离子镀的另一个优点是它可以提高薄膜对于复杂外形表面的覆盖能力，或称为薄膜沉积过程的绕射能力。离子镀具备这一特性的原因是：与纯粹的蒸发沉积相比，在离子镀进行的过程中，沉积原子将从与离子的碰撞中获得一定的能量，加上离子本身对薄膜的轰击，这些均会使得原子在沉积至衬底表面时具有更高的动能和迁移能力。

7.2.3.2 离子束沉积

按离子束功能，分一次离子束沉积（低能离子束沉积，又称离子束沉积，离子束由膜层材料离子组成）和二次离子束沉积（离子束溅射）。离子束由惰性气体或反应气体的离子组成。离子束沉积是指固态物质的离子束直接打在衬底上沉积成膜，它要求的离子束能量低，在 100eV 左右。离子束溅射沉积是指用惰性气体产生的具较高能量的离子束轰击靶材，进行溅射沉积，设备组成为离子源、离子引出极、沉积室三部分，对于化合物沉积，可用反应离子束溅射沉积。

图 7-16 是离子束溅射薄膜沉积装置的示意图。产生离子束的独立装置被称为离子枪，它提供一定束流强度、一定能量（如 10～50mA、0.5～2.5keV）的氩离子流。离子束以一定的入射角度轰击靶材并溅射出其表层的原子，后者沉积到衬底表面即形成薄膜。在靶材不导电的情况下，需要在离子枪外或是在靶材的表面附近，用直接对离子束提供电子的方法，中和离子束所携带的电荷。

由于离子束溅射是在较高的真空度条件下进行的，因此它的显著特点之一是其气体杂质的污染小，容易提高薄膜的纯度。其次，离子束溅射做到了在衬底附近没有等离子体的存在，因此也就不会产生等离子体轰击导致衬底温度上升、电子和离子轰击损伤等一系列问题。再者，由于可以做到精确地控制离子束的能量、束流的大小与束流的方向，而且溅射出的原子可以不经过碰撞过程直接沉积为薄膜，因而离子束溅射方法很适合于作为一种薄膜沉积的研究手段。离子束溅射方法的缺点是其装置过于复杂，薄膜的沉积速率较低，且设备的运行成本较高。

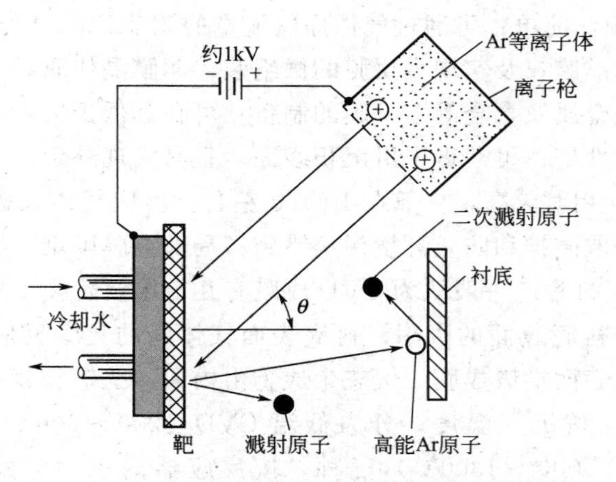

图 7-16　离子束溅射薄膜沉积装置的示意图

7.2.3.3　离子注入

将大量高能离子注入衬底成膜。当衬底中注入的气体离子浓度接近衬底物质的原子密度时，因衬底固溶度的限制，注入离子与衬底元素发生化学反应，形成化合物薄膜。此法要求的离子束能量高，约为 20～400keV。

7.3　化学气相沉积

化学气相沉积（CVD）是与物理气相沉积（PVD）相联系但又截然不同的一类薄膜沉积技术。顾名思义，化学气相沉积技术是利用气态的先驱反应物，通过原子、分子间化学反应的途径生成固态薄膜的技术，与 PVD 时的情况不同，CVD 过程多是在相对较高的压力环境下进行的，因为较高的压力有助于提高薄膜的沉积速率。此时，气体的流动状态已处于黏滞流状态。气相分子的运动路径不再是直线，它在衬底上的沉积概率取决于气压、温度、气体组成、气体激发状态、薄膜表面状态等多个复杂因素的组合。这一特性决定了 CVD 薄膜可以被均匀地涂覆在复杂零件的表面上。

利用 CVD 方法，可以制备的薄膜种类范围很广，包括固体电子器件所需的各种薄膜，轴承和工具的耐磨涂层，发动机或核反应堆部件的高温防护涂层等。特别是在高质量的半导体晶体外延技术以及各种介电薄膜的制备中，大量使用了化学气相沉积技术。同时，这些实际应用又极大地促进了化学气相沉积技术的发展。

广泛采用化学气相沉积技术的原因除了它可以用于各种高纯晶态、非晶态的金属、半导体、化合物薄膜的制备之外，还包括它可以有效地控制薄膜的化学成分、高的生产效率和低的设备及运行成本、与其他相关工艺具有较好的相容性等。

7.3.1　基本概念

化学气相沉积是指利用流经衬底表面的气态物料的化学反应，生成固态物质，在材底表面形成薄膜的方法。CVD 与 PVD 的区别就在于 CVD 依赖于化学反应生成固态薄膜。

（1）化学气相沉积优缺点

① 优点：设备、操作简单；可通过气体原料流量的调节，在较大范围内控制产物组分，可制备梯度膜、多层单晶膜，及实现多层膜的微组装；薄膜晶体质量好，薄膜致密，膜层纯度高；适用于金属、非金属及合金等多种膜的制备；可在远低于熔点或分解温度下实现难熔物的沉积，且薄膜黏附性好；可获得平滑沉积表面，且易实现外延。

② 缺点：反应温度相对较高，一般在1000℃左右；反应气体及挥发性产物常有毒、易燃爆、有腐蚀性，须采取防护和防止环境污染措施；局部上膜困难，沉积速率较低。

（2）CVD薄膜生长过程　一般认为CVD成膜有几个主要阶段：反应气体向衬底表面的输送扩散；反应气体在衬底表面的吸附；衬底表面气体间的化学反应，生成固态和气态产物；固态生成物粒子经表面扩散成膜，气态生成物由内向外扩散和表面解吸。

（3）CVD的分类　按沉积温度，分为低温CVD（200～500℃）、中温CVD（500～1000℃）和高温CVD（1000～1300℃）三种。按反应器内压力，分为常压CVD和低压CVD。按反应器壁的温度，可分为热壁式CVD和冷壁式CVD。按反应时反应器中是否有气体的流入与流出，分流通式与封闭式两种。按反应激活方式，分为普通CVD、热激活CVD、等离子体激活CVD等。

7.3.2 反应原理

应用CVD方法原则上可以制备各种材料的薄膜，如单质、氧化物、硅化物、氮化物等薄膜。根据要形成的薄膜，采用相应的化学反应及适当的外界条件，如温度、气体浓度、压力等参数，即可制备各种薄膜。化学气相沉积技术所涉及的化学反应类型可以被划分为以下几类。

（1）热分解反应　许多元素的氢化物、羟基化合物和有机金属化合物可以以气态存在，并且在适当的条件下会在衬底表面发生热分解反应和薄膜的沉淀。典型的热分解反应薄膜制备是外延生长多晶硅薄膜，如利用硅烷SiH_4在较低温度下分解，可以在基片上形成硅薄膜，还可以在硅膜中掺入其他元素，控制气体混合比，即可以控制掺杂浓度。相应的反应如下：

$$SiH_4 \longrightarrow Si + 2H_2 \tag{7-2}$$

$$PH_3 \xrightarrow{\triangle} P + \frac{3}{2}H_2 \tag{7-3}$$

$$B_2H_6 \xrightarrow{\triangle} 2B + 3H_2 \tag{7-4}$$

（2）氢还原反应　另外一些元素的卤化物、羟基化合物、卤氧化物等虽然也可以以气态形式存在，但它们具有相当的热稳定性，因而需要采用适当的还原剂才能将这些元素置换、还原出来。如利用H_2还原$SiCl_4$制备单晶硅薄膜，反应式如下：

$$SiCl_4 + 2H_2 \xrightarrow{\triangle} Si + 4HCl \tag{7-5}$$

各种氯化物还原反应有可能是可逆的，取决于反应系统的自由能、控制反应温度、氢与反应气的浓度比、压力等参数，对于正反应进行是有利的。如利用$FeCl_2$还原反应制备α-Fe的反应，就需要控制上述参数：

$$FeCl_2 + H_2 \xrightarrow{\triangle} Fe + 2HCl \tag{7-6}$$

（3）氧化反应　氧化反应主要用于在基片表面生长氧化膜，如SiO_2、Al_2O_3、TiO_2等。使用的原料主要有卤化物、氰酸盐、氧化物或有机化合物等，这些化合物能与各种氧化剂进

行反应。为了生成氧化硅薄膜，可以用硅烷或四氢化硅和氧反应，即：

$$SiH_4+O_2 \xrightarrow{\triangle} SiO_2+2H_2 \tag{7-7}$$

$$SiCl_4+O_2 \xrightarrow{\triangle} SiO_2+2Cl_2 \tag{7-8}$$

为了形成氧化物，还可以采用加水反应，即：

$$SiCl_4+2H_2O \xrightarrow{\triangle} SiO_2+4HCl \tag{7-9}$$

$$2AlCl_3+3H_2O \xrightarrow{\triangle} Al_2O_3+6HCl \tag{7-10}$$

（4）置换反应　只要所需物质的反应先驱物可以以气态形式存在并且具有反应活性，就可以利用化学气相沉积的方法，将相应的元素通过置换反应沉积出来并形成其化合物。例如，各种碳、氮、硼化物的沉积。

$$SiCl_4+CH_4 \xrightarrow{\triangle} SiC+4HCl \tag{7-11}$$

$$TiCl_4+CH_4 \xrightarrow{\triangle} TiC+4HCl \tag{7-12}$$

（5）歧化反应　某些元素具有多种气态化合物，其稳定性各不相同。外界条件的变化往往可以促使一种化合物转变为另一种稳定性较高的化合物。这时可以利用所谓的歧化反应实现薄膜的沉积，如反应：

$$2GeI_2 \xrightleftharpoons{300\sim600℃} Ge+GeI_4 \tag{7-13}$$

就属于歧化反应。有些金属卤化物具有这类特性，即其中的金属元素往往可以以两种不同的价态构成不同的化合物。提高温度有利于提高低价化合物的稳定性。例如在上例中，GeI_2和GeI_4中的Ge分别以+2价和+4价的形式存在，而提高温度有利于GeI_2的形成。上述特性使我们可以利用调整反应室的温度，实现Ge的转移和沉积。具体的做法是在高温（600℃）下让GeI_4气体通过Ge而形成GeI_2，而后在低温（300℃）下让后者在衬底上歧化反应生成Ge。显然，为了实现上述反应，需要有目的地将反应室划分为高温区和低温区，以实现元素可控转移的目的。

（6）气相输运　当某一物质的升华温度不高时，我们也可以利用其升华和冷凝的可逆过程实现其气相的沉积。例如，利用$2CdTe \rightleftharpoons 2Cd+Te_2$的反应，使处于较高温度的CdTe发生升华，并被气体夹带输运到处于较低温度的衬底上，发生冷凝沉积。显然，这种方法实际上利用的是升华这一物理现象。但是由于它在设备特点、物质传输以及反应的热力学或动力学分析方面与化学气相沉积过程相似，因而常被放在化学气相沉积方法中一起进行讨论。

（7）物理激励反应　利用外界物理条件使反应气体活化，促进化学气相沉积过程，或降低气相反应的温度，这种方法称为物理激励，主要方式有：

① 利用气体辉光放电。将反应气体等离子体化，从而使反应气体活化，降低反应温度。例如，制备Si_3N_4薄膜时，采用等离子体活化可使反应体系温度由800℃降低至300℃左右，相应的方法称为等离子体强化气相沉积（PECVD）。

② 利用光激励反应。可以选择反应气体吸收波段选择光的辐射，或者利用其他感光性物质激励反应气体。例如，对SiH_4-O_2反应体系，使用水银蒸气为感光物质，用紫外线辐射，其反应温度可降至100℃左右，制备SiO_2薄膜；对于SiH-NH_3体系，同样用水银蒸气作为感光材料，经紫外线辐照，反应温度可降至200℃，制备Si_3N_4薄膜。

③ 激光激励。同光照射激励一样，激光也可以使气体活化，从而制备各类薄膜。

7.3.3 影响CVD薄膜的主要参数

(1) 反应体系成分　CVD原料通常要求室温下为气体，或选用具有较高蒸气压的液体或固体等材料。在室温下蒸气压不高的材料也可以通过加热，使之具有较高的蒸气压。

(2) 气体的组成　气体成分是控制薄膜生长的主要因素之一。对于热解反应制备单质材料薄膜，气体的浓度控制关系到生长速率。例如，采用SiH_4热分解反应制备多晶硅，700℃时可获得最大的生长速率。加入稀释气体氧，可阻止热解反应，使最大生长速率的温度升高到850℃左右。当制备氧化物和氮化物薄膜时，必须适当过量附加O_2及NH_3气体，才能保证反应进行。用氢还原的卤化物气体，由于反应的生成物中有强酸，其浓度控制不好，非但不能成膜，反而会出现腐蚀。可见，当H_2浓度较高时，后两种反应会显露出来，以致使Si的成膜速率降低，甚至为零。

(3) 压力　CVD制膜可采用封管法、开管法和减压法三种。其中封管法是在石英玻璃管内预先放置好材料以使生成一定的薄膜。开管法是用气源气体向反应器内吹送成膜材料，保持在一个大气压的条件下成膜。由于气源充足，薄膜成长速率较大，但缺点是成膜的均匀性较差。减压法又称为低压CVD，在减压条件下，随着气体供给量的增加，薄膜的生长速率也增加。

(4) 温度　温度是影响CVD的主要因素。一般而言，随着温度升高，薄膜生长速率也随之增加，但在一定温度后，生长即增加缓慢。通常要根据原料气体成分及形膜要求设置CVD温度。CVD温度大致分为低温、中温和高温三类。其中低温反应一般需要物理激励，如表7-1所示。

表7-1　CVD膜形成温度范围

成长温度		反应系统	薄膜
低温	室温～200℃	紫外线激励CVD	SiO_2、Si_3N_4
	～400℃	等离子体激励CVD	SiO_2、Si_3N_4
	～500℃	SiH_4-O_2	SiO_2
中温	～800℃	SiH_4-NH_3	Si_3H_4
		SiH_4-CO_2-H_2	SiC_2
		$SiCl_4$-CO_2-H_5	SiC_2
		SiH_2Cl_2-NH_3	Si_3N_4
		SiH_4	多晶硅
高温	～1200℃	SiH_4-H_2	Si外延生长
		$SiCl_4$-H_2	
		SiH_2Cl-H_2	

7.3.4 CVD设备

CVD设备一段分为反应室、加热系统、气体控制和排气系统等四个部分，下面分别作简要介绍。

(1) 气相反应室　反应室设计的核心问题是使制得的薄膜尽可能均匀。由于CVD反应是在基片的表面进行的，所以也必须考虑如何控制气相中的反应，及对基片表面能充分供给反应气。此外，反应生成物还必须能方便放出。表7-2列出了各种CVD装置的反应室。

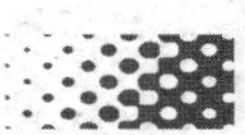

表 7-2　各种 CVD 装置形式

形式	加热方法	温度范围/℃	原理简图
水平型	板状加热方式	约 500	
	感应加热 红外辐射加热	约 1200	
垂直型	板状加热方式	约 500	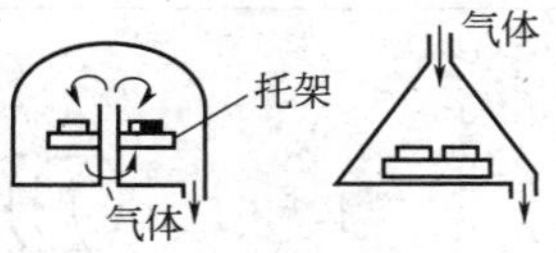
	感应加热	约 1200	
圆筒型	诱导加热 红外辐射加热	约 1200	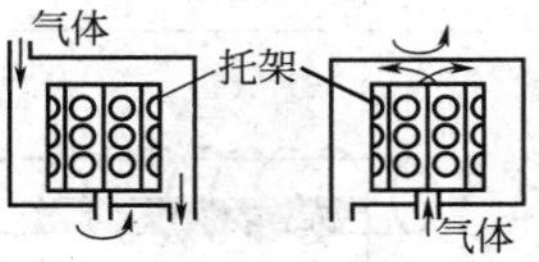
连绕型	板状加热方法 红外辐射加热	约 500	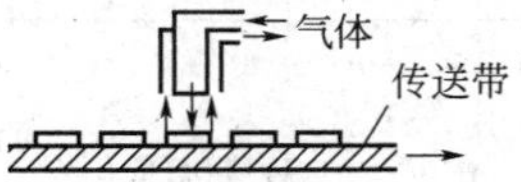
管状炉型	电阻加热 (管式炉)	约 1000	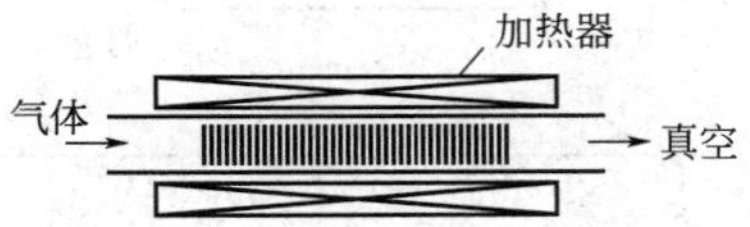

从表 7-2 可以看出，气相反应室有水平型、垂直型、圆筒型等几种。其中，水平型的生产量较高，但沿气流方向膜厚及浓度分布不太均匀；垂直型生产的膜均匀性好，但产量不高；后来开发的圆筒状则兼顾了二者的优点。

(2) 加热方法　CVD 基片的加热方法一段有表 7-3 的四类，常用的加热方法是电阻加热和感应加热。其中高频感应加热一般是将基片放置在石墨架上，感应加热仅加热石墨，使基片保持与石墨同一温度。红外辐射加热是近年来发展起来的一种加热方法，采用聚焦加热可以进一步强化热效应，使基片或托架局部迅速加热。激光束加热是一种非常有特色的加热方法，其特点是在基片上微小的局部使温度迅速升高，通过移动束斑来实现连续扫描加热。

(3) 气体控制系统　在 CVD 反应体系中使用了多种气体，如原料气、氧化剂、还原剂、载气剂。为了制备优质薄膜，各种气体的配比应予以精确控制。目前使用的监控元件主要有质量流量计和针形阀。

(4) 排气处理系统　CVD 反应气体大多有毒性或强烈的腐蚀性，因此需要经过处理才可以排故。通常采用冷吸收，或通过淋水水洗，经过中和反应后排出。随着全球环境恶化，排气处理系统在先进 CVD 设备中已成为一个非常重要的组成部分。

表 7-3 CVD 装置的加热方法

加热方法	原理图	应用
电阻加热	板状加热方式 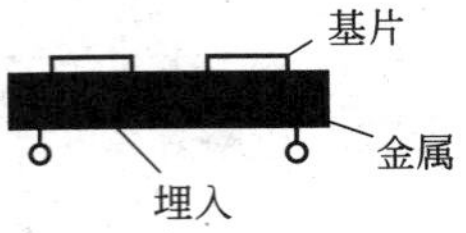 	低于 500℃时的绝缘膜,等离子体
	管状炉 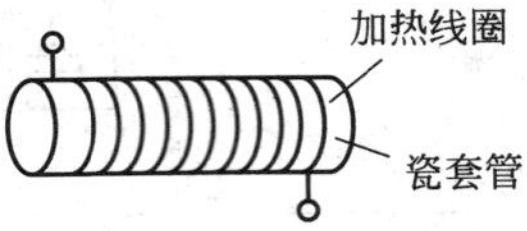 	各种绝缘膜,多线(低压 CVD)
高频感应加热	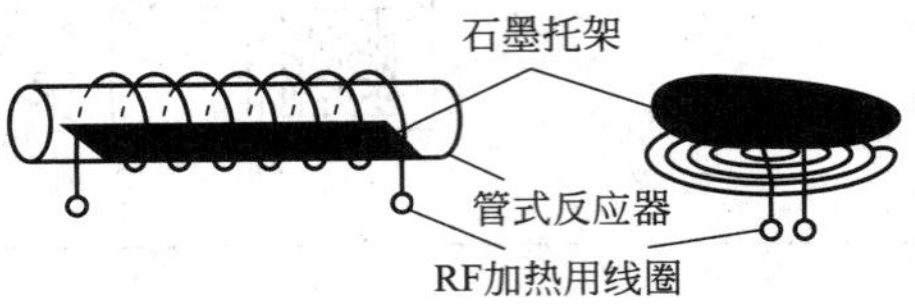	硅膜及其他
红外辐射加热(用灯加热)	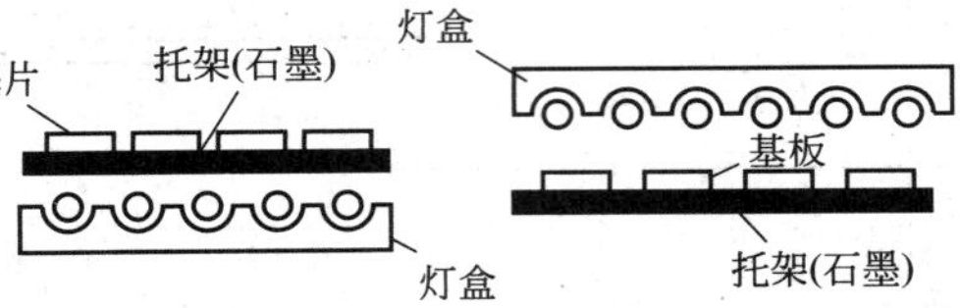	硅膜及其他
激光束加热		选择性 CVD

7.3.5 CVD 装置

(1) 流通式 CVD　此类系统在反应过程中存在气体的流入与排出。普通流通式 CVD 多在常压下进行，基本组成为：气体净化系统、气体测量与控制系统、反应器、尾气处理系统和抽真空系统。特点是：①能连续进行反应气供应和气态产物的排放，反应始终处于非平衡状态；②常以不参与反应的惰性气体为载体实现输运气态反应产物，可连续排出反应区；③反应进行的气压条件一般为 1atm（101325Pa）左右。

(2) 封闭式 CVD　反应物、衬底及输运气体事先置入反应器，在反应进行过程中，反应器封闭，与外界无质量交换。反应器内存在两个不同的温区，物料由温度梯度推动，从反应器一端向另一端传递并沉积成膜。反应器内的反应平衡常数接近于 1，反应器为热壁式。封闭式 CVD 的特点是：反应器内真空度的保持不需连续抽气，反应物尤其是生成物不易被外界污染；可用于高蒸气压物质的沉积；材料生长速率小，生产成本因反应器不能多次使用而较高。

(3) 常压 CVD　反应器内压强近于大气压，其他条件与一般 CVD 相同，有流通式、封闭式两种反应器。两种常压 CVD 反应器的比较见表 7-4，多用于半导体集成电路制造。

表 7-4　两种常压 CVD 反应器的比较

反应器	特点
流通式常压反应器	沉积工艺参数容易控制，重复性好，适于批量生产，反应始终处于非平衡状态，废气能及时排出系统
封闭式常压反应器	外界气氛污染少，原料转化率高，但对温度、压力需严格控制，不适于批量生产

(4) 低压 CVD　低压 CVD 的工作气压为 10～1000Pa，其特点是：a. 反应温度比常压 CVD 低；b. 载气用量少；c. 反应气体/载气比高；d. 低压有利于反应器加快反应及向衬底的扩散速率，因而生长速率大；e. 膜厚的均匀性比常压高，膜的质量高。

低压 CVD 整个系统由气体的控制与测量、反应室、真空油气系统 3 个子系统组成。低压 CVD 与常压 CVD 的性能比较如表 7-5 所示。

表 7-5　LPCVD（低压 CVD）与 NPCVD（常压 CVD）产品性能的比较

指标	LPCVD	NPCVD
质量	均匀性好，稳定	均匀性差，不稳定
温度/℃	高温：600～700；低温：<450	高温：600～1200；低温：200～500
生产效率	10	1
经济效益	生产成本降到 NPCVD 的 1/5 左右	1
操作	方便，简单	烦琐
氧化物杂层	无	有
单片均匀性	±(3～5)%	±(8～10)%
片与片均匀性	±5%	±10%
批与批均匀性	<±8%	无法测量
晶粒结构	细而致密（≤0.1μm）	颗粒疏松
表面位错密度	$\leqslant 6.5\times10^{14}cm^{-2}$	$10^{10}\sim10^{12}cm^{-2}$

(5) 等离子体 CVD　在气体放电电离中，当电离产生的带电离子密度达一定数值时，物质状态发生变化，产生新的物质状态，即等离子体。它有几个特性，首先是宏观电中性，等离子体内部正负电荷相等；其次，它是一种导电流体。等离子体的组成粒子有电子、离子、原子、分子及自由基。

将等离子体引入 CVD 技术是 20 世纪 70 年代才发展起来的新工艺。利用气体放电产生等离子体，其高温高能的电子与分子、原子碰撞，可以使分子、原子在低温下即成为激发态，实现原子间在低温下的化合。

7.4　三束技术与薄膜制备

7.4.1　分子束外延

分子束外延（MBE）是在真空蒸发技术基础上改进而来的。在超高真空下，将各组成元素的分子束流以一个个分子的形式喷射到衬底表面，在适当的衬底温度等条件下外延沉积，如图 7-17 所示。其优点是可以生长极薄的单晶层，可以用于制备超晶格、量子点等，在固态微波器件、光电器件、超大规模集成电路等领域广泛应用。

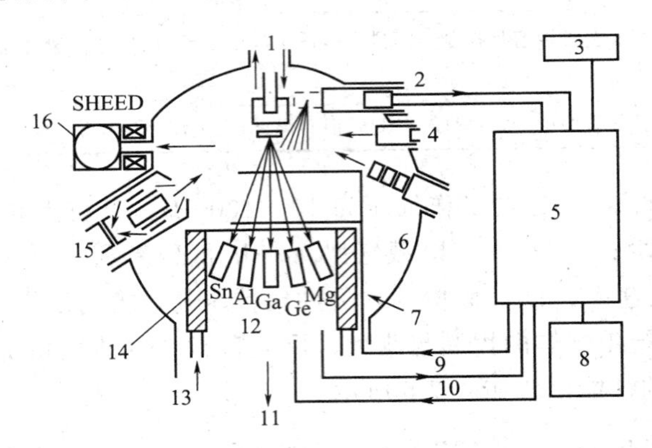

图 7-17 分子束外延（MBE）装置示意图

1—衬底架与加热器；2—四极质谱仪；3—打印机；4—电子枪；5—控制用计算机；6—离子溅射源；7—挡板开关；8—显示器；9—热电偶；10—加热器供电；11—超高真空泵；12—蒸发器；13—液氮冷却；14—蒸发室；15—俄歇谱仪；16—反射电子衍射

MBE 的特点为：在超高真空下生长，薄膜所受污染小，膜生长过程和生长速率严格可控，膜的组分和掺杂浓度可通过源的变化迅速调整；生长速率低，可实现单原子层的控制生长；衬底温度低。

7.4.2 激光辐照分子外延

(1) 激光分子束外延的基本原理　分子束外延（MBE）已有多年的研究历史。外延成膜过程在超高真空中实现束源流的原位单原子层外延生长，分子束由加热束源得到。然而，早期的分子束外延不易得到高熔点分子束，并且在低的分压下也不适合制备高熔点氧化物、超导薄膜、铁电薄膜、光学晶体及有机分子薄膜。

1983 年，J. T. Cheng 首先提出激光束外延概念，即将 MBE 系统中束源炉改换成激光靶，采用激光束辐照靶材，从而实现了激光辐照分子束外延生长。1991 年，日本 M. Kanai 等人提出了改进的激光分子束外延技术（L-MBE），是薄膜研究中重大突破。

图 7-18 是计算机控制的激光分子束外延系统示意。系统的主体是一个配有反射式高能电子衍射仪（RHEED）、四极质谱仪和石英晶体测厚仪等原位监测的超高真空室（10^{-6} Pa）。脉冲激光源为准分子激光器，其脉冲宽度约 20～40ns，重复频率 2～30Hz，脉冲能量大于 200mJ。真空室由生长室、进样室、涡轮分子泵、离子泵、升华泵等组成。生长室配有可旋转的靶托架和基片加热器。进样室内配有样品传递装置。靶托架上有 4 个靶盒，可根据需要随时换靶。加热器能使基片表面温度达到 850～900℃。整个 L-MBE 系统均可由计算机精确控制，并可实时进行数据采集与处理。

(2) L-MBE 生长薄膜的基本过程　L-MBE 生长薄膜的基本过程是，一束强激光脉冲通过光学窗口进入生长室，入射到靶上，使靶材局部瞬间加热。当入射激光能量密度为 1～5J/cm^2时，靶面上局部温度可达 700～3200K，从而使靶面融熔蒸发出含有靶材成分的原

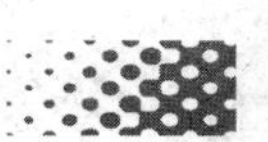

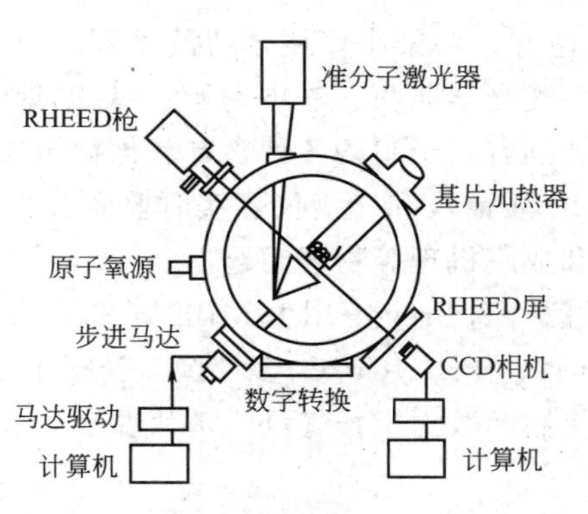

图 7-18 激光分子束外延系统示意

子、分子或分子团簇；这些原子、分子、分子团簇由于进一步吸收激光能量而立即形成等离子体羽辉。通常，羽辉中物质以极快的速度（约 10^5 cm/s）沿靶面法线射向基片表面并沉积成膜，通过 RHEED 等的实时监测，实现在原子层或原胞层尺度精确控制膜层外延生长。若改换靶材、重复上述过程，就可以在同一基片上周期性地沉积成膜或超晶格。对不同的膜系，可通过适当选择激光波长、光脉冲重复频率与能量密度、反应气体的气压、基片的温度和基片与靶材的距离等，得到合适的沉积速率及成膜条件，辅以恰当的热处理，则可以制备出高质量的外延薄膜。

（3）L-MBE 生长薄膜的机理　L-MBE 方法的本质是在分子束外延条件下实现激光蒸镀，即在较低的气体分压下使激光羽辉中的物质的平均自由程远大于靶与基片的距离，实现激光分子束外延生长薄膜。目前，日本、美国等先进国家已开始对 L-MBE 方法成膜机理进行研究。

高质量的 L-MBE 膜的主要特征是它们的单相性、表面平滑性和界面完整性。这“三性”在很大程度上决定了外延薄膜的结构，也影响薄膜的性能。采用多种分析手段原位监测薄膜的生长过程，精确控制薄膜以原子层尺度外延，有利于对形膜动态机理进行研究。目前的研究结果表明，RHEED 条纹图案的清晰和尖锐程度反映了簇层表面的平滑性，条纹越清晰、尖锐，则膜层的表面越平滑。形膜过程中，基片温度、工作气压、沉积速率和基片表面的平整度等都能影响外延膜表面的平滑性。已经发现，在有些外延生长中 RHEED 强度随时间呈周期性振荡，表明膜系中存在原胞层的逐层生长结构，并且随着沉积膜厚的增加，膜的粗糙度增加。此外，RHEED 强度振荡也向人们暗示，成膜过程中存在晶格再造过程，即经过形核和表面扩散，膜层有从粗糙到平坦转变的生长过程。如果能结合成膜过程对激光羽辉物质进行实时光谱、质谱和物质粒子飞行速度与动能分布监测分析，将会更加深入地了解成膜的动态机理。

（4）L-MBE 方法的技术特点　L-MBE 方法集中了 MBE 和 PVD 方法的优点，具有很大的技术优势，综合分析，有以下技术特点：

① 可以原位生长与靶材成分相同的化学计量比的薄膜，即使靶材成分比较复杂，如果靶材包含 4 种、5 种或更多的元素，只要能形成致密的靶材，就能够制成高质量的 L-MBE 薄膜。

② 可以实时原位精确控制原子层或原胞层尺度的外延膜生长，适合于进行薄膜生长的人工设计和剪裁，从而有利于发展功能性的多层膜、超晶格。

③ 由于激光羽辉的方向性好，污染小，便于清洗处理，更适合在同一台设备上制备多种材料薄膜，如超导薄膜、各类光学薄膜、铁电薄膜、铁磁薄膜、金属薄膜、半导体薄膜，甚至是有机高分子薄膜等，特别有利于制备各种含有氧化物结构的薄膜。

④ 由于系统配有 RHEED 质谱仪和光谱仪等实时监测分析仪器，便于深入研究激光与物质的相互作用动力学过程和成膜机理等物理问题。

（5）L-MBE 方法应用举例　T. Frey 等用 L-MBE 方法在 $SiTiO_3$ 基片上以原胞层的精度制备了 $PrBa_2Cu_3O_7/YBa_2Cu_3O_7/PrBa_2Cu_3O_7$ 多层膜，获得了零电阻温度为 $T_c=86K$ 的高温超导多层薄膜。主要工艺控制参数为生长气氛、基片温度、激光的热温度等。表 7-6 是典型的参考工艺条件。

表 7-6　L-MBE 方法制备超导多层膜的工艺参数

基片温度/℃	激光加热温度/℃	氧分压/Pa
730～750	2000～3000	10^{-8}

7.4.3　准分子激光蒸发镀膜方法

7.4.3.1　蒸镀原理及典型工艺

准分子激光频率处于紫外波段，许多材料，如金属、氧化物、陶瓷、玻璃、高分子、塑料等都可以吸收这一频率的激光。1987 年，美国贝尔实验室用准分子激光蒸发技术沉积高温超导薄膜。其原理类似于电子束蒸发法。主要区别是用激光束加热靶材。图 7-19 为准分子激光蒸发沉积系统示意，系统主要包括准分子激光器、高真空腔、涡轮分子泵。

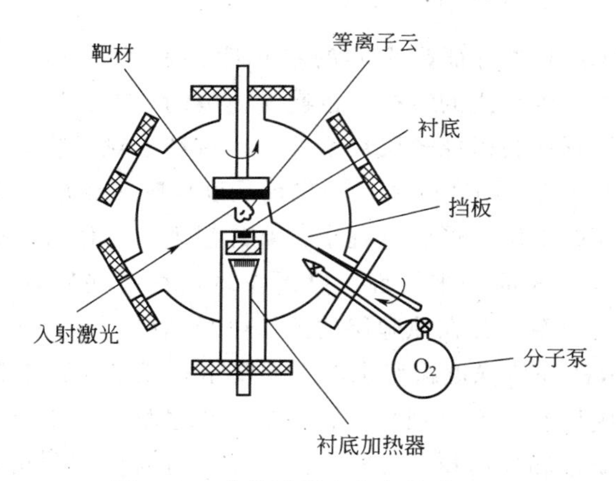

图 7-19　准分子激光蒸发镀膜原理

准分子激光蒸镀主要过程是，激光束通过石英窗口入射到靶材表面，由于吸收能量，靶表面的温度在极短时间内升高到沸点以上，大量原子从靶面蒸发出来，以很高的速度直接喷射于衬底上凝结成膜。利用准分子激光蒸镀可以制备 $YBa_2Cu_3O_{7-x}$ 高温超导薄膜。

7.4.3.2　准分子激光蒸镀的工艺特点

准分子激光蒸镀与传统的热蒸发和电子束蒸发相比具有许多优点，归纳起来有以下几点。

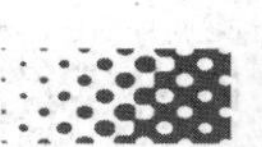

① 激光辐照靶面时，只要入射激光的能量超过一定阈值，靶上各种元素都具有相同的脱出率，也就是说薄膜的组分与靶材一致，从而克服了多元化合物镀膜时成分不易控制的难点。

② 蒸发粒子中含有大量处于激发态和电离态的原子、分子，基本上以等离子体的形式射向衬底。从靶面飞出的粒子具有很高的前向速度（约 3×10^5cm/s），大大增强了薄膜生长过程中原子之间的结合力，特别是氧原子的结合力。

③ 在激光蒸发过程中，粒子的空间分布与传统的热蒸发不同。激光蒸镀中，绝大多数粒子都具有前向速度，即沿靶面的法线方向运动，与激光束入射角无关，所以只要衬底位于靶的正前方，就能得到组分正确且均匀的薄膜。

④ 激光蒸镀温度较高，而且能量集中，沉积速率快，通常情况下每秒沉积数纳米薄膜。

⑤ 由于在激光蒸发过程中，各种元素主要以活性离子的形式射向衬底，所以生长出的薄膜表面光洁度高。

7.4.3.3　准分子激光蒸发的动力学过程

虽然准分子激光蒸发镀膜技术已被广泛用于制备高温超导薄膜，但对其成膜机理还没有完全了解。事实上激光蒸镀的成膜机理远比人们想象的要复杂。下面从动力学过程简要介绍激光蒸镀的机理。

（1）激光束与靶的相互作用　光辐照靶面时产生的热效应，主要是由光子与靶材中的载流子的相互作用引起的。

靶表面在准分子激光辐照下迅速加热，从靶面喷出的原子、分子由于进一步吸收激光能量会立即转变为等离子体。靶面附近产生的高压使处于激发态和电离态的原子、分子以极快的速度沿靶面法线方向向前运动，形成火焰状的等离子体云。如果靶是半导体、绝缘体或陶瓷，则激光的吸收取决于束线载流子。当激光光子能量大于靶材某带宽度时，同样有强吸收作用。此时，在激光辐射作用下，价电子跃迁到导带，自由光电子浓度逐渐增大，并将其能量迅速传递给晶格。

（2）高温等离子体的形成　当入射激光能量被靶面吸收时，温度可达 2000K 以上。从靶面蒸发出的粒子中有中性原子、大量的电子和离子，在靶面法线方向喷射出火焰。可以把准分子激光的蒸发过程在脉冲持续时间内看成是一个准静态的动力学过程。由于靶表面的加热层很薄，所含热量也只占整个入射激光脉冲能量很小一部分，因此认为入射激光能量全部用于靶物质的蒸发、电离或加速过程。若入射激光能量密度超过蒸发阈值，蒸发温度可以相当高，足以使更多的原子被激发和电离，导致等离子体进一步升温。但这种效应并不能无限制地进行下去，因为等离子体吸收的能量越多，入射到靶上的激光能量就越少，从而使蒸发率降低。这两种动态平衡决定了整个过程的动力学特征。此外，等离子体吸收能量后，会以很高的速度向前推移膨胀，其密度也随离开靶面的距离增加而急剧下降，最终将达到自匹配的准静态分布。这种过程可以用热扩散和气体动力学中的欧拉方程来描述。

（3）等离子体的绝热膨胀过程　当激光脉冲停止后，蒸发粒子的数目将不再增加，也不能连续吸收能量。此时蒸发粒子的运动可以看做是高温等离子体的绝热膨胀过程。实验发现，在膨胀过程中，等离子体的温度有所下降。由于各种离子的复合又会释放能量，所以等离子体温度下降并不剧烈。当各种原子、分子和离子喷射到加热衬底表面时，仍具有较大的动能，使得原子在衬底表面迁移并进入晶格位置。

7.4.4 等离子体法制膜技术

7.4.4.1 等离子体增强化学气相沉积薄膜

20世纪70年代末至80年代初，低温低压下化学气相沉积金刚石薄膜获得突破性进展。最初，原苏联科学家发现在由碳化氢和氢的混合气体在低温、低压下沉积金刚石的过程中，若利用气体激活技术（如催化、电荷放电或热丝等），则可以产生高浓度的原子氢，从而可以有效抑制石墨的沉积，导致金刚石薄膜沉积速率提高。此后，日、英和美等国广泛开展了化学气相沉积金刚石薄膜技术和应用研究。目前，已发展了高频等离子体增强CVD、直流等离子体辅助CVD、热丝辅助CVD和燃烧焰法等金刚石膜的沉积技术。

（1）高频等离子体增强CVD技术　产生的等离子体激发或分解碳化氢和氢的混合物，从而完成沉积。图7-20（a）给出的是微波产生的筒状CVD系统。在这种技术中，短形波导将微波限制在发生器与薄膜生长之间，衬底被微波辐射和等离子体加热。图7-20（b）给出的是钟罩式微波等离子体增强CVD系统。该设备中增加了圆柱状对称谐振腔，能独立对衬底进行温度控制，具有均匀和大面积沉积等特点。

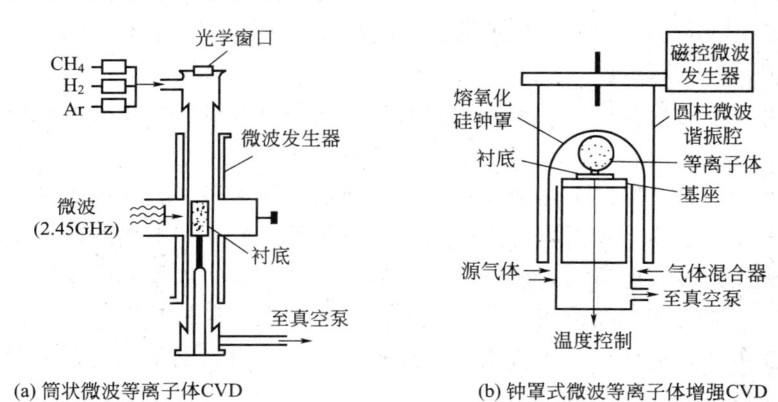

(a) 筒状微波等离子体CVD　　(b) 钟罩式微波等离子体增强CVD

图7-20　等离子体增强CVD系统原理

（2）直流等离子体辅助CVD技术　直流等离子体喷射沉积也是近年来发展起来的一种CVD制膜技术。在这种技术中，由于碳化氢和氢气的混合物先进入圆柱状的两电极之间，电极中快速膨胀的气体由喷嘴直接喷向衬底，因而可以得到较高的沉积速率。图7-21所示的是直流等离子体喷射CVD的原理，表7-7所示的是典型的工艺参数。

表7-7　直流等离子体辅助CVD典型的工艺参数

等离子体源	等离子体温度/℃	衬底温度/℃	混合气体CH_4体积分数φ/%	薄膜生长速率/(μm/h)
H_2	2000～3000	800～1100	0.1～2	1～5

7.4.4.2 微波等离子体辅助物理气相沉积法制膜

一般的蒸发镀膜原理是在真空室中加热膜料使之汽化，然后汽化原子直接沉积到基片。这种工艺最大的缺点是膜层的附着力低，致密性很差。而采用弱等离子体介入蒸发镀膜，附着力和致密性都有很大改善，但仍然不能满足技术发展的要求。后来，有人研究开发了微波

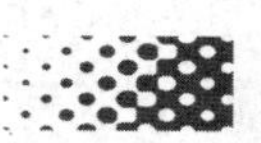

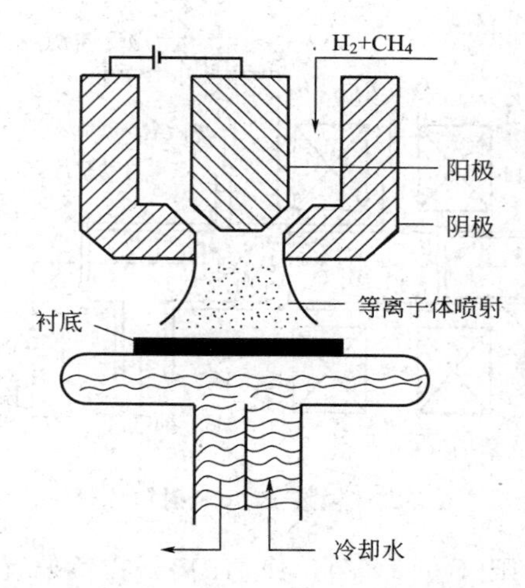

图 7-21　直流等离子体喷射 CVD

电子回旋共振（ECR）等离子体蒸发镀膜装置来实现蒸发镀，如图 7-22 所示。

微波电子回旋共振等离子体辅助物理气相沉积的主要过程是：一台磁控管发射机将 0～2kW 的微波功率通过标准波导管传输至磁镜的端部，经聚四氟乙烯窗口入射至真空室中。在适当磁场下，波与自由电子共振，被电子加速，自由电子与充入真空室的 Ar 气原子碰撞，形成高密度等离子体。待蒸镀的膜料通过加热蒸发汽化，进入 ECB 放电区，形成含膜料成分的等离子体。膜料离子被磁力线约束，在基片电压的作用下打上基片，形成被镀膜层。

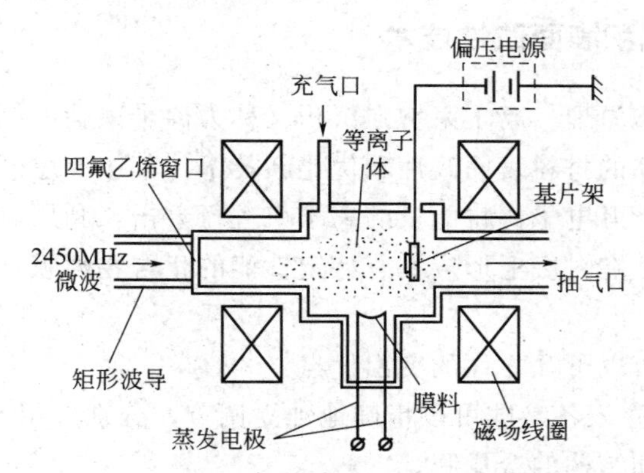

图 7-22　微波电子回旋共振（ECR）蒸发镀膜原理

7.4.4.3　微波电子回旋共振等离子体溅射镀

蒸发镀膜具有一定的局限性，难以用于高熔点、低蒸气压材料和化合物薄膜的制作，溅射镀刚好弥补了蒸发镀的缺点。但是传统溅射镀技术仍存在不足之处，即在薄膜形成过程中，反应所需能量不能被恰当地选择和控制。特别是在金属和化合物薄膜形成过程中，经典溅射膜层形成速率慢。基于此，中国科学院等离子体物理研究所阮兆杏等开发了微波电子回旋共振等离子体溅射镀新技术，实验系统见图 7-23。该技术的基本过程如下：微波由矩形波导管输入，经石英窗口入射到作为微波共振腔的等离子体室，其周围的磁场线圈提供了 ECR 共振所需的磁场，使等离子体能在约 0.05Pa 气压下有效地吸收微波能量。溅射靶放置在等离子体流的引出口。在等离子室内充 Ar 气，在样品室内充反应气体（O_2、N_2、CH_4

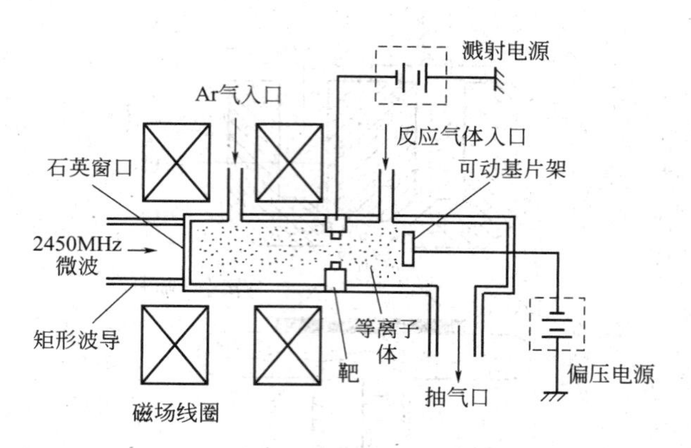

图 7-23 微波 ECR 溅射镀原理

等），在溅射靶上加负偏置高压（0～1kV），使 Ar 离子在负偏置压的作用下轰击在靶上产生溅射。溅射出来的靶原子进入等离子体中，被做回旋运动的电子碰撞电离。离子在磁场的约束下，受到基片电场的加速，被吸收到基片表面。而 Ar 也同样以离子态打到基片。由于较高的电离度和离子轰击效应，增强了溅射和薄膜形成中的反应，因而该技术可以在低温下成膜，而且薄膜的性能远优于其他溅射和蒸发镀。

通过调整工艺参数，如磁场位形、总气压、氩气压与氧压的比例、微波功率、共振面位置、靶和基片之间的距离、靶压、靶流、基片自悬浮电位和靶成分，可以研究薄膜的性能和薄膜的表观质量。

7.4.5 离子束增强沉积表面改性技术

（1）离子束增强沉积原理　离子束增强沉积又称为离子束辅助沉积，是一种将离子注入和薄膜沉积两者融为一体的材料表面改性和优化新技术。其主要思想是在衬底材料上沉积薄膜的同时，用十万到几十万电子伏特能量的离子束进行轰击，利用沉积原子和注入离子间一系列的物理和化学作用，在衬底上形成具有特定性能的化合物薄膜，从而达到提高膜强度和改善膜性能的目的。

离子束增强沉积具有以下几方面的突出优点。

① 原子沉积和离子注入各参数可以精确地独立调节，分别选用不同的沉积和注入元素，可以获得多种不同组分和结构的合成膜；

② 可以在较低的轰击能量下，连续生长数微米厚的组分均一的薄膜；

③ 可以在常温下生长各种薄膜，避免了高温处理时材料及精密工件尺寸的影响；

④ 薄膜生长时，在膜和衬底界面形成连续的混合层，使附着力大大增强。

（2）离子束增强沉积的设备及应用　从工作方式来划分，离子束增强沉积可分为动态混合和静态混合两种方式。前者是指在沉积同时，伴随一定能量和束流的离子束轰击，进行薄膜生长；后者是先沉积一层数纳米厚的薄膜，然后再进行离子轰击，如此重复多次生长薄膜。目前较多采用低能离子束增强沉积，通过选择不同的沉积材料、轰击离子、轰击能量、离子/原子比率、不同的衬底温度及靶室真空度等参数，可以得到多种不同结构和组分的薄膜。离子束增强沉积材料表面改性和优化技术在许多领域已得到应用，使得原材料表面性能得到很大程度的改善。

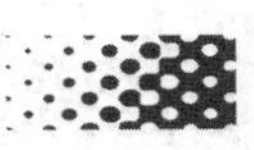

7.5 液相反应沉积

通过液相中进行的反应而沉积薄膜的方法为液相反应沉积。有多种液相反应沉积工艺。

7.5.1 液相外延技术

指从饱和溶液中，在单晶衬底上生长外延层的成膜方法。液相外延技术有倾斜法、浸渍法等多种方法。

液相外延的优点是：生产设备简单；外延膜纯度高，生长速率快；重复性好，组分、厚度可精确控制，外延层位错密度比衬底低；操作安全，无有害气体。但对薄膜与衬底的晶格常数匹配要求较高。

7.5.2 化学镀

利用还原剂，在镀层物质的溶液中进行化学还原反应，在镀件的固液两相界面上析出和沉积得到镀层。溶液中的金属离子被镀层表面催化，并因不断还原而沉积于衬底表面。化学镀中还原剂的电位比金属的电离电位低些。化学镀中常要求有自催化反应发生，即自催化化学镀。其特点是：可在复杂的镀件表面形成均匀的镀层；不需要导电电极；通过敏化处理活化，可直接在塑料、陶瓷、玻璃等非导体上镀膜；镀层孔隙率低；镀层具有特殊的物理、化学性质。

7.5.3 电化学沉积

（1）阳极氧化法　Al、Ti、V 等金属或合金在适当的电解液中作阳极，以石墨或金属本身作阴极，加一直流电压，阳极金属表面会形成稳定的氧化物薄膜，此过程称阳极氧化，这种镀膜方法称阳极氧化法。反应原理为：

金属的氧化　$$M+nH_2O \longrightarrow MO_n+2nH^{+}+2ne^{-} \quad (7\text{-}14)$$

金属的溶解　$$M \longrightarrow M^{2n+}+2ne^{-} \quad (7\text{-}15)$$

氧化物的溶解　$$MO_n+2nH^{+} \longrightarrow M^{2n+}+nH_2O \quad (7\text{-}16)$$

外加电场对薄膜的持续生长是必需的。

（2）电镀　电镀是利用电解反应，在处于负极的衬底上进行镀膜的方法，又称湿式镀膜技术。电镀时所用的电解液称电镀液，有单盐和络盐两类。单盐使用安全，价格便宜，但膜层粗糙；络盐价格贵，毒性大，但膜层致密。

7.5.4 溶胶-凝胶法

用适当的溶剂将无机材料或高分子聚合物溶解，制成均质溶液，将干净的玻璃片或其他基片插入溶液，滴数滴溶液在基片上，用离心甩胶等方法涂覆于基体表面形成胶体膜，然后进行干燥处理，除去溶剂制得固体薄膜。这一制膜方法，称溶胶-凝胶法。它的优点有：成膜结构均匀，成分和膜厚易控制，能制备较大面积的膜，生产成本低，设备简单、周期短，易于工业化生产。应用广泛，是目前制备玻璃、氧化物、陶瓷及其他一些无机材料薄膜或纳米粉体的行之有效的方法之一。此方法在氧化物敏感膜或功能陶瓷薄膜的制备领域中占重要地位。其缺点是对某些高分子材料难以选取适当的溶剂，并因在空气中操作，易受氧的污染。

7.5.4.1 溶胶-凝胶薄膜制备的原理

将金属醇盐或金属无机盐溶于溶剂（水或有机溶剂）中形成均匀的溶液，再加入各种添加剂，如催化剂、水、络合剂或螯合剂等，在合适的环境温度、湿度条件下，通过强烈搅拌，使之发生水解和缩聚反应，制得所需溶胶。在由溶胶转变为凝胶过程中，由于溶剂的迅速蒸发和聚合物粒子在溶剂中的溶解度不同，导致部分小粒子溶解，大粒子平均尺寸增加。同时，胶体粒子逐渐聚集长大为粒子簇，粒子簇经相互碰撞，最后相互联结成三维网络结构，从而完成由溶胶膜向凝胶膜的转化，即膜的胶凝化过程。

7.5.4.2 溶胶-凝胶薄膜质量的影响因素

用溶胶-凝腔技术制备薄膜的过程分为溶胶的配制、凝胶的形成和薄膜的热处理 3 个阶段。每一个阶段对薄膜的质量都有重要影响。

（1）溶胶的制备及其稳定性　在用金属醇盐水解配制的溶胶中，反应的条件，如水和醇盐的摩尔比、溶剂类型、温度、催化剂、螯合剂和 pH 值（酸、碱催化剂的浓度）等都对溶胶的质量有很大的影响。由于溶胶中的金属醇盐浓度和加水量是影响溶胶质量的主要因素，因而必须对其严格控制。通常，要求涂膜溶胶黏度较小，稳定性较好，所以多采用较稀的溶胶，其浓度一般都低于 0.6mol/L。当溶胶中的加水量较多时，醇盐水解加快，胶凝速率增大，常常导致膜的表面质量不均匀甚至难以涂膜。因此，在配制溶胶时往往只加入少量的水，以控制溶胶在较长的时间内稳定。由于薄膜的制备往往需要多次反复的涂膜，为了保证在重复涂膜过程中薄膜厚度的均匀性，必须要求溶胶的胶凝速度较缓慢。而溶胶胶凝速度的一个重要指标就是溶胶黏度的变化，所以通过控制溶胶的黏度，可以制备均匀的薄膜。

（2）凝胶膜均匀性的控制　溶胶-凝胶薄膜的制备方法有浸渍提拉法、旋转镀膜法、喷涂法、简单刷涂法和倾斜基片法等，其中最常用的是浸渍提拉法和旋转镀膜法。在浸渍提拉法中，为了制备均匀薄膜，必须根据溶胶黏度的不同，选择不同的提拉速度。在提拉过程中，要求提拉速度稳定，同时基体在上升过程中，基体和溶胶液面不能抖动，否则会造成薄膜厚度不均匀，薄膜出现彩虹现象，这也是实际生产中影响薄膜质量的主要原因。在用浸渍提拉法涂膜过程中，提拉速度是影响膜厚的关键因素。在较低的提拉速度下，湿液膜中线型聚合物分子有较多时间使分子取向排列平行于提拉方向，这样聚合物分子对液体回流的阻力较小，即聚合物分子形态对湿膜厚度影响较小，因此形成的膜较薄。对于较快的提拉速度，由于湿液膜中线型聚合物分子的取向来不及平行于提拉方向，一定程度上阻碍了液体的回流。因而此时形成的膜较厚，薄膜质量较差，有时甚至产生裂纹和脱落现象。旋转镀膜法的速度控制一般根据溶胶中醇盐的浓度而定，当浓度为 0.25～0.5mol/L 时，通常用 2000～4000r/m 的旋转速度就可以获得均匀的薄膜，但旋转镀膜法不太适用于大面积镀膜。

（3）热处理制度的控制　典型的溶胶-凝胶膜（如 SiO_2、Al_2O_3、$BaTiO_3$ 的玻璃膜和陶瓷膜）通常是由溶解于水或醇的金属醇盐制得。在浸渍提拉法中，随基体的提升，基体表面吸附一层溶胶膜，由于水和有机溶剂的挥发，溶胶膜迅速转为凝胶膜，此时膜与基体间的相互作用力很弱。在热处理过程中，基体与凝胶膜间可通过桥氧形成化学键，使其相互作用大

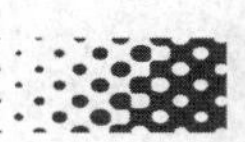

大加强。

在热处理过程中，如果温度太高，则薄膜中的某些元素会挥发，使形成的薄膜的成分偏离了原来计算的化学计量式，这影响到薄膜的性能。通常高质量的薄膜必须有精确的化学计量式，因而在热处理中用较低的温度来制备高质量的薄膜，一直是人们追求的目标。同时，低热处理温度可以减小由于各层膜（多层膜）的膨胀不同所造成的应力而带来的微裂纹和薄膜与基体间物质的相互扩散所造成的污染。薄膜在热处理过程中，随着水和有机溶剂不断挥发，由于存在毛细管张力，使凝胶内部产生应力，导致凝胶体积收缩。如果升温速度过快，则薄膜易产生微裂纹，甚至脱落。采用慢速升温和慢速冷却速率，可以减小微裂纹和内应力的产生，但这在实际生产中会影响生产效率，因此在实际生产中要确定一个最佳的升温和冷却速率。

7.5.4.3　溶胶-凝胶薄膜的应用

光学塑料具有质量轻、塑性好、价格低廉、易于加工成形等优点，已广泛用作建筑材料、装饰材料、灯具、挡风玻璃、透镜、眼镜等方面。然而，光学塑料却有着耐划伤性差的致命弱点，从而严重制约着光学塑料应用领域的扩展及其正常使用。溶胶-凝胶技术是一种湿化学反应方法，具有操作温度低、成分纯净、反应过程易于控制、溶胶易于成膜等优点，因而非常适于在塑料表面制备有机改性膜。选用合适的前驱体，可以得到外表为无机涂层、中间为有机涂层的复合涂层，因而既满足抗划伤性的需要，同时又能兼顾涂层与基体之间的紧密结合，提高基体的机械强度。

7.5.4.4　溶胶-凝胶薄膜技术中存在的问题

虽然溶胶-凝胶薄膜已广泛应用于各个领域，但目前仍有诸多不利的因素制约着其发展。

① 尽管溶胶-凝胶技术简单，低温合成，但由于大多数溶胶-凝胶技术采用金属醇盐为前驱体，因而不仅产品的成本较高，而且醇的回收使技术设备投资增加，同时大量有机物的存在也使安全性问题更为突出。

② 虽然溶胶-凝胶技术易于在基体上大面积制备薄膜，但由于薄膜的均匀性受到诸多因素的影响，因而，如何更好地控制薄膜的均匀性仍是制膜中的关键性问题。

③ 溶胶-凝胶薄膜制备技术尽管在很多领域得到了广泛的应用，但每次涂膜得到的厚度一般都较薄，要得到较厚的薄膜需多次反复涂膜。

④ 对溶胶-凝胶过程的许多细节的理解还不全面，还需在反应机理、形核机理和产品质量的控制等方面进行深入研究。

参考文献

[1] 唐伟忠著．薄膜材料制备原理、技术及应用．北京：冶金工业出版社，2003.

[2] 田民波，李正操．薄膜技术与薄膜材料．北京：清华大学出版社，2011.

[3] 吴建生，张寿柏编．材料制备新技术．上海：上海交通大学出版社，1996.

[4] 徐洲，姚寿山．材料加工原理．北京：科学出版社，2003.

[5] 周美玲，谢建新，朱宝泉．材料工程基础．北京：北京工业大学出版社，2001.

1. 薄膜制备中需考虑的主要问题有哪些？
2. 简述物理气相沉积与化学气相沉积各有什么常用的制膜方法。
3. 真空蒸发镀膜方法常见的加热方式有哪些？
4. 分子束外延法（MBE）的特点是什么？
5. 简述磁控溅射法薄膜制备的原理。

第8章 纳米材料的制备

8.1 概述

纳米材料是指特征维度尺寸在1～100nm范围内的一类固体材料，包括晶态和准晶态的金属、陶瓷和复合材料等。由于极细的晶粒和大量处于晶界以及晶粒内缺陷中心的原子，纳米材料在物化性能上表现出与微米多晶材料巨大的差异，具有奇特的力学、电学、磁学、光学、热学及化学等诸方面的性能。纳米技术是一门崭新的、划时代的科学技术，从一定意义上说，纳米技术是21世纪经济发展的发动机。

8.1.1 纳米材料的分类及微观结构

(1) 纳米材料的分类

① 按维数分类　可分为3类。零维，指在空间三维尺度均为纳米尺度，如纳米尺度颗粒、原子团簇等。一维，指在空间有两维处于纳米尺度，如纳米丝、纳米棒、纳米管等。二维，指在三维空间中只有一维处于纳米尺度，如超薄膜、多层膜、超晶格等。

② 按照形态分类　一般分为4类。

a. 纳米颗粒型材料，指应用时直接使用纳米颗粒的形态。

b. 纳米固体材料，指由尺寸小于15nm的超微颗粒在高压力下压制成形，或再经一定热处理工序后所生成的致密型固体材料。

c. 颗粒膜材料，指将颗粒嵌于薄膜中所生成的复合薄膜。

d. 纳米磁性液体材料，是由超细微粒包覆一层有机表面活性剂，高度弥散于一定基液中，构成稳定的具有磁性的液体。

(2) 纳米材料的微观结构　纳米材料是微观结构至少在一维方向上受纳米尺度调制的各种固态材料。其晶粒或颗粒尺寸在1～100nm数量级，主要由纳米晶粒和晶粒界面两部分组成，其晶粒中原子的长程有序排列和无序界面成分组成后有大量的界面，晶界原子达15%～50%，且原子排列互不相同，界面周围的晶格原子结构互不相关，使得纳米材料成为介于晶态与非晶态之间的一种新的结构状态，可以利用TEM、X射线、中子衍射等方法对其进行表征。

纳米材料中的晶界结构非常复杂，它不但与材料的成分、键合类型、制备方法、成形条件以及所经历的过程等因素有关，而且在同一块材料中不同晶界之间也各有差异。因此，很难用一个统一的模型来描述纳米晶界的微观结构。

目前，对于纳米材料晶界的结构有3种假说：一是完全无序说，认为纳米晶粒间界具有较为开放的结构，原子排列具有随机性，原子间距较大，原子密度低，既无长程有序，又无短程有序；二是有序说，认为晶粒间界处含有短程有序的结构单元，晶粒间界处原子保持一定的有序度，通过阶梯式移动实现局部能量的最低状态；三是有序无序说，认为纳米材料晶界结构受晶粒取向和外场作用等一些因素的限制，在有序和无序之间变化。

8.1.2 纳米材料的特性

（1）小尺寸效应　当纳米微粒尺寸与光波的波长、传导电子的德布罗意波长以及超导态的相干长度或穿透深度等物理特征尺寸相当时，晶体周期性的边界条件将被破坏，声、光、力、热、电、磁、内压、化学活性等与普通粒子相比均有很大变化，这就是纳米粒子的小尺寸效应（也称体积效应）。如纳米微粒的熔点可以远低于块状金属，强磁性纳米颗粒（Fe-Co合金等）为单畴临界尺寸时，具有高矫顽力等。

（2）表面与界面效应　纳米微粒由于尺寸小，表面积大，表面能高，位于表面的原子占相当大的比例。这些表面原子处于严重的缺位状态，因此其活性极高，极不稳定，遇见其他原子时很快结合，使其稳定化。这种活性就是表面效应。纳米材料的表面与界面效应不但引起表面原子的输运和构型变化，而且可引起自旋构象和电子能谱的变化。

（3）量子尺寸效应　当粒子尺寸下降到最低值时，费米能级附近的电子能级会由准连续态变为分立能级，吸收光谱阈值向短波方向移动。纳米微粒的声、光、电、磁、热以及超导性与宏观特性有着显著的不同，称为量子尺寸效应。

对于多数金属纳米微粒，其吸收光谱恰好处于可见光波段，从而成为光吸收黑体。对于半导体纳米材料，可观察到光谱线随微粒尺寸减小而产生光谱线蓝移现象，同时具有光学非线性效应。

（4）介电限域效应　当半导体超微粒表面被修饰以某种介电常数较小的材料时，由于比表面积随微粒尺寸的减小不断增大，显著影响了其性质。被包覆的超微粒子中电荷载体的电力线更容易穿过包覆膜，导致屏蔽效应减弱及带电粒子间的库仑作用、粒子的结合能和振子强度的增强。

（5）宏观量子隧道效应　隧道效应是指微观粒子具有贯穿势垒的能力，后来人们发现一些宏观量，如磁化强度、量子相干器件中的磁通量等也具有隧道效应，称之为宏观量子隧道效应。宏观量子隧道效应和量子尺寸效应共同确定了微电子器件进一步微型化的极限和采用磁带磁盘进行信息储存的最短时间。

8.1.3 纳米材料研究的特点

目前，纳米材料已受到世界各国的高度重视。美、英、日、德等国都非常重视这一技术的研究工作。我国的自然科学基金、“863”计划、“973”计划以及国家重点实验室都将纳米材料列为优先资助项目。随着纳米制备技术的进一步探索和完善，人类更能深入地了解纳米材料的性能，并为开发新的应用方向奠定坚实的基础。总之，纳米材料正在向国民经济和各个技术领域渗透，并将为人类社会进步带来巨大的影响。纳米材料研究的特点主要有以下三个方面：

（1）纳米材料研究的内涵逐渐扩大　开始主要集中在纳米颗粒（纳米晶、纳米相、纳米非晶等）以及由它们组成的薄膜与块体，现在纳米材料研究对象发展到纳米丝、纳米管、微孔和介孔材料（包括凝胶和气凝胶）。

（2）纳米材料的概念不断拓宽　1994 年以前，纳米结构材料仅仅包括纳米微粒及其形

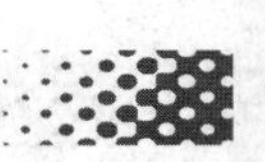

成的纳米块体、纳米薄膜；现在纳米结构材料的含义还包括纳米组装体系，该体系除了包含纳米微粒实体的组元，还包括支撑它们的具有纳米尺度的空间基体。因此，纳米结构材料内涵变得丰富多彩。

（3）基础研究和应用研究并重　目前，基础研究和应用研究出现并行发展的新局面，纳米材料的应用成为人们关注的热点，纳米材料进入实用阶段，纳米材料及相应产品开始陆续进入市场。

8.1.4　纳米材料的性能和应用

8.1.4.1　纳米材料的宏观物理性能

纳米微粒具有大的比表面积、高的表面活性以及与气体相互作用强等特性，导致纳米微粒对周围环境的变化十分敏感。如光、温度、湿度、气氛、压强的微小变化都会引起其表面或界面离子价态和电子迁移的变化。这正满足了功能材料所要求的灵敏度高、响应速度快以及检测范围广等要求。因此纳米材料在电子学、光学、化工陶瓷、生物、医药等诸多方面具有重要价值，得到了广泛应用。纳米材料表现出令人难以置信的奇特的宏观物理特性：高强度和高韧性、高热膨胀系数、高比热容和低熔点、异常的电导率和磁化率、极强的吸波性、高扩散性等。

8.1.4.2　纳米晶体材料的力学性能

① 纳米晶体材料的弹性模量与普通晶粒尺寸的材料相同。直到晶粒尺寸非常小（例如<5nm），这时材料几乎没有弹性了。

② 纳米晶体材料的硬度和屈服强度随晶粒尺寸的降低而升高，直到晶粒尺寸达到最小的晶粒尺寸范围（例如<20nm）。

③ 纳米晶体脆性材料或金属间化合物在 $0.5T_m$（熔点）以上时、具有高韧性及超塑性。对于塑性金属（普通晶粒），当晶粒尺寸降低到小于 25nm 范围内时，韧性明显降低。

④ 由于纳米材料独特的结构，与常规材料相比，它在力学性能上表现出一些奇异的特性。如粒径 8nm 的纳米铁的强度为常规材料的数倍，其硬度是常规材料的若干倍。

普通多晶材料强度随晶粒尺寸的变化通常服从 Hall-Petch 关系。随晶粒尺寸减小，材料的强度（或硬度）按此关系线性变化增大，可推断出纳米材料的强度远远高于普通多晶材料的强度。如通过等静压成形的球磨纳米 NiFe 合金（10～30nm），其强度可达 4234MPa，是普通多晶 NiFe 合金（290MPa）的 14 倍。这可能归因于 NiFe 纳米晶粒尺寸已接近点阵中的位错间隙，晶粒内可容纳少量（甚至没有）位错，因而位错运动受到抑制，不再主导变形过程。另一方面，等静压成形提高了纳米 NiFe 合金的致密性，减少了微观的缺陷，宏观力学性能得到显著改善提高。

总之，纳米材料表现出反常的力学性能与其结构特征有内在的必然联系。目前由于受到样品制备及性能测试技术的限制，尚未取得关于纳米晶体的内在弹性及塑性形变等力学行为的测量结果，因此对纳米晶体材料中结构与性能关系的认识有待理论及实验工作的进一步深化。

8.1.4.3　在陶瓷领域的应用

纳米陶瓷是指显微结构中的物相具有纳米级尺度的陶瓷材料，也就是其晶粒尺寸、晶界宽度、第二相分布、缺陷尺寸等都是在纳米量级的水平上。

纳米陶瓷复合材料通过有效的分散、复合而使异质相纳米颗粒均匀弥散地保留于陶瓷基结构中，这大大改善了陶瓷材料的强韧性和高温力学性能。如对 Al_2O_3-SiC 纳米复合陶瓷进行的拉伸蠕变实验表明，随着晶界的滑移，Al_2O_3 晶界处 SiC 纳米粒子发生旋转并嵌入 Al_2O_3 晶粒中，增强了晶界滑动的阻力，提高了 Al_2O_3-SiC 纳米陶瓷的蠕变能力。

纳米陶瓷复合材料具有优良的室温力学性能、抗弯强度、断裂韧性，因此它在切削刀具、轴承、汽车发动机部件等诸多方面都得到了广泛的应用，并在许多超高温、强腐蚀等苛刻的环境下起着其他材料不可替代的作用。

长期以来，我们为解决陶瓷在常温下易碎的问题不断寻找陶瓷增韧技术，如今纳米陶瓷的出现轻而易举地解决了这个难题。实验证明，纳米 TiO_2 在 800～1000℃热处理后，其断裂韧性比常规 TiO_2 多晶和单晶都高，而其在常温下的塑性形变竟高达 100%。中国科学研究院上海硅酸盐研究所制成的纳米陶瓷在 800℃下具有良好的弹性。目前各种发动机采用的材料都是金属，而人们一直期望能用性能优异的高强陶瓷取代金属，这也是未来发动机发展的方向。而纳米陶瓷的出现为人们打开了希望之门。纳米陶瓷的超高强度、优异的韧塑性，使其取代金属用来制作机械构件成为可能。

纳米微粒由于颗粒小，表面原子比例高，表面能高，表面原子近邻配位不全，化学活性大，因而其烧结温度和熔点都有不同程度的下降。常规 Al_2O_3 烧结温度在 1650℃以上，而在一定的条件下，纳米 Al_2O_3 可在 1200℃左右烧结。利用纳米材料的这一特性，可以在低温下烧结一些高熔点材料，如 SiC、WC、BC 等。另一方面，由于纳米微粒具有低温烧结、流动性大、烧结收缩大的特性，可以作为烧结过程的活性剂，起到加速烧结过程、降低烧结温度、缩短烧结时间的作用。在普通钨粉中加入 0.1%～0.5%的纳米镍粉，其烧成温度可从 3000℃降到 1200～1300℃。复相材料由于不同相的熔点及相变温度不同而烧结困难，但纳米粒子的小尺寸效应和表面效应，不仅使各相熔点降低，各相转变温度也会降低，在低温下就能烧结成性能良好的复相材料。纳米固体低温烧结特性还被广泛用于电子线路衬底、低温蒸镀印刷和金属陶瓷的低温接合等。此外，利用纳米微粒构成的海绵体和轻烧结体可制成多种用途的器件，广泛应用于各种过滤器、活性电极材料、化学成分探测器和热变换器，例如备受人们关注的汽车尾气净化器。有报道说，以色列科学家成功地用 Al_2O_3 制备出耐高温的保温泡沫材料，其气孔率高达 94%，能承受 1700℃的高温。

8.1.4.4 在化工领域的应用

纳米化学催化剂是一种不断接受热源使化学反应稳定进行的功能材料。催化剂的作用主要有以下几个方面：一是提高反应速度和效率，缩短反应时间；二是改善反应的条件，如降低反应温度、压强、真空度等；三是在决定反应的路径方面，使化学反应按预计的方向进行，即具有选择性。因此，人们总是期望单位质量催化剂表面能同时接纳尽可能多的反应物，纳米微粒的表面效应恰好符合了这一点。而且纳米粒子表面不光滑，形成凹凸不平的原子台阶。此外原子表面悬键多，反应活性大。这些都有利于加速化学反应，提高催化剂的反应活性。例如采用纳米 Ni 作为火箭固体燃料的催化剂，燃烧率可提高 100 倍。Fe-Co-Ni 等纳米离子可取代贵金属做汽车尾气净化的催化剂。纳米多功能抗菌塑料不仅具有抗菌功能，而且具有抗老化、增韧和增强作用。将纳米金属粒子掺杂到化纤制品或纸张中，可以大大降低静电作用。

纳米材料不仅能极大提高催化剂的催化活性，而且还表现出令人惊异的化学选择性。这

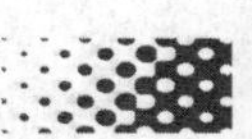

在有机化学工业上有着广阔的应用前景，可用来提高原料的利用率，降低生产成本。

8.1.4.5 在电磁学方面的应用

纳米微粒进入临界尺寸呈现出超顺磁性，磁性液体正是利用纳米微粒的这一特性而制成的。磁液体是由具有超顺磁性的强磁性微颗粒包一层长链有机分子的界面活性剂，弥散于一定的基液中形成的胶体，具有固体的强磁性和液体的流动性，在工业废液处理方面有着独特的优势和广阔的应用前景。

纳米微粒在粒径大于临界尺寸时，可表现出高的矫顽力。而当纳米粒子的尺寸小到一定值时，每个粒子就是一个单磁畴，实际上就成为永久磁铁。具有上述两种特性的磁性纳米粉是未来磁记录材料的发展趋势。磁记录材料发展的总趋势是大容量、高密度、高速度和低成本。例如，要记录材料每平方厘米记录信息1000万条以上，就要求每条信息记录在几个平方微米内，只有纳米的尺寸才能达到这一点。磁性纳米材料具有尺寸小、单磁畴结构、矫顽力高等特性，使得制作的磁记录材料具有稳定性好、图像清晰、信噪比高、失真小等优点。日本松下电器公司已成功研制出纳米磁记录材料，我国也开展了这方面的研究工作，而且取得了不少重要的成果。

纳米磁性材料包括纳米稀土永磁材料、纳米微晶软磁材料、纳米磁记录材料、纳米磁膜材料和磁性液体。纳米磁记录材料具有单磁畴结构和高矫顽力，可提高信噪比，改善图像质量。磁性液体具有液体的流动性和磁体的磁性，已被广泛应用于航天、磁制冷等方面。

纳米复合材料的磁热效应能够将热量从一个热储存器传递到另一个热储存器中，利用该效应可进行磁制冷。用固态磁性物质代替目前使用的压缩空气，不仅可以避免碳的氟氯化物泄漏所造成的危害，而且可以提高制冷效果，这为新型磁制冷材料的研究开辟了道路。

8.1.4.6 在光学领域的应用

纳米粒子的一个明显特征是尺寸小。当纳米粒子的粒径与超导相干波长、玻尔半径以及电子的德布罗意波长相当甚至更小时，其量子尺寸效应将十分显著，使得纳米材料呈现出与众不同的光学特性。纳米材料对可见光具有反射率低、吸收率高的特性。一般来说，大块金属都具有不同颜色的光泽。但实验证明，金属纳米微粒几乎都呈黑色，如铂金纳米粒子反射率仅有1%。它们对可见光的低反射率、高吸收率导致粒子变黑。由于体积效应，能级间距的增大和纳米的量子限域效应，纳米粒子对光的吸收还表现出“蓝移”现象。利用纳米材料的这一特性，制成紫外吸收材料，可用作半导体器件的紫外线过滤器。还可在稀土荧光粉中掺入纳米粉，吸收掉日光灯发射出的有害紫外线。将其应用在纺织物中，与黏胶纤维相混合，制成的功能黏胶纤维，具有抗紫外线、抗电磁波和抗可见光的特性，可用来制作航天服。

8.1.4.7 在其他方面的应用

纳米管具有分子级细管，比表面积特大，是理想的储氢材料。纳米材料表面活性和表面能高，能有效地活化烧结。这种活化烧结已用于大批量生产大功率半导体元件和可控硅整流元件的散热——热膨胀补偿基底。

硬质合金WC-Co刀具材料，当其晶粒度由毫米量级减小到纳米量级时，不但硬度提高一倍以上，而且其韧性及抗磨损性能也得以显著改善，从而大大提高了刀具的性能。

此外，纳米材料在电子学领域、光学领域和生物医学等领域都有非常广泛的应用。

8.2 纳米材料制备技术

纳米技术是21世纪科技产业革命的重要内容，而纳米材料的制备是纳米材料研究的重点，是各种学科包括物理学、化学、界面科学、生物医学等学科的交汇，需要各学科研究的密切配合和协作。纳米材料结构和性能的研究，将随着制备方法的改进和新型纳米材料的诞生而拓宽和深入。尽管目前纳米材料在工业上尚未得到实际的广泛应用，但基于它们优异的性能，纳米材料必将在催化领域、生物医学领域、环保领域、国防领域、新能源领域、信息科学技术等领域发挥其独特的作用。

8.2.1 纳米材料制备技术现状

纳米材料包括纳米粉体、纳米纤维、纳米薄膜、纳米块体、纳米复合材料和纳米结构等，制备方法有的相同、有的不同，有的原理上相同但工艺上有显著的差异。

纳米材料的制备目前有3种分类方法。第一种是根据各原料状态分为固相法、液相法。第二种按反应状态分为干法和湿法。第三种分为物理法、化学法和综合法。

纳米材料制备过程中的主要问题及解决方法：

（1）纳米粒子的分散　纳米粒子粒径小，比表面积大，表面能高，极易形成团聚的大颗粒、难以发挥其独特作用，尤其对纳米复合材料的制备，这是一个复杂且难度很大的工艺过程。纳米粒子分散的目的就是将纳米团聚体分离成单个纳米粒子或者为数不多的小团聚体，目前对纳米粒子的分散主要从物理分散和化学分散两方面着手。

① 物理分散。即用物理方法实现纳米粒子的分散，主要有：

a. 超声分散。利用超声波产生的高温、高压或强冲击波和微射流作用，可大幅度地弱化纳米粒子的表面作用和静电作用，有效地防止纳米粒子团聚而使之充分分散。

b. 机械搅拌分散。

② 化学分散。即利用化学方法进行纳米粒子的分散。主要有：

a. 化学改性分散。即通过化学反应赋予纳米粒子表面一定的有机化合物薄膜，可以提高纳米粒子在有机基质中的分散性。

b. 分散剂分散。

大多数纳米粒子的分散过程，实际上是物理和化学分散共同作用的结果。随着对纳米粒子表面结构的认识，以及纳米材料在制造过程中进行的物理或化学表面改性的发展。纳米粒子的团聚特性有望得到解决。

（2）纳米粒子的污染　如在纳米材料球磨制备过程中，研磨介质（研磨球、罐）易造成纳米粒子的污染问题，尤其是高速球磨，研磨球及研磨罐造成组分偏差和物相污染较为明显，目前还没有十分有效的解决方法。因此，在球磨制备工艺中，研磨介质与内衬材料应尽可能采用硬质耐磨材料或可烧失的树脂材料，专罐专用，添加有机研磨助剂，提高球磨效率并降低污染程度。

（3）其他问题

① 纳米材料合成机理。目前对合成纳米颗粒的过程机理还缺乏深入的研究，对控制微粒的形状、分布、粒度、性能等技术的研究还很不够。此外纳米微粒的收集、存放也是亟待

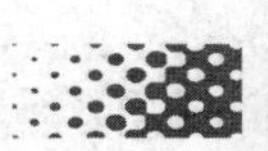

解决的问题。

② 合成装置。对纳米颗粒合成装置缺乏工程研究，能够进行工业化生产的设备有待进一步研究和改进，以提高微粒的产率、产量并降低成本。

③ 制备技术。现有纳米材料的制备技术不成熟，对制备技术中具体工艺条件的研究还很不够，已取得的成果仅停留在实验室小规模生产阶段，对生产规模扩大时将涉及的问题，目前研究得很少。

④ 实用化技术。纳米材料实用化技术的研究不够系统和深入，对纳米材料的性能测试和表征手段急需改进。

8.2.2　物理法制备纳米材料

（1）高能机械球磨法（机械合金化）　高能机械球磨法是近年来发展起来的制备纳米材料的一种新的方法，主要用来获得单质、合金或复合材料的纳米粒子。1988 年，日本京都大学首次用该方法制备出了 Al-Fe 纳米晶材料。

高能机械球磨法是利用球磨机的转动或震动使硬球对原料进行强烈的撞击、研磨和搅拌，把金属或合金粉末粉碎成纳米微粒的方法。球磨法的工艺原理如图 8-1 所示。该方法具有产量高、操作简单、可制备用常规方法难以制备的高熔点的单质或合金纳米材料等优点，但产品纯度低、粒度分布不均匀。目前，采用该方法已成功地制备出了纳米晶纯金属（Fe、Ni、W、Cu、Co、Cr 等），不相溶体系的固溶体（Cu-Ta、Cu-W、Al-Fe 等）、纳米金属间化合物（Fe-B、Ti-Al、Ni-Si、W-C 等）及纳米金属陶瓷粉等材料。

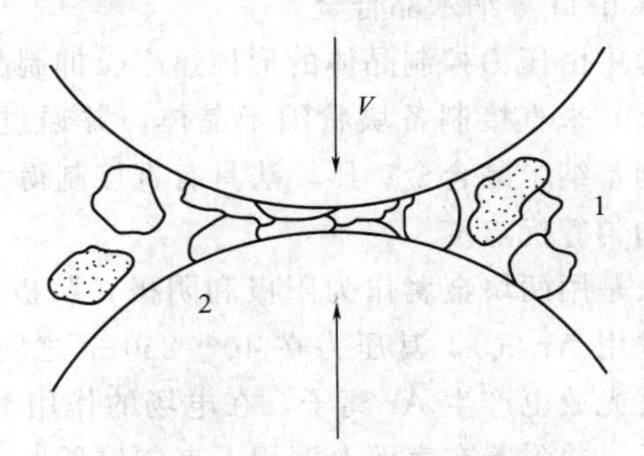

图 8-1　球磨法工艺原理示意图

1—粉末；2—硬钢或碳化钨球

在使用球磨方法制备纳米材料时，所要考虑的一个重要问题是表面和界面的污染。对于用各种方法合成的材料，如果最后要经过球磨的话，这都是要考虑的一个主要问题。特别是在球磨中由磨球（一般是铁）和气氛（氧等）引起的污染。这可采用缩短球磨时间和使用纯净的、延展性好的金属粉末来克服。这样一来磨球可以被这些粉末材料包覆起来，从而大大减少了铁的污染。气氛污染可以用真空密封的方法和在手套箱中操作来降低。采用这样的工艺之后，铁的污染可减少到 1%～2%以下，氧的污染可以降到 3×10^{-4} 以下。

（2）气体冷凝法　气体冷凝法即通过在纯净的惰性气体（氩气，氮气）中蒸发和冷凝过程获得纳米微粒。后来将该方法制备的纳米微粒在超高真空条件下紧压致密可以得到多晶体，从而进一步完善了该方法。

该方法具有纯度高、结晶组织好、粒度可控等优点，但也存在技术设备要求高的缺陷。

其主要过程为：在真空蒸发室内充入低压惰性气体，将原料加热蒸发，产生原子雾，与惰性气体原子碰撞而失去能量，然后凝聚形成纳米尺寸的团簇，并在液氯冷棒上聚集起来，将聚集的粉状颗粒刮下，传送至真空压实装置，在数百兆帕至几吉帕压力下制成多晶体。国外已经用该方法制备了 SiC/Ni 复合粉末，微粒粒径是 30～70nm。

(3) 深度塑性变形法　研究证实，原材料在准静态压力的作用下（如等径角挤压），可发生严重的塑性变形，而使材料的尺寸细化到纳米量级。这种独特的方法制得的材料纯度高、粒度可控，但对设备要求高。

如 ϕ82mm 的 Ge 在 6GPa 静压力作用后，材料结构转化为 10～30nm 的晶相与 10%～15%的非晶相共存，再经 850℃热处理后，纳米结构开始形成，材料由粒径 100nm 的等轴晶组成；而当温度升至 900℃时，晶粒尺寸迅速增大至 400nm。

(4) 激光气相合成法　该种方法最早是 20 世纪 80 年代初由美国首先提出的利用气相高能激光束来制备纳米粉体的一种有效方法，又分为激光蒸发、激光溅射和激光气相合成法。主要用来制备金属、非金属及氧化物陶瓷纳米粉体材料。目前用该法已合成出一批具有颗粒粒径小、不团聚、粒径分布窄等优点的超细粉。该法产率高，是一种可行的方法，具有工业化应用前景。

(5) 低能团簇束沉积法　首先将所要沉积的材料激发成原子状态，以 Ar 或 He 气体作为载体使之形成团簇，同时采用电子束使团簇离子化，然后利用质谱仪进行分离，从而控制一定质量、一定能量的团簇沉积而形成薄膜。此法可有效控制沉积在衬底上的原子数目。

(6) 压淬法　这一技术是中科院金属所姚斌等于 1994 年初实现的，他们用该技术成功制备出了块状 Pd-Si-Cu 和 Cu-Ti 等纳米晶合金。

压淬法就是在结晶过程中由压力控制晶体的形核速率、抑制晶体生长过程，通过对熔融合金加压急冷（压力下淬火）来直接制备块状纳米晶体，并通过调整压力来控制晶粒的尺寸。目前，该法主要用于制备纳米晶合金。压淬法具有直接制得大块致密的纳米晶、界面清洁且结合好、粒度分布较均匀等优点。

(7) 离子溅射法　该法是用两块金属作为阳极和阴极，阴极是蒸发用的材料。制备时，在两极间充入惰性气体（常用 Ar 气），其压力在 40～250Pa 之间，两电极间施加的电压范围为 0.3～1.5V。两极间辉光放电产生 Ar 离子，在电场的作用下冲击阴极表面，使原子从表面溅射出来形成超微粒子，并附着在表面上沉积下来。粒子大小与尺寸主要取决于两电极间的电压、电流和气体的压力。

用溅射法制备纳米粒子有如下优点：

① 可以制备多种纳米金属。

② 可以制备多组元的化合物纳米粒子。

③ 如加大被溅射的阴极表面可提高纳米粒子的获得量。

8.2.3 化学法制备纳米材料

(1) 溶胶-凝胶法　溶胶-凝胶法是制备纳米粒子的湿化学方法中的一种重要方法。它是以金属醇盐为前驱物，在有机介质中进行水解、缩聚反应，使溶液经溶胶化过程得到水溶胶，水溶胶再经加热干燥，然后烧结形成超细粉体，如图 8-2 所示。

该法的特点是：产品纯度高，粒度小，颗粒分布均匀；温度低（可以比传统方法低

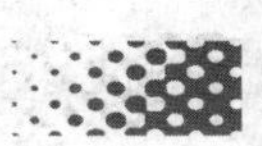

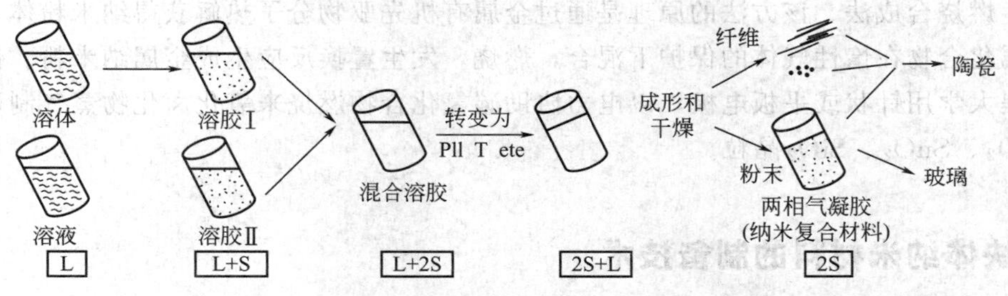

图 8-2　溶胶-凝胶法制备纳米复合材料示意图

L—液相；S—固相

400～500℃)，反应过程易于控制，使副反应大幅度减少；工艺操作简单，容易实现工业化。但在焙烧过程中易发生团聚；采用金属醇盐作为原料，成本高，排放物对环境有污染。

(2) 化学气相沉积法 (CVD)　该种方法是利用气态物质在一定温度、压力下，在固体表面进行反应，生成固态沉积物。沉积物首先是纳米粒子，然后形成薄膜。该种方法已广泛用于研制新晶体，沉积各种单晶、多晶或玻璃态无机薄膜材料。此法所得产品纯度高、粒度分布窄，但设备和原料要求高。

(3) 沉淀法　在含有一种或多种金属离子的盐溶液中，加入沉淀剂 (OH^-、CO_3^{2-}、ClO_4^{2-} 等)，或于一定的温度下使溶液水解，形成不溶性的氢氧化物、水合氧化物或盐类从溶液中析出，然后经洗涤、热分解、脱水等得到纳米氧化物或复合化合物的方法称为沉淀法。

该方法是最常见的一种制备方法，分为直接沉淀法和共沉淀法。直接沉淀法就是利用金属醇化物 $M(OR)_n$ 在醇中能溶解的性质制成醇盐的醇溶液，然后加水分解生成纳米级的氧化物或复合氧化物纳米粒子。含有多种金属阳离子的溶液中加入沉淀剂后，离子得以全部沉淀的方法称为共沉淀法。例如在 $BaCl_2$ 和 $TiCl_4$ 的混合水溶液中加入草酸后，可以得到化合物 $BaTiO(ClO_4)_2 \cdot 4H_2O$ 沉淀，经高温 (450～750℃) 分解可以得到超细 $BaTiO_3$ 粉体。

该方法具有设备简单、工艺过程易于控制、易于商业化等优点，但制品纯度低、颗粒半径较大。

(4) 微乳液法　利用两种互不相溶的溶剂在表面活性剂的作用下形成一种均匀的乳泡，剂量小的溶剂被包裹在剂量大的溶剂中形成一个微泡，微泡的表面由表面活性剂组成，从微泡中生成固相可使形核、生长、凝结、团聚等过程局限在一个微小的球形液滴内，从而形成球形颗粒，又避免了颗粒之间的进一步团聚。微乳液通常是由表面活性剂、助表面活性剂、油和水所组成的透明的各向同性的热力学稳定体系。

在微乳液法制备纳米颗粒的过程中，影响粒径大小及质量的主要因素有 4 种：a. 微乳液组成的影响；b. 界面醇含量及醇的碳氢链长的影响；c. 反应物浓度的影响；d. 表面活性剂的影响。

用此法已合成的有 $CaCO_3$、TiO_2、SiO_2 等纳米粒子。该法制品粒径小，分散性好，试验操作简单。

(5) 水热法　水热合成法主要是指在高温高压下的水溶液或蒸汽等流体中，使物质进行反应，再经分离和热处理而合成纳米粒子的一种制备方法。水热法是一种高效的纳米材料合成方法，它主要有合成温度低、条件温和、体系稳定、制品纯度高、分散性好、粒度分布窄等优点。目前已有 SnO_2、$BaTiO_3$、ZrO_2 等合成的报道。

(6) 燃烧合成法　该方法的原理是通过金属有机先驱物分子热解获得纳米粉体，或者金属与金属化合物在惰性气体的保护下混合，燃烧，发生置换反应生成金属纳米粉。例如美国辛辛那提大学用针状或平板电极，以电力协助碳氢化合物燃烧来氧化卤化物蒸气制取了纳米相的 TiO_2、SnO_2、SiO_2 晶粒。

8.3 块体纳米材料的制备技术

大块纳米晶体材料（3-D 结构）是由等轴的纳米晶粒（1～10nm）构成。在这些材料中，由于界面占据试样相当大的比例，所以力学参数由表面和晶界的特性决定。

纳米材料的推广应用关键在于纳米块体材料的制备，而块体纳米材料的制备技术发展的主要目标则是发展制备简单、产量大、实用范围宽、能获得界面清洁无微孔隙的大尺寸纳米材料制备技术。其发展趋势则是发展直接晶化法制备技术。从实用角度看，今后一段时间内，绝大多数纳米晶样品的制备仍将以非晶晶化法和机械合金化法为主，它们发展的关键是压制过程的突破。

8.3.1 惰性气体凝聚原位加压成形法

惰性气体凝聚原位加压成形法制备大块纳米材料的合成过程可分为两步：a. 气体冷凝获得纳米粉末；b. 纳米粉末被加压致密化。

整个过程是在超高真空室内进行的。通过真空泵使其达到 1×10^{-4} Pa 以上的真空度，然后充入低压（0.2kPa）纯净的惰性气体（He 或 Ar，纯度 99.9996%）。将欲蒸发的物质置于坩埚内，通过钨电阻加热器或石墨加热器逐渐蒸发，产生金属烟雾，由于惰性气体的对流，烟雾向上移动，并接近液氮冷却棒（77K）。

在蒸发过程中，由原物质蒸发出的金属原子由于与惰性气体原子碰撞迅速损失能量而冷却，这种有效的冷却过程在金属蒸发中造成很高的局部饱和，这将导致均匀形核过程。因此，在接近冷却棒的过程中，金属蒸气经历了原子簇、单个超微粒等一系列过程。在接近冷却棒表面的区域内，发生形核过程，由于单个超微粒的聚合而长大，最后在冷却棒上集聚起来。用气体凝聚的方法可以通过调节惰性气体的压力、蒸发物质的分压即蒸发温度或速率来控制所得纳米颗粒的大小。当大量的纳米颗粒在冷却棒上集聚之后，真空室内重新抽成高真空（5×10^{-4}Pa）。纳米颗粒从冷却棒上刮下来，通过漏斗进入压结装置，对纳米颗粒施加 5～10MPa 的压力，使纳米颗粒被压实成直径 5～8mm、厚 1～10μm，密度约为大块物质的 50%～90%的柱状致密物质薄片，便制备出块状纳米晶材料。目前用此方法已成功地制备了 Ni_3Al、Fe_5Si_9 等大块纳米晶材料。

8.3.2 机械合金研磨结合加压成块

机械合金研磨（MA 法）是美国 INCO 公司发展的技术，它是一种用来制备具有可控微结构的金属基或陶瓷基复合粉末的高能球磨技术。在干燥的球形装料机内，在高真空 Ar 气的保护下，通过机械研磨过程中高速运行的硬质钢球与研磨体之间相互碰撞，对粉末粒子反复进行熔结、断裂、再熔结的过程使晶粒不断细化，达到纳米尺寸。然后，纳米粉再采用热

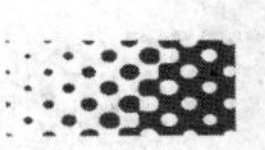

挤压、热等静压等技术制得块状纳米材料。研究表明，非晶、准晶、纳米晶、超导材料、稀土永磁合金、超塑性合金、金属间化合物、轻金属高比强合金均可通过这一方法合成。

Koch 描述了机械合金化的全过程及获得的纳米晶材料的性质和特征，并表明将任何一种材料经过足够的研磨时间都会得到纳米尺寸的晶粒。根据报道纯 Fe 粉末球磨的平均晶粒尺寸为 8nm。然后将纳米晶粉末通过压结成块，形成大块纳米晶材料。此方法的优点是工艺条件简单、生产率高，因而具有广泛的工业化应用前景。

8.3.3　非晶晶化法

非晶晶化法制备块体纳米晶材料需要两个相互独立的步骤完成，即非晶态合金的制备和退火处理过程。非晶态合金的制备技术经过几十年的发展，可以制备出块状非晶态合金。由于非晶态合金在热力学上是不稳定的，因而在受热或辐射等条件下会出现晶化现象，即非晶态向晶态转变。晶化经常采用退火的方法，近年来还发展了分级退火、脉冲退火等方法。

目前利用该法已制备出 Ni、Fe、Co、Pt 基等多种合金系列的纳米晶体，也可制备出金属间化合物和单质半导体纳米晶材料，并已发展到实用阶段。此法在纳米软磁材料的制备方面应用最为广泛。值得指出的是，国外近年来十分重视块体非晶的制备研究工作。非晶晶化法制备纳米晶材料的工艺相对简单，且易于控制。能够制备出化学成分准确的块体纳米晶材料，从而避免复杂的固态成形过程所引起的晶粒长大及空洞缺陷等问题。由于所得到的块体纳米晶材料是接近理论密度的非晶态合金通过固态相变形成的，因此具有最紧密的结构，晶界的缺陷较少，界面原子密度与晶粒内部相近，与常规粗晶界面差不多。日本率先采用非晶晶化法制备出了平均粒度为 10nm 的 FeCuNbSiB 块体纳米晶材料。现已用此方法制备出 Ni-P、Fe-Cu-Zr-B、Fe-B-Si、Co-Zr 等块体纳米晶材料。

除以上主要方法外，近年来还发展的有喷雾沉积法、离子注入法等块体纳米材料制备技术。

8.4　SiO_2微球的制备方法

纳米 SiO_2是极具工业应用前景的纳米材料，它的应用领域十分广泛，几乎涉及所有应用 SiO_2粉体的行业。纳米 SiO_2的批量生产为其研究开发提供了坚实的基础。我国纳米 SiO_2的生产与应用落后于发达国家，该领域的研究工作还有待突破。

8.4.1　纳米 SiO_2的制备

纳米 SiO_2是白色粉末（指其团聚体），表面存在不饱和的残键及不同键合状态的羧基。其分子状态呈三维链状结构（或称三维网状结构、三维硅石结构等）。工业用 SiO_2称作白炭黑，是一种超微细粉体，质轻，原始粒径在 0.3μm 以下，相对密度 2.32，熔点 1750℃，吸潮后形成聚合细颗粒。

国外生产方法有干法和湿法两种。干法包括气相法和电弧法，湿法分沉淀法和凝胶法。国内主要为湿法，即沉淀法和凝胶法，其中凝胶法用得较少。

（1）气相法　气相法多以四氯化硅为原料，采用四氯化硅气体在高温下水解制得烟雾状的二氧化硅。该法优点是产品纯度高、分散度高、粒子细而形成球形、表面羟基少，因而具有优异的补强性能，但原料昂贵、能耗高、技术复杂、设备要求高，限制了产品使用。

(2) 沉淀法　沉淀法是通过使硅酸盐酸化获得疏松、细分散的、以絮状结构沉淀出来的SiO_2晶体的方法。该法原料易得，生产流程简单，能耗低，投资少。但是产品质量不如气相法和凝胶法。该法为目前国内主要的生产方法。

(3) 凝胶法　凝胶法是加入酸使碱度降低从而诱发硅酸根的聚合反应，使体系中以胶态粒子形式存在的高聚态硅酸根离子粒径不断增大，形成具有乳光特征的硅溶胶。成溶胶后，随着体系 pH 值的进一步降低，吸附 OH^- 带负电荷的 SiO_2胶粒的电位也相应降低，胶粒稳定性减小，SiO_2胶粒便通过表面吸附的水合 Na^+ 的桥联作用而凝聚形成硅凝胶，去水即得纳米粉。该法原料与沉淀法相同，只是不直接生成沉淀，而是形成凝胶，然后干燥脱水，产品特性类似于干法产品，价格又比干法产品便宜。但工艺较沉淀法复杂，成本也高，应用较少。

8.4.2 纳米 SiO_2的应用领域

由于纳米 SiO_2具有小尺寸效应、表面效应、量子尺寸效应、宏观量子隧道效应、高磁阻现象、非线性电阻现象以及其在高温下仍具有高强、高韧、稳定性好等奇异特性，纳米 SiO_2可广泛应用于各个领域，具有广阔的应用前景和巨大的商业价值。

(1) 树脂基复合材料的改性　树脂基复合材料具有轻质、高强、耐腐蚀等特点。随着应用领域对树脂基材料性能要求的提高，高性能的树脂基复合材料不断产生。把分散好的纳米 SiO_2颗粒均匀地加到树脂材料中，可以提高材料强度和延伸率，提高耐磨性和改善材料表面的光洁度，提高抗老化性能，从而改善树脂基复合材料的性能。

(2) 新型塑料添加剂　常规 SiO_2作为补强添加剂加到塑料中，利用它的透光性、粒度小，可以使塑料变得更加致密。纳米 SiO_2的作用不仅仅是补强，它具有许多新的特性。如半透明性的塑料薄膜，添加纳米 SiO_2不但提高了薄膜的透明度、强度、韧性，更重要的是防水性能大大提高。

(3) 功能纤维添加剂　利用纳米 SiO_2对紫外光、可见光和近红外光的高反射率的光学特性，可用于人造纤维的制造，主要有红外屏蔽人造纤维、抗紫外线辐射人造纤维、高介电绝缘纤维和静电屏蔽纤维等。

(4) 新型橡胶材料添加剂　传统橡胶生产过程中通常在胶料中加入炭黑来提高强度、耐磨性和抗老化性，但制品均为黑色，并且档次较低。纳米 SiO_2不仅具有补强的作用，而且使常规橡胶具备一些功能特性。例如通过控制纳米 SiO_2颗粒尺寸可以制备对不同波段光敏感性不同的橡胶，既可抗紫外线辐射，又可防红外反射，还可利用纳米 SiO_2的高介电特性制成绝缘性能好的橡胶。添加纳米 SiO_2的橡胶，弹性、耐磨性都会明显优于常规的炭黑作填料的橡胶。

(5) 陶瓷中添加纳米 SiO_2　在现代氧化物陶瓷生产中，纳米 SiO_2代替纳米 Al_2O_3添加到陶瓷里，效果比添加 Al_2O_3更理想，不但大大降低了陶瓷制品的脆性，其韧性也提高几倍至几十倍。在陶瓷制品表面喷涂薄薄一层纳米 SiO_2，光洁度可明显加强。纳米 SiO_2的价格仅是纳米 Al_2O_3的二分之一，可有效地降低材料成本。

(6) 密封胶、黏结剂的改性剂　密封胶和黏结剂要求产品黏度、流动性、固化速率均为

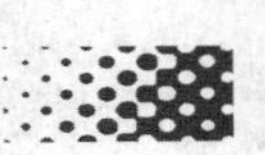

最佳条件。国外产品采用纳米材料作为添加剂，纳米 SiO_2 是首选材料。在纳米 SiO_2 的表面包敷一层有机材料，使之具有亲水特性，这种纳米 SiO_2 添加到密封胶中会很快形成一种硅石网络结构，抑制胶体流动，提高固化速率和黏结效果。由于颗粒尺寸小，更增加了胶的密封特性。

（7）新型涂料添加剂　因为纳米 SiO_2 是一种抗紫外线辐射材料（即抗老化），加之颗料小、比表面积大，能在涂料干燥时很快形成网络结构，添加纳米 SiO_2 可改善普通涂料诸如悬浮稳定性差、触变性差、耐候性差、耐洗刷性差等缺点，涂膜与墙体结合强度大幅提高，涂膜硬度显著增加，表面自洁能力也获得改善。

（8）催化剂载体　由于纳米 SiO_2 具有粒径小、比表面积大等特点，可使催化剂达到纳米级，从而具有纳米颗粒的性质，载少量催化剂有效成分即可达到高催化活性，降低了催化剂的成本，提高了催化效率，并能延长催化剂寿命。

（9）在杀菌剂中的应用　纳米 SiO_2 具有生理惰性，又由于比表面积大，表面多孔隙，所以具有高吸附性，在杀菌剂的制备中常用作载体，可吸附抗菌离子，达到杀菌抗菌的目的，已用于洗衣机、冰箱外壳、电脑键盘等的制造。

（10）在医药方面的应用　纳米 SiO_2 无毒无害且具有高吸收性、分散性、增稠性，在药物制剂中得到了广泛的应用。如在雷尼替丁、甲氰米胺、哌仑西平等药物中，加入少量的纳米 SiO_2 可改变其流动性。加入少量的纳米 SiO_2 于灰黄霉素中，可改变其溶解速度，即改变难溶药物在水中的分散性和吸收性。加入少量的纳米 SiO_2 于含有阿司匹林的药粉中，会改变药粉的抗静电性。

除上述所列应用领域外，纳米 SiO_2 在机械、通讯、电子、光学、军事、农业、食品轻工、化妆品等领域中还具有广阔的应用前景。

参考文献

[1] 张志琨，崔作林．纳米技术与纳米材料．北京：国防工业出版社，2001.

[2] 高濂，李蔚．纳米陶瓷．北京：化学工业出版社，2002.

[3] 谢希文，过梅丽．材料工程基础．北京：北京航空航天大学出版，1996.

思考题

1. 简述纳米材料的特性和力学性能特点。
2. 简述纳米材料制备过程中的主要问题及解决方法。
3. 简述深度塑性变形法的原理和特点。
4. 块体纳米材料的制备技术有哪些？

第9章 功能陶瓷的合成与制备

9.1 功能陶瓷概论

随着材料科学的飞速发展，具有优良性能的陶瓷新材料的应用也日益广泛。新型陶瓷是新型无机非金属材料，也叫先进陶瓷或高技术陶瓷，可以分为功能陶瓷或结构陶瓷两大类。本章主要论述功能陶瓷的合成与制备方法。

结构陶瓷是指在应用时主要利用其力学性能的陶瓷材料，功能陶瓷以电、磁、光、声、热、化学和生物学信息的检测、转换、耦合、传输及存储功能为主要特征，这类材料通常具有一种或多种功能。它主要包括铁电、压电、介电、半导电、导电、超导和磁性等陶瓷，它是电子信息、集成电路、计算机、通信广播、自动控制、航天航空、海洋超声、激光技术、精密仪器、机械工业、汽车、能源、核技术和医学、生物学及近代高新技术领域的关键材料，已在能源开发、空间技术、电子技术、传感技术、激光技术、光电子技术、红外技术、生物技术、环境科学等方面有着广泛的应用。功能陶瓷应用十分广泛，材料体系和品种繁多、功能全、技术高、更新快，主要有电气电子材料、磁性材料、光学材料、化学功能材料、热功能材料及生物功能材料等，它的分类目前还没有一个权威统一的标准，可以按组成分类。也可以由陶瓷的功能和用途来加以划分。

9.1.1 功能陶瓷

功能陶瓷有很多，比较重要的功能陶瓷材料的特性如下：

① 机械材料：耐磨损、高比强度、高硬度、抗冲击、高精度尺寸、自润滑性等。

② 热学材料：耐热、导热、隔热、蓄热与散热、热膨胀等。

③ 化学材料：耐腐蚀性、耐气候性、催化性、离子交换性、反应性、化学敏感性等。

④ 光学材料：发光性、光变换性、感光性、分光性、光敏感性等。

⑤ 电气材料：磁性、分电性、压电性、绝缘性、导电性、存储性、半导性、热电性等。

⑥ 生物医学材料：生物化学反应性、脏器代用功能性、脏器辅助功能性、生物形态性等。

陶瓷多种功能的实现，主要取决于它具有的各种特性。在具体应用时，应根据需要，对其某一有效性能加以改善提高，以达到良好使用的目的。要以性能的改进来改善陶瓷材料的功能性，可以从以下两方面进行：

① 从材料的组成上直接调节，包括采用非化学式计量、离子置换、添加不同类型杂质，使不同相在微观级复合，形成不同性质的晶界层等。

② 通过改变工艺条件提高陶瓷材料的性能。

无论改变组成还是改变工艺，最终都是使材料的微观结构产生变化，从而使其性能得到

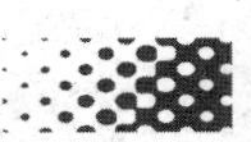

提高，因此，陶瓷的功能性与其组成、工艺、性能和结构密切相关，功能陶瓷的工艺和性能检测关系可用图 9-1 表示。

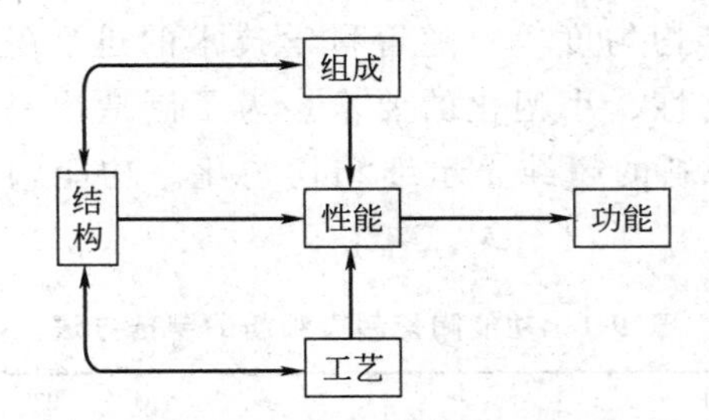

图 9-1　陶瓷材料的功能性与其结构等的关系

9.1.2　功能陶瓷的制备工艺

多晶体的陶瓷一般均是通过高温烧结法而制成的，所以也称为烧结陶瓷。由于组成陶瓷的物质不同，种类繁多，制造工艺因而多种多样，一般工艺可按图 9-2 流程图进行，这也是功能陶瓷的制造工艺。

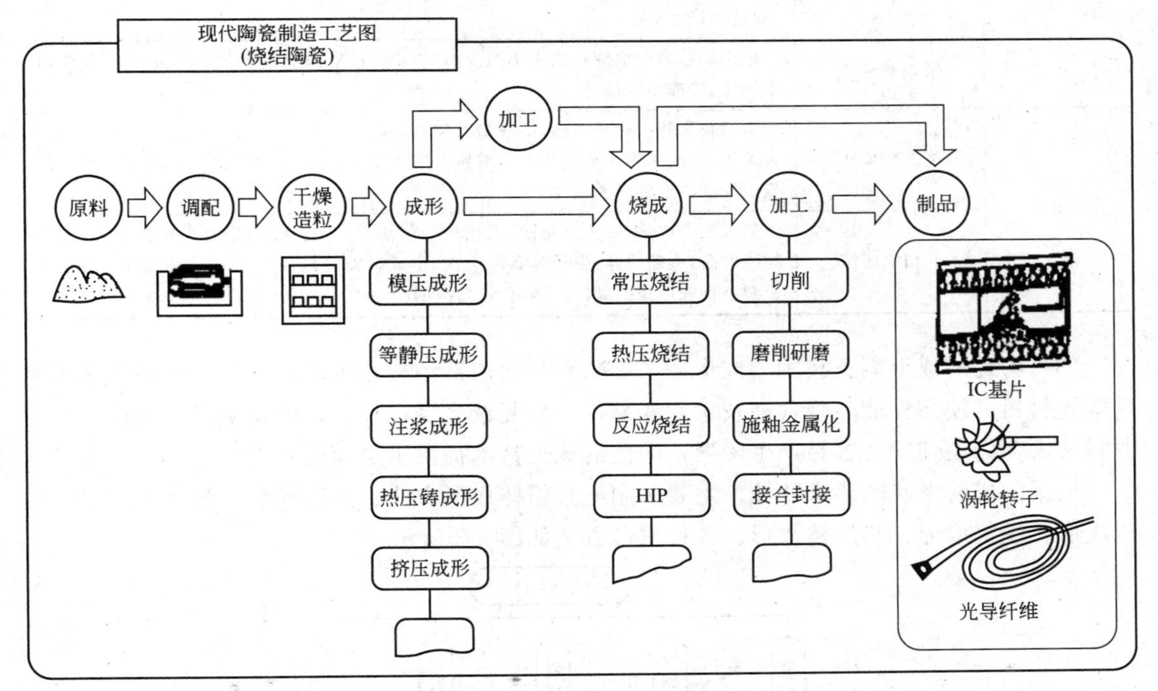

图 9-2　功能陶瓷的制备工艺

（1）功能陶瓷的制备过程中应具备的技术要素

① 原材料：高纯超细、粒度分布均匀。

② 化学组成：可以精确调整和控制。

③ 精密加工：精密可靠，而且尺寸和形状可根据需要进行设计。

④ 烧结：可根据需要进行温度、湿度、气氛和压力控制。

（2）超微细粉料的制备　高性能陶瓷与普通陶瓷不同，通常以化学计量进行配料，要求粉料高纯、超细（<1μm），传统粉料通过机械粉碎和分级的固相法已不能满足要求。

功能陶瓷的微观结构和多功能性，在很大程度上取决于粉末原料的特性、粒度及其形状与尺寸、化学组成及其均匀度等。随着科学技术的迅猛发展，对功能陶瓷元件提出了高精度、多功能、高可靠性、小型化的要求。为了制造出高质量的功能陶瓷元件，其关键之一就是要实现粉末原料的超纯、超细和均匀化。功能陶瓷超微细粉的常用制备方法（见表 9-1）。

表 9-1　功能陶瓷超微细粉的制备方法

类别	方法	说　明
固相法		固相法一般是把金属氧化物或其盐按照配方充分混合、研磨后进行煅烧。粉碎方法有化学法与机械法。制备方法有氧化还原法、固体热分解法、固相反应法
液相法	沉淀法	可分为直接沉淀法、共沉淀法和均匀沉淀法等，均利用生成沉淀的液相反应来制取
	水解法	①醇盐水解法，是制备高纯的超微细粉的重要方法 ②金属盐水解法
	溶胶-凝胶法	是将金属氧化物或氢氧化物浓的溶胶转变为凝胶，再将凝胶干燥后进行煅烧，然后制备氧化物的方法。利用该法制备 ZrO_2 超微细粉，其成形体可以 1500℃烧成（温度降低 200℃）
	溶剂蒸发法	把金属盐混合溶液化成很小的液滴，使盐迅速呈微细颗粒并且均匀析出，如喷雾干燥法、冷冻干燥法等
气相法	蒸发凝聚法	将原料加热气化并急冷，即获超微细粉（粒径为 5～100nm），适于制备单一或复合氧化物、碳化物或金属的超微细粉。使金属在惰性气体中蒸发-凝聚，通过调节气压以控制生成的颗粒尺寸
	气相反应法	如气相合成法、气相氧化法、气相热分解法等，其优点有：①容易精制提纯、生成物纯度高，不需粉碎，粒径分布均匀；②生成颗粒弥散性好；③容易控制气氛；④适于制备特殊用途的氮（碳、硼）化物超微细粉

（3）陶瓷的成形制备技术　成形工艺影响到材料内部结构、组成均匀性，因而直接影响到陶瓷材料的使用性能，现代高技术陶瓷部件形状复杂多变，尺寸精度要求高，而成型时的原料又大多为超细粉，容易产生团聚，因此对成型技术提出了更高的要求。

根据制成的形状和要求特性，主要采用五种粉体成形方法：模压成形、等静压成形、挤压成形、注浆成形、热压铸成形。各种成形方法如图 9-3 所示。

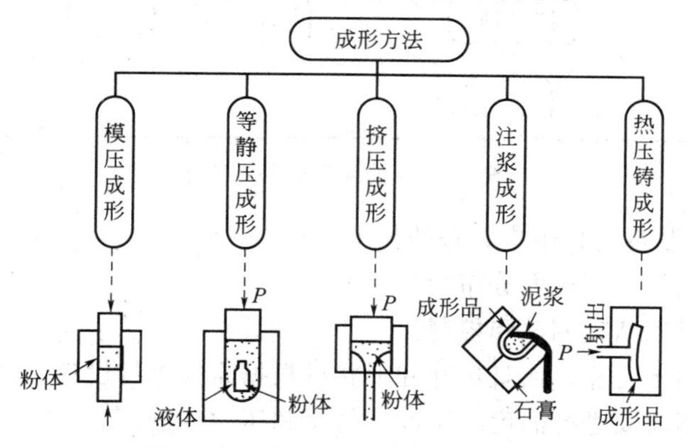

图 9-3　功能陶瓷的粉体成形方法

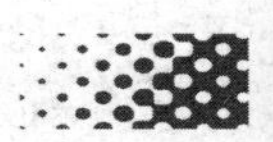

（4）陶瓷的烧结方法（见表 9-2）

表 9-2　陶瓷的烧结方法

烧结方法	特　点
常压烧结	该法在原料成形后只进行烧结，便可成为制成品，因此，经济有效，应用广泛
热压烧结（HP）	是将粉末填充于模型内，在高温下加压烧结的方法，如 Si_3N_4、SiC、Al_2O_3 等使用该法，但成本较高
热等静压法烧结（HIP）	该法是借助于气体压力而施加等静压的方法。SiC、Si_3N_4、Al_2O_3 均使用该法。HIP 的效果有：①力学性能（强度，韧性）提高，波动减小；②烧结温度降低；③粒径易控制。它是最有希望的新技术之一
反应烧结	通过化学反应面烧结的方法，如 SiC、Si_3N_4 采用该法
二次反应烧结	是最新烧结 Si_3N_4 的方法，硅粉末成形体氮化之后，使它浸渍 Y_2O_3、MgO 等，通过反应烧结后的添加剂，来实现致密烧结
其他	超高压烧结，VCD 微波烧结工艺等

9.2　高温超导陶瓷

9.2.1　超导体

超导现象是由荷兰物理学家卡麦林·翁纳斯于 1991 年首先发现的。普通金属在导电过程中，由于自身电阻的存在，在传送电流的同时也要消耗一部分的电能。科学家一直在寻找完全没有电阻的物质。翁纳斯在研究金属汞的电阻和温度的关系时发现，在温度低于 4.2K 时，汞的电阻突然消失（如图 9-4 所示），说明此时金属汞进入了一个新的物态，翁纳斯将这一新的物态称为超导态，把电阻突然消失为零电阻的现象称为超导现象，把具有超导性质的物体称为超导体。超导体与正常导体的区别是：正常金属导体的电阻率在低温下变为常数，而超导体的电阻在转变点突然消失为零。后来，又陆续发现了其他金属如 Nb、Tc、Pb、La、V、Ta 等都具有超导现象，并逐步建立起了超导理论和超导微观理论。

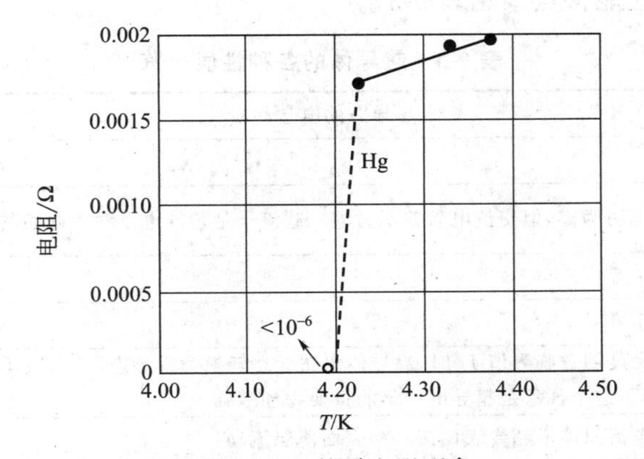

图 9-4　Hg 的零电阻现象

超导体，即是指冷却到低温时电阻突然变为零，同时内部失去磁通成为完全抗磁性的物质。每一种超导体都有一定的超导转变温度。物质由常态转变为超导态的温度称其为超导临界温度，用 T_c 表示。不同超导材料的超导临界温度是不同的，超导临界温度以热力学温度来表示。

判断材料是否具有超导性，有两个基本的特征：超导电性，指材料在低温下失去电阻的性质；完全抗磁性，指超导体处于外界磁场中，磁力线无法穿透，超导体内的磁通为零。

总之，超导体呈现的超导现象取决于温度、磁场、电流密度的大小，这些条件的上限分别称为临界温度（T_c）、临界磁场（H_c）、临界电流密度（I_c）。从超导材料的实用化来看，归根结底，最重要的是如何提高这三个物理特性。

① 超导体的完全导电性。通常，电流通过导体时，由于存在电阻，不可避免地会有一定的能量损耗。所谓超导体的完全导电性，即在超导态下（在临界温度下）电阻为零，电流通过超导体时没有能量的损耗。

② 超导体的完全抗磁性。超导体的完全抗磁性是指超导体处于外界磁场中，能排斥外界磁场的影响，即外加磁场全被排除在超导体之外，这种特性也称为迈斯纳效应（Meissner effect），如图 9-5 所示。迈斯纳效应实验是将处于常导态的超导样品放置到磁场中，这时的磁场能进入超导样品。然后将其冷却至临界温度 T_c以下，处于超导态时，在超导样品中的磁场就被排斥出来。如果把这个过程反过来，即先把处于常导态的超导样品冷却至超导临界温度以下，使其处于超导态，然后将其放入磁场中，这时磁场也被排斥在超导体之外。

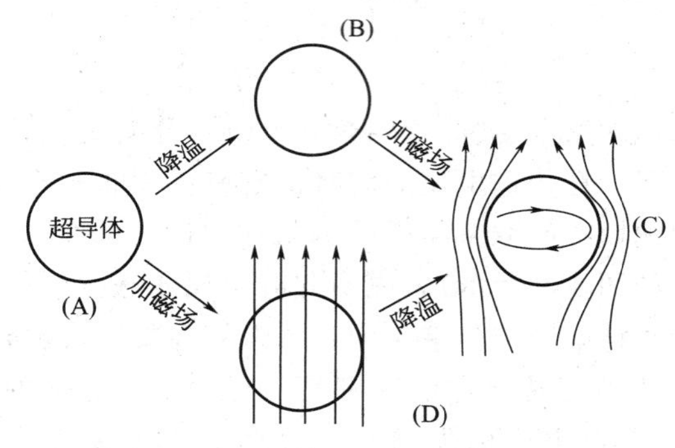

图 9-5　超导体完全抗磁性示意图

③ 超导体的各种性能特点（见表 9-3）。

表 9-3　超导体的各种性质一览

超导态的电学性质	
性质	特　点
完全导电性	直流电阻为零，但交流电阻并不为零。载流子是超导电子对。确切的说法是直流电阻无穷接近零
电阻率	趋近于零
温差电动势	趋近于零
电流能破坏超导态	电流密度超过临界值 I_c 时，超导体由超导态转换为常导态，其实质还是由电流产生的磁场对超导态的破坏，这个现象是超导电子学的重要物理基础
电流的趋表效应	超导电流只能沿超导表面流入深表面薄层流动
超导态的光学性质	
性质	特　点
一般光学性质	不发生转变
反射率	不发生转变，能量低于能隙的光子不能被吸收

续表

超导态的磁学性质	
性质	特　点
完全抗磁性	外加磁场，一般情况下不能进入超导体内，只能透入到 λ_L 深的表面层内
磁场能破坏超导态	磁场强度超过临界值 H_c 时，超导体由超导态转变为常导态。这个现象同样是超导电子学(或超导微电子学)的重要物理基础
存在混合态	存在于第二类超导体的两个临界磁场 H_{c1} 和 H_{c2} 之间的状态，它具有完全导电性的性质，但不具备完全抗磁性的性质
存在中间态	中间态是一种超导态和常导态在超导体中交替存在的状态，这种状态有时也被称为居间态
超导态的热学性质	
性质	特　点
新的相变效应	超导体从超导态到常导态(或反之)的转变过程中伴随着吸热或放热的产生
潜热	当 $H>0$ 时，在相变过程中发生潜热；当 $H=0$ 时，在相变过程中不发生潜热
比热容	比热容出现反常，在 $T=T_c$ 时出现不连续性，存在突变效应
温度能破坏超导态	温度超过临界混度 T_c 时，超导体由超导态转变为常导态，反之，则相反。这也是超导电子学的重要物理基础
热导	在磁场中具有不连续性，一般超导态的热导将变低
超导态的其他性质	
性质	特　点
晶体结构	保持不变
形状大小	保持不变
弹性	要改变
对电子束吸收	保持不变
能隙	由费米气决定，在超导体的电子能谱中，不能存在有电子能量的间隔
同位素效应	超导体临界温度 T_c 与超导体的同位素质量 M 有关，T_c 随 M 增加而减小，MT_c＝常数
隧道效应	分为超导电子对隧道效应和常导态准电子隧道效应，它是超导电子学所依据的重要物理效应

9.2.2　陶瓷超导材料

1986 年，由 K. A. muller 和 J. G. Bedorz 等研制出 Ba-La-Cu-O 系超导陶瓷，在 13K 以下的电阻为零，使高温超导研究进入了一个新阶段。各国科学家之间在研究超导陶瓷新材料、应用基础理论和超导新机制方面，形成激烈竞争的局面。现已研制出了上千种超导材料，临界温度也不断提高。

在超导材料中，具有较高临界温度的超导体一般均为多组元氧化物陶瓷材料，新型超导陶瓷的开发研究冲破传统超导理论的临界极限温度 40K。我国科学家在超导材料的研究方面也一直处于世界前沿，1987 年获得了 98K 的超导体 Y-Ba-Cu-O 系超导陶瓷，首先将温度由液氦温度区提高到液氮温度区。对 Y-Ba-Cu-O 系陶瓷材料采用元素置换法进行研究，使临界温度不断提高。日本公布发现钇钡铜氧金属陶瓷材料（$YBa_2Cu_3O_{7-x}$）大约在 123K 开始具有超导性，在 93K 时成为全导体。研究证明大多数的稀土元素都能代替钇、钡的位置，在钇钡氧铜中加入铳、锶和某种金属元素后，物质即具备了超导体的基本性质。随后，又有许多关于超导材料的报道，临界温度大多超过 100K。美国已研制出零电阻转变温度为 123K 的 Ti-Ba-Ca-Cu-O 系超导材料。这些以新元素取代原 Y-Ba-Cu-O 系中 Ba 和 Y 的位置后制成的超导材料，性能稳定，零电阻均在 85K 以上，实现了液氮温区的超导。液氮制备方法简单，空气中 N_2 含量高，为超导研究提供了较为方便的条件，因而具具有实际应用价值。实用性的超导薄膜和超导线材现已研制成功。最近报道我们国家已制成长达 100m 的 Bi 系超导卷型材料。人们正在向更高温区甚至在室温下实现超导的研究方向上不断努力。超导临界温度的提高如表 9-4 所示。

表 9-4　T_c 临界温度提高的历史进程

时间	材料组成	T_c/K
1911	Hg	4.16
1913	Pb	7.2
1930	Nb	9.2
1934	NbC	13
1940	NbN	14
1950	V_3Si	17.1
1954	N_3Sn	18.1
1967	$Nb_3(Al_{0.75}Ge_{0.25})$	21
1973	Nb_3Ge	23.2
1986	La-Ba-Cu-O	35
1987	Y-Ba-Cu-O	>90
1988	Ba-Sr-Ca-Cu-O	110
1988	Tl-Ba-Ca-Cu-O	120

氧化物陶瓷高温超导体的研究也面临着诸多难题，T_c 突破 30K 后，还没有形成一个完整的理论来解释高温超导现象，使超导的研究更系统、更科学。在应用过程中，除临界温度外，临界电流密度、临界磁场、化学及机械稳定性及加工工艺学也同时困扰着人们。组成超导材料的超导陶瓷有自己的独特结构，对超导陶瓷结构的研究有利于建立起更科学、更完善的超导电性理论。今后，人们将从以下几个方面对陶瓷结构做进一步的研究。

① 晶界的影响。晶界是影响电流密度的一个重要因素，是由于晶界势垒，还是非超导金属层的形成所致，需要研究探索。

② 超导陶瓷体层状结构的各向异性对超导性能的影响。

③ 超导电子对的影响。包括：当临界温度升高时，热能会使超导混合状态下的磁力线变化，是否对其实用化产生影响；由于超导陶瓷电子对较少，是否具有等离子体结构等。

9.2.3　超导理论

自超导现象发现后，随超导材料研究的不断深入，超导理论也在不断发展。在这些理论中，最有代表性的是超导热力学理论、BCS 理论和约瑟夫逊效应。

（1）超导热力学理论　超导热力学理论说明：由常导态到超导态，超导体的熵是不连续的，而且熵值减小。超导体在相变时产生了某种有序变化。约瑟夫逊效应是指在两块弱连接超导体之间存在着相关的隧道电流。

（2）BCS 理论　1957 年，巴丁、库珀和施里弗提出 BCS 理论。BCS 理论把超导现象看作一种宏观量子效应。它提出，金属中自旋和动量相反的电子可以配对形成所谓“库珀对”。

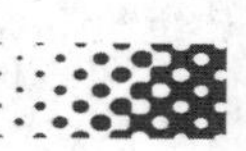

库珀对在晶格当中可以无损耗地运动，形成超导电流。电子间的直接相互作用是相互排斥的库仑力。如果仅仅存在库仑力直接作用的话，电子间的这种相互作用在满足一定条件时，可以是相互吸引的，正是这种吸引作用导致了“库珀对”的产生。其机理如下：电子在晶格中移动时会吸引邻近格点上的正电荷，导致格点的局部畸变，形成一个局域的高正电荷区。这个局域的高正电荷区会吸引自旋相反的电子，和原来的电子以一定的结合能相结合配对。在很低的温度下，这个结合能可能高于晶格原子振动的能量，这样，电子对将不会和晶格发生能量交换，也就没有电阻，形成所谓“超导”。

（3）约瑟夫逊效应　1960 年，查威尔（Giaever）测量金属-绝缘层-超导体夹层结的伏安特性时发现，当超导体转变为超导态时，结的电阻急剧减小。由两个不同超导体形成的夹层结的典型伏安特性曲线类似于半导体隧道二极管的伏安特性曲线。1962 年约瑟夫逊指出当超导隧道结的绝缘层很薄，约 10^{-7}cm 时，电子由于隧道效应能穿过这层薄膜，穿过率与膜的面积成比例，随膜厚增加而呈指数下降，最后为零。当超导体为正常态时，流过图 9-6 电路回路的电流 I 和外电压 V_a 的关系依欧姆定律 $V_a=(R+R_a)I$，R_a为外电阻，R 为隧道结电阻（包括非常小的金属电阻）。通常实验时使用的隧道结电阻大约为 1Ω。但是，当金属处于超导态时，只要电流不超过某临界值，$V_a=R_aI$ 成立，金属本身不用说，就是结部分的电阻也变为零。这整个隧道结的特性，在许多方面类似于单块超导体。若通过隧道结的电流通过某临界值，在结上产生电位降，即隧道结的电阻不再是零。这种在隧道结中有隧道电流通过而不产生电位降的现象称为直流约瑟夫逊效应。该隧道电流称为直流约瑟夫逊电流。若将整个超导体看成是很多部分的集合，相邻部分的界而形成隧道结则应发生上面的现象。此时，可将整个超导体看成是约瑟夫逊结相串并联。因此，约瑟夫逊效应是超导体的最重要现象。

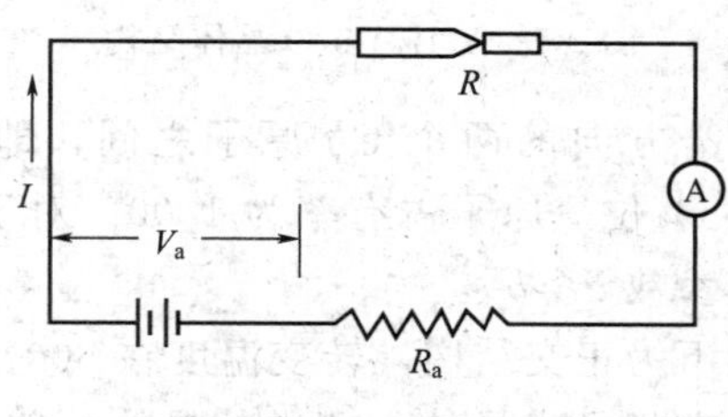

图 9-6　超导隧道结

9.2.4　超导陶瓷的具体结构

超导陶瓷的晶体结构，有的已经定论，有的还没有。现就 Y-Ba-Cu-O 的晶体结构进行讨论。根据晶体结构来分析 T_c高的原因，超导原因或在 Cu-O 层。

Y-Ba-Cu-O 超导体：Y-Ba-Cu-O 氧化物超导陶瓷的分子式为 $Ba_2YCu_3O_{7-x}$，Y 可以被其他稀土元素，特别是重稀土元素取代，用 Gd、Dy、Er、Tm、Tb 取代 Y 后形成相应的超导单相或多相材料，其晶体结构如图 9-7 所示。$Ba_2YCu_3O_{7-x}$ 有两个相，一个是四方相，另一个是正交相，这两种结构都起源于 ABO_3型钙钛矿结构，c 轴是 ABO_3结构的三倍，B 位被 Cu 原子占据，A 位被 Ba 和 Y 占据。在 c 轴方向的顺序是……Y-Ba-Ba-Y-Ba-Ba……垂直于 c 方向有三种基本原子面：Y 平面（无氧原子）、Ba-O 平面和 Cu-O 平面。Y 原子上下的 Cu-O 面是皱折的，氧作有序排列，两个 Ba-O 平面之间的 Cu-O 平面中，有氧空位。对

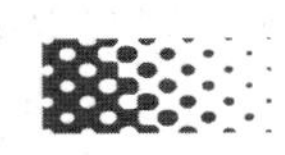

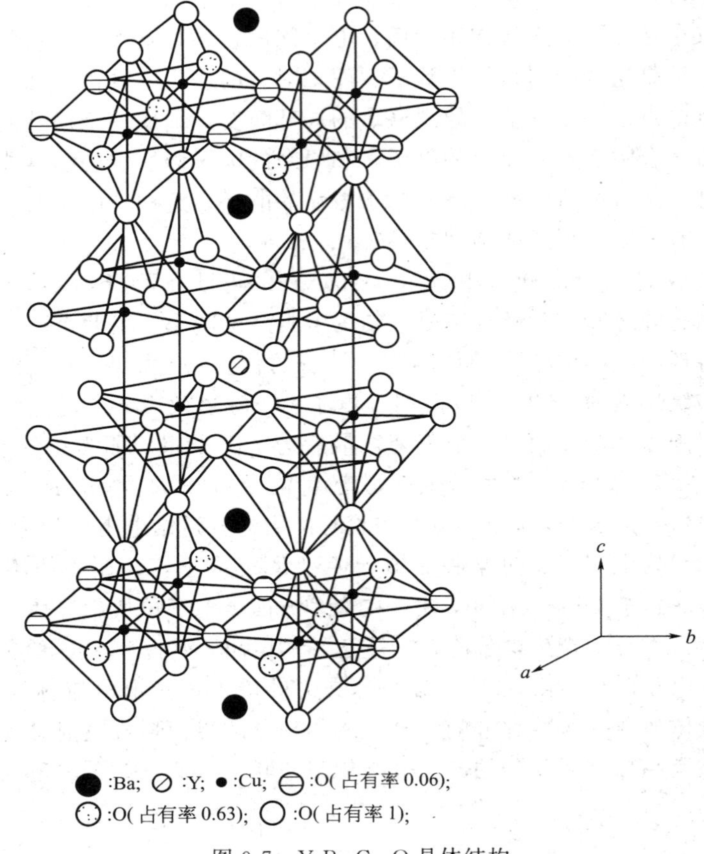

图 9-7　Y-Ba-Cu-O 晶体结构

于正交结构，氧空位分布在 a 方向的两个 Cu 原子之间，即 O_5 位（室温下，占有率为 0.10），b 方向两个 Cu 原子间 O_4 位氧原子占有率为 1.00。对于四方结构，O_4 和 O_5 位的占有率与正交不同，可导致晶胞参数 $a \approx b$。

高温下为四方结构，低温下为正交结构，转变温度在 600～700℃之间，是有序-无序转变。正交相是高温超导相，四方相是半导体。这类超导体的临界温度 $T_c = 90K$，属于斜方晶系。它与 La-Ba-Cu-O 不同，是属于正交型的畸变钙铁矿型结构。随着对超导的深入研究利发展，将会不断地揭示其晶体结构与超导电性的关系。

9.2.5　超导体主要性能测试

超导体的性能很多，但表征超导材料的基本参量有：临界温度 T_c、临界磁场 H_c、临界电流 I_c和磁化强度 M。其中 T_c、H_c是材料所固有的性能，是由材料基体电子结构所决定的，很少受形变、加工和热处理的影响，即 T_c、H_c是组织结构不敏感的超导性能参量，而 I_c对组织结构极为敏感。在这些基本的参量测试中，临界温度 T_c的测量十分重要。因此，现只讨论临界温度 T_c的测量。

测量临界温度 T_c有不同的方法，如电阻法、磁测量法等。测量的方法不同得到的结果不同。

为了测出 T_c，需要精确地进行温度控制、温度测量，并准确地测量出超导态-常态转

变点。

目前，超导材料的 T_c 一般在 0℃以下，因此首先要获得低温。如前所述，在 4.2K 以下用液氦，在 20K 以下用液氢，在 77K 以下用液氮，而且一般采用减压的方法获得。

（1）电阻测量法　电阻测量法是基于当样品进入超导态时，电阻变为零的一种测量方法。样品一般用线状或带状，同时要求样品内超导相是均质的。否则只能测出 T_c 较高的相的临界温度，而 T_c 较低的相则测不出来。

（2）磁测量法　当超导材料存在不同的临界温度 T_c 相时，则不能用电阻法来测量 T_c，因为在这种情况下，只能测出高 T_c 相的临界温度，而 T_c 较低的相则测不出来。这时可以采用磁测量法。

伴随着常导态-超导态转变，样品从顺磁性转变为抗磁性，样品的磁化率将发生很大的变化。如果将样品置于由电容器 C 构成振荡回路的线圈中，由于磁化率的变化，线圈的电感也要变化，可以用频率计测出振荡频率的变化。用这种方法可以测出任何状态下的样品的临界温度。并且若同时存在有 T_c 不同的相时，其 T_c 值可以分别测量出来。因此，可以在一定程度上了解材料内部的组织状态。

9.2.6　超导陶瓷的制备

高温超导陶瓷的制备方法有很多，可分干法和湿法，工艺方法不同，所制出的产品 T_c 也不同。超导陶瓷的制备与一般陶瓷的制造工艺相似，如 Y-Ba-Cu-O 系干法烧制块状超导陶瓷的工艺如图 9-8 所示。

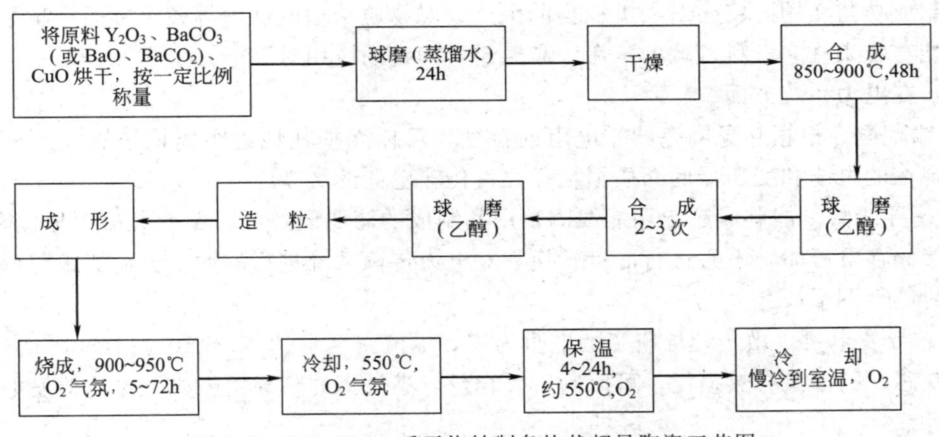

图 9-8　Y-Ba-Cu-O 系干烧结制备块状超导陶瓷工艺图

这个工艺流程中原料的纯度、粒度、状态、活性、合成的温度、烧成制度、气氛、合成是否充分、配料及合成后混合磨细的情况、成形条件、热处理条件等都对烧结体的超导特性有极大的影响。

下面介绍几种常用的超导陶瓷制备方法。

（1）高温熔烧法　高温熔烧法又分二次烧结法和三次烧结法，是制造高温超导陶瓷的主要方法。工艺关键是应使其缺氧，保证氧含量小于 7（化学计量数），将原料 $BaCO_3$、Re_2O_3、CuO 按一定比例混合后压块，盛于氧化铝坩埚中，在电炉内大气气氛下进行烧结，烧结温度为 900～960℃，时间至少为 4h，然后断电自然冷却至室温。为使材料均匀，从炉内取出后经粉碎再进行压块，按上述条件进行第二次，甚至第三次烧结，可制得正交结构的超导材料。

影响超导电性的主要因素是元素的组成和烧结条件，一些科学家正研究用氟、氮、碳取代部分氧，以期获得更高温度的超导材料。新型高温陶瓷超导材料是层状钙铁矿结构，对这种多相材料可用掺杂和替换元素的办法开发新材料。目前已研制出三元、四元和五元超导体。许多实验室正从粉体、烧结理论、工艺和晶粒晶界等方面开展研究。

$YBa_2Cu_3O_{7-x}$超导陶瓷以Y_2O_3、$BaCO_3$和CuO为原料，经混合，在900℃燃烧合成，粉碎后获粉末，压制成形，在流动氧气气氛中950℃左右烧结，并在氧气气氛中退火。在烧结和退火中缓慢冷却，以被氧完全饱和，退火使氧原子均匀分布在Cu-O平面上，并使正交结构得到最大的畸变。$YBa_2Cu_3O_{7-x}$在500～700℃空气中退火，由于氧原子填充入CuO_2平面中的氧空位，使晶胞的b轴收缩，a轴膨胀，正交结构的畸变增大。如在氦气中脱氧，陶瓷将变成a轴和b轴相等的四方结构，失去超导性。此外，只要与Cu-O平面中被氧原子占据位置有序化，即使氧空位部分被填充，也表现出超导性。如氧含量超过7，由于单胞膨胀，Y、Ba、Cu配位的改变，将破坏Cu-O-Cu-O键和CuO_2平面，陶瓷变成绝缘体。

(2) 化学共沉淀法　草酸盐共沉淀法是在钇、钡、铜的硝酸盐溶液中加入草酸溶液，形成草酸盐共沉淀析出。沉淀经过滤、干燥，850℃煅烧就获得$YBa_2Cu_3O_7$粉末。

9.2.7 超导陶瓷的应用

由于超导陶瓷具有许多优良的特性，如完全导电性和完全抗磁性等，因此，高温超导材料的研制成功与实用，将会对人类社会的生产、对物质结构的认识等各个方面产生重大的影响，可能会带来许多学科领域的革命。高温超导陶瓷的应用有以下几个方面。

(1) 在电力系统方面

① 输配电。根据超导陶瓷的零电阻的特性，可以无损耗地远距离输送极大的电流和功率。而现在的电缆和变压器的介质损耗往往占传输电能的20%。

② 超导线圈。能制成超导储能线圈，用其制成的储能设备可以长期无损耗地储存能量，而且直接储存电磁能，不必进行能量转换，对电力传输系统进行的冲击负荷能跟踪调节，对高峰负荷进行调平。

③ 超导发电机。由于超导陶瓷的电阻为零，电流密度可达$(7\sim10)\times10^5 A/cm^2$，而且不需要铁芯，因而没有热损耗，可以制造大容量、高效率的超导发电机及磁流体发电机、旋转电机等。

(2) 在交通运输方面

① 制造超导磁悬浮列车。由于超导陶瓷的强抗磁性，磁悬浮列车没有车轮，靠磁力在铁轨上“漂浮”滑行，速度高，运行平稳，安全可靠。1987年日本已进行了载人运行试验，时速在408km/h，今后可望达到800km/h。

② 超导电磁性推进器和空间推进系统。例如船舶电磁推进装置（图9-9），其推进原理是：在船体内部安装一个超导磁体，于海水中产生强大的磁场。同时，在船体侧面放一电极，在海水中产生强大的电流。在船尾后的海水中，磁力线和电流发生交互作用，海水在后面对船体产生了强大的推动力。

(3) 在选矿和探矿等方面　由于一切物质都具有抗磁性或顺磁性，因此，可以利用超导

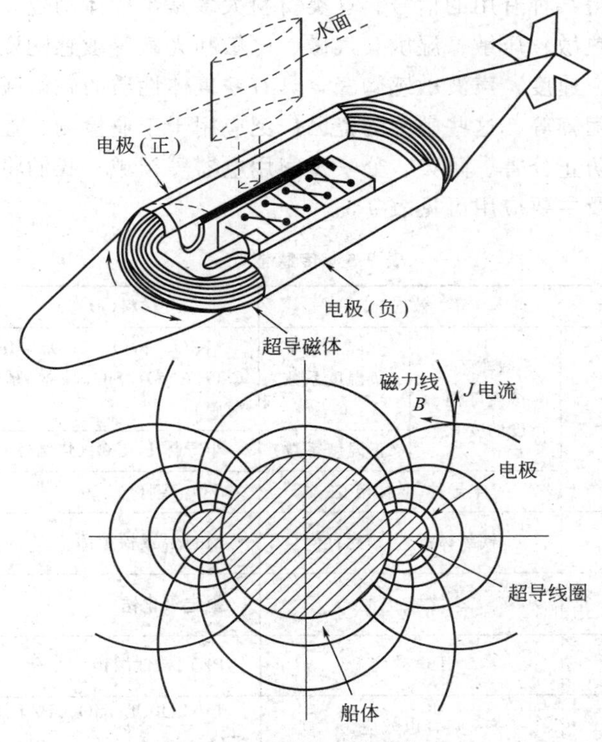

图 9-9　船舶电磁推进装置

体进行选矿和探矿等。

(4) 环保和医药方面　在环保方面可以利用超导体对造纸厂、石油化工厂等的废水进行净化处理。

生物体大都具有抗磁性，少数是顺磁，还有极少数是强磁性。医学上可把磁分离用于将红血球从血浆中分离出。此外，由于癌细胞在强磁场中生长受抑制，因此，正在研究用低频交变强磁场配合药物加热病灶，从而使癌细胞被杀死。

(5) 在高能核实验和热核聚变方面　利用超导体的强磁场，使粒子加速以获得高能粒子，以及利用超导体制造探测粒子运动径迹的仪器。

(6) 在电子工程方面

① 利用超导体的性质（如约瑟夫逊效应）提高电子计算机的运算速度和缩小体积。

② 制成超导体的器件，如超导二极管、超导量子干涉器、超导型晶体管、超导磁通量子器件等。

9.3　敏感陶瓷

现代社会是一个飞速发展的信息社会，通信技术和计算机技术日新月异的发展对传感器件提出了更高的要求。敏感陶瓷在传感器技术的发展中起了重要作用，是近年来迅速崛起的一类新型材料。

敏感陶瓷材料是指当作用于这些材料制造元件上的某一外界条件如温度、压力、湿度、气氛、电场、磁场、光及射线等改变时，能引起该材料某种物理性能的变化，从而能从这些元件上准确迅速地获得某种有用的信号。这类材料大多是半导体陶瓷，按其相应的特性，可把这些材料分别称为热敏、压敏、湿敏、气敏、电敏和光敏等敏感陶瓷。此外，还有具有压电效应的压力、位置、速度、声波敏感陶瓷，具有铁氧体性质的磁敏陶瓷，以及具有多种敏感特性的多功能敏感陶瓷等。这些敏感陶瓷已广泛应用于工业检测、控制仪器、交通运输系统、汽车、机器人、防止公害、防灾、公安及家用电器等领域，我们将重点介绍几种敏感陶瓷。敏感陶瓷的分类及主要应用可见表 9-5。

表 9-5　传感器陶瓷

项目	输出	效应		材料(形态)	备注
温度传感器	电阻变化	载流子浓度随温度的变化	(负温度系数)	NiO、FeO、CoO、MnO、CaO、Al_2O_3、SiC(晶体、厚膜、薄膜)	温度计，测辐射热计
			(正温度系数)	半导体 $BaTiO_3$(烧结体)	过热保护传感器
		半导体-金属相变		VO_3，V_2O_3	温度继电器
	磁化强度变化	铁氧体磁性-顺磁性		Mn-Zn 系铁氧体	温度继电器
	电动势	氧浓差电池		稳定氧化锆	高温耐腐蚀性温度计
位置速度传感器	反射波的波形变化	压电效应		PZT：锆钛酸铅	鱼探仪，探伤仪，血流计
光传感器	电动势	热释电效应		$LiNbO_3$、$LiTaO_3$、PZT、$SrTiO_3$	检测红外线
	可见光	反斯托克斯(Stokes)定律		LaF_3(Yb，Er)	检测红外线
		倍频效应		压电体 $Ba_2NaNb_5O_{15}$(BNN) $LiNbO_3$	
		萤光		ZnS(Cu，Al)，Y_2O_2S(Eu)	彩色电视阴极射线显像管
				ZnS(Cu，Al)	X 射线监测器
		热萤光		CaF_2	热荧光光线测量仪
气体传感器	电阻变化	可燃性气体接触燃烧反应热		Pt 催化剂/氧化铝/Pt 丝	可燃性气体浓度计，警报器
		氧化物半导体吸附、脱附气体引起的电荷转移		SnO_2，In_2O_3，ZnO，WO_3，γ-Fe_2O_3，NiO，CoO，Cr_2O_3，TiO_2 $LaNiO_3$，(La，Sr)CoO_3，(Ba，Ln)TiO_3 等	气体警报器
		气体热传导放热引起的热敏电阻的温度变化		热敏电阻	高浓度气体传感器
		氧化物半导体的化学计量的变化		TiO_2，CoO-MgO	汽车排气气体传感器
	电动势	高温固体电解质氧浓差电池		稳定氧化锆(ZrO_2-CaO，ZrO_2-MgO，ZrO_2-Y_2O_3，ZrO_2-La_2O_3 等) 氧化钍(ThO_2，TbO_2-Y_2O_3)	排气气体传感器(Lambda 传感器) 钢液、钢液中溶解氧分析仪、缺氧不完全燃烧传感器
	电量	库仑滴定①		稳定氧化锆	磷燃烧氧传感器

续表

	输出	效应	材料(形态)	备注
湿度传感器	电阻	吸湿离子导电	LiCl, P_2O_3, ZnO-LiO	湿度计
		氧化物半导体	TiO_2, $NiFe_2O_4$, $MgCr_2O_4$ + TiO_2, ZnO, Ni 铁氧体 Fe_3O_4 胶体	湿度计
	介电常数	吸湿引起介电常数变化	Al_2O_2	湿度计
离子传感器	电动势	固体电解质	AgX, LaF_3, Ag_2S, 玻璃薄膜, CdS, AgI	离子浓差电池
	电阻	栅极吸附效应金属氧化物半导体场效应晶体管	Si(栅极材料 H^+用: Si_3N_4/SiO_2; S^-用: Ag_2S, X^-, AgX, PbO)	离子敏感性场效应晶体管(ISFET)

① 又称为电量滴定

9.3.1　热敏陶瓷

热敏陶瓷是一类其电阻率随温度发生明显变化的材料。可用于制作温度传感器，用于温度测量、线路温度补偿和稳频等。一般按温度系数可分为电阻随温度升高而增大的正温度系数（PTC）、电阻随温度升高而减小的负温度系数（NTC）和电阻在特定温度范围内急剧变化的临界温度系数（CTR）等热敏陶瓷，其电阻率随温度变化的曲线见图 9-10。

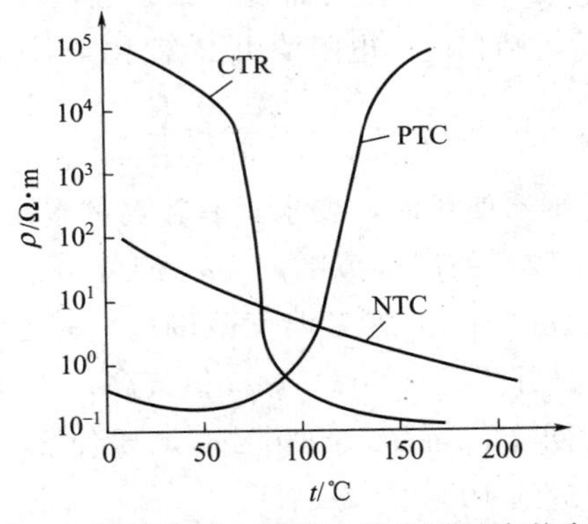

图 9-10　热敏陶瓷电阻的电阻率随温度的变化

9.3.1.1　PTC 热敏电阻陶瓷

PTC 热敏电阻陶瓷主要是掺杂 $BaTiO_3$ 系陶瓷。$BaTiO_3$ 是铁电体陶瓷，作为高质量电容器及压电陶瓷已被广泛应用。

（1）居里温度 T_c　PTC 陶瓷属于多晶铁电半导体，其电阻率与温度的关系如图 9-11 所示，当开始在陶瓷体上施加工作电压时，温度低于 T_{min}，陶瓷体电阻率随着温度的上升而下降，电流则增大，呈现负温度系数特性，ΔE 值在 0.1～0.2eV 范围。由于 ρ_{min} 很低，故有一大的冲击电流，使陶瓷体温度迅速上升。当温度高于 T_{min} 以后，由于铁电相变（铁电相与顺电相转变）及晶界效应，陶瓷体呈正温度系数特征，在居里温度（相变温度）T_c 附近的一个很窄的温区内，随温度的升高（降低），其电阻率急剧升高（降低），约变化几个数量级（10^3～10^7）。电阻率在某一温度附近达到最大值，这个区域便称为 PTC 区域。其后电阻率又呈负温度系数特征变化，这时的 ΔE 约在 0.8～1.5eV 范围。

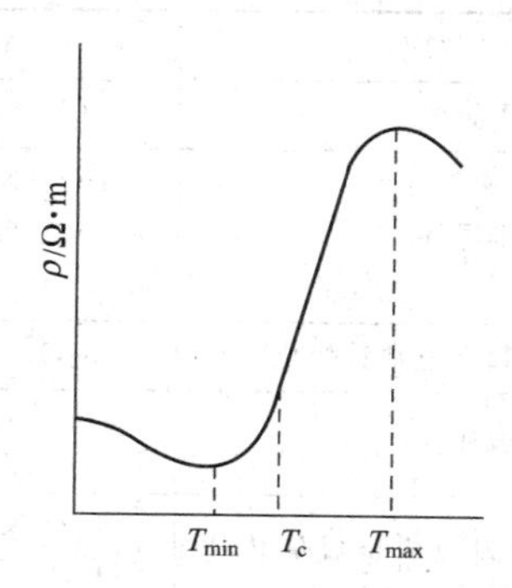

图 9-11 PTC 陶瓷的电阻率 ρ 与温度 T 关系

T_c 可通过掺杂而升高或降低，这是 PTC 热敏电阻陶瓷的主要特点之一，例如对以 $(Ba_{1-x}Pb_x)TiO_3$ 为基的 PTC 陶瓷，增加 Pb 含量，可提高 T_c；相反，掺入 Sr 或 Sn，可使 T_c 下降，因此，可根据实际需要来调整 T_c 值。

（2）电阻温度系数　这里所说的电阻温度系数是指零功率电阻值的温度系数。温度为 T 时的电阻温度系数定义为：

$$\alpha_T = \frac{1}{R_\rho} \times \frac{dR_\rho}{dT} \tag{9-1}$$

对 PTC，由图 9-11 的 ρ-T 曲线可知，当曲线在某一温区发生突变时，ρ-T 曲线近似线性变化。若温度从 T_1 变化至 T_2，则相应的电阻值由 R_1 变化至 R_2，因此，式(9-1) 可表示为：

$$\alpha_T = \frac{2.303}{T_1 - T_2} \lg \frac{R_2}{R_1} \tag{9-2}$$

当 PTC 陶瓷作为温度传感器使用时，要求具有较高的电阻温度系数。早期 PTC 材料的 α_T 值约为 10%/℃，只有在比较窄的温度范围内，α_T 值可达 20%～30/℃。近年来，在 40℃ 的温度范围内，α_T 值约为 30%/℃；在 20℃ 温度范围内，α_T 值约为 40%～50%/℃。但是，α_T 值与居里温度有关。一般，当 T_c 为 120℃ 时 α_T 值最高；当 T_c 值为 50℃ 时，要使 α_T 值为 20%/℃ 或更高是很困难的。同样，当 $T_c > 120$℃ 时，要使 α_T 值为 20%/℃ 也是很困难的。当 T_c 为 300℃ 时，α_T 值只能达到 10%/℃ 左右。

（3）PTC 热敏陶瓷材料　目前，PTC 热敏电阻器有两大系列：一类是采用 $BaTiO_3$ 为基材料制作的 PTC 热敏电阻器，从理论和工艺上研究得比较成熟；另一类是氧化钒 V_2O_3 基材料，是 20 世纪 80 年代出现的一种新型大功率 PTC 热敏陶瓷电阻器。

$BaTiO_3$ 系 PTC 热敏电阻，具有优良的 PTC 效应，在 T_c 温度时电阻率跃变（ρ_{max}/ρ_{min}）达 10^3～10^7，电阻温度系数 $\alpha_T \geqslant 20\%$/℃，因此是十分理想的测温和控温元件，得到广泛的应用。

$BaTiO_3$ 陶瓷在室温下是绝缘体，室温电阻率为 $10^{10}\Omega \cdot cm$ 以上，如在纯度为 99.99% 的 $BaTiO_3$ 添加 0.1%～0.3%（摩尔分数）的微量稀土元素 Y、La、Sm、Ce 等，用一般陶瓷工艺烧成，就得室温电阻率为 10^3～$10^5\Omega \cdot cm$ 的半导体陶瓷，用 La^{3+} 等取代 Ba^{2+} 就多余一个正电荷，部分 Ti^{4+} 就俘获一个电子 e^- 成 Ti^{3+}。Ti 捕获电子处于亚稳态，易激发，当陶瓷受电场作用时，该电子就参与导电，就像半导体施主提供电子参与电传导一样，呈 N 型，称电子补偿。导电电子浓度等于进入 Ba^{2+} 位置的 La^{3+} 的浓度。另一种补偿是金属离子

缺位来补偿过剩电子，称缺位补偿。施主全部为双电离钡缺位所补偿，材料呈绝缘性。介于以上二者，部分施主被钡缺位补偿，部分施主为电子所补偿。

在 $BaTiO_3$ 中用 Nb^{5+} 取代 Ti^{4+}，也可使 $BaTiO_3$ 变成具有室温高电导率的N型热敏电阻。用 $BaCO_3$、TiO_2、Nb_2O_5、SnO_2、SiO_2、Mn（NO_3）$_2$ 为原料。$BaCO_3$ 和 TiO_2 在烧结时形成 $BaTiO_3$ 主晶相；Nb_2O_5 应为光谱纯，称量非常准确，在烧结时进入Ti晶格位置，造成施主中心，提高电导率；SnO_2 使居里点向负温方向移动；SiO_2 形成晶间玻璃相，容纳有害杂质，促进半导体化，抑制晶体长大；$Mn(NO_3)_2$ 以水溶液加入，Mn^{3+} 在晶粒边界能生成更多的受主型表面态，可提高电阻温度系数。

在制备 $BaTiO_3$ 时要求原料纯度高，如有微量过渡金属元素，就不能获得半导性。采用高纯 $BaCl_2$ 和 $TiCl_4$ 混合液与草酸（$H_2C_2O_4$）反应，共沉淀出草酸钡钛，加热到600℃左右得高纯 $BaTiO_3$。

PTC陶瓷在温度低于居里点时为良半导体，高于居里点时电阻率急剧提高3～8个数量级。不同用途要求PTC工作温度也不同，采用掺杂改性，改变居里点。$BaTiO_3$ 中部分Ti用Sr、Sn等掺杂转换可使居里点向低温移动，而部分Ba用Pb等掺杂转换则使居里点向高温方向移动。

（4）PTC热敏陶瓷的应用　PTC热敏电阻具有许多有实用价值的特性，如电阻率-温度、电流-电压、电流-时间、等温发热（环境温度、所加电压、放热条件在一定范围内变化时，保持一定温度不变）、变阻、收缩振荡等。尤其是其他元件不具备的等温发热和特殊启动（加压时电流随时间减小）更吸引人。应用大致可分三个方面；

① 对温度敏感，如发动机的过热保护、液面深度探测、温度控制和报警、非破坏性保险丝、晶体管过热保护、温度电流控制器等。

② 延迟，如彩色电视机自动消磁、发动机启动器、延迟开关等。

③ 加热器，如等温发热件、空调加热器等。

还可用作无触点开关、电路中的限流元件、时间继电器、温度补偿元件等。$BaTiO_3$ 陶瓷PTC热敏电阻在家用电器领域用量最大。

9.3.1.2　NTC热敏电阻陶瓷

NTC热敏电阻陶瓷是指随温度升高而其电阻率按指数关系减小的一类陶瓷材料。

利用晶体本身性质的NTC热敏陶瓷电阻生产最早、最成熟，使用范围也最广。最常见的是由金属氧化物陶瓷制成，如由锰、钴、铁、镍、铜等两三种元素的氧化物混合烧结而成。负温度系数的温度-电阻特性可用下式表示：

$$R=R_0\exp B\left(\frac{1}{T}-\frac{1}{T_0}\right) \tag{9-3}$$

式中，R、R_0 分别为在 T 和 T_0（K）时的电阻；B 为热敏电阻常数，也称材料常数。由上式得到电阻温度系数：

$$\alpha_T=\frac{1}{R}\times\frac{\mathrm{d}R}{\mathrm{d}T}=-\frac{B}{T^2} \tag{9-4}$$

热敏电阻常数 B 可以表征和比较陶瓷材料的温度特性。B 值越大，热敏电阻的电阻对于温度的变化率越大。一般常用的热敏电阻陶瓷的 B 值为2000～6000K，高温型热敏电阻陶瓷的 B 值为10000～15000K。

上式表示，NTC热敏电阻的温度系数 α_T 在工作温度范围内并不是常数，随温度的升高而迅速减小。B 值越大，则在同样温度下的 α_T 也越大，即制成的传感器的灵敏度越高。因此，温度系数只表示 NTC 热敏电阻陶瓷在某个特定温度下的热敏性。

对热敏电阻材料的要求为：①高温物理、化学、电气特性稳定，尤其电阻对高温直流负荷随时间变化小；②在使用温度范围内无相变；③B 值可根据需要进行调整；④陶瓷烧结体与电极的膨胀系数接近。

根据应用范围，通常将 NTC 热敏电阻陶瓷分为三大类：低温型、中温型及高温型陶瓷。

普通 NTC 热敏电阻的最高使用温度在 300℃左右。随技术工艺等发展，热敏电阻的应用扩展到能解决高温领域的测温与温控上。

ZrO_2-CaO 系陶瓷在固溶 13%～15%CaO 时，在室温下是电阻为 $10^{10}\Omega \cdot cm$ 以上的绝缘体，在 600℃时电阻值下降到 $10^8\Omega \cdot cm$，在 1000℃时电阻只有 $10\Omega \cdot cm$。

ZrO_2-Y_2O_3系、ZrO_2-CaO 系萤石型结构的材料、以 $Al_2O_3 \cdot MgO$ 为主要成分的尖晶石型结构的材料等能基本上满足上述要求。

常温 NTC 热敏陶瓷绝大多数是尖晶石型氧化物，有些是二元（MnO-CuO-O_2、MnO-CoO-O_2、MnO-NiO-O_2系等）、三元（Mn-Co-Ni、Mn-Cu-Ni 等）或四元等，主要是含锰。不含锰的研究得很少，主要有 Cu-Ni 系和 Cu-Co-Ni 系等。这些氧化物按一定配比混合，经成形烧结后，性能稳定，可在空气中直接使用。现各国生产的负温度系数热敏电阻器，绝大部分是用这类陶瓷制成。电阻温度系数－1%～－6%/℃，工作温度－60～＋300℃，广泛用于测温、控温、补偿、稳压、遥控等。多数含有一种或一种以上的过渡金属氧化物，随着温度上升，B 值略有增加，具有 P 型半导体构型。

中温 NTC 热敏电阻大都也是用两种以上的过渡金属如 Mn、Ni、Cu、Fe、Co 的氧化物在低于 1300℃的温度下烧结而成。由于氧化物受磁场影响小，因此在低温工程中有其实用价值，主要用于液氢、液氮等液化气体的测温、液面控制及低温阀门直流磁铁线圈的补偿等。常用工作区分 4～20K、20～80K、77～330K 三挡。工作原理与常温相同，只是低温区具有一些特点，如 B 值较小。B 值低于 2000K 的材料制造较难，为降低 B 值可掺入 La、Nd 等稀土氧化物，还必须严格控制烧结气氛。国外用 Co-Ba-O 系陶瓷，测量温区为 4～20K。国内用同样材料研制的低温热敏陶瓷，测温区域为 2.8～100K。

NTC 热敏电阻的阻温特性都是非线性，即指数式。在需均匀刻度及线性特性场合，需用其他元件补偿，这样便使线路复杂化，工作温度受限制。

9.3.1.3 CRT 热敏电阻陶瓷

CRT 热敏陶瓷电阻是一种具有开关特性的负温度系数的热敏电阻。当达到临界温度时，引起半导体陶瓷-金属相变。

CRT 热敏电阻主要是指以 VO_2为基本成分的半导体陶瓷，在 68℃附近电阻值突变可达 3～4 个量级，具有很大的负温度系数，故称剧变温度热敏电阻。

氧化钒陶瓷的制备方法是将 V_2O_5和 V 或 V_2O_3粉末混合，放入石英管中，抽真空后加热至熔点以上。另一方法是将上述粉末的混合物在可控制氧分压的气氛中烧结。VO_2陶瓷材料在 65～75℃间存在着急变临界温度，其临界温度偏差可控制在±1℃，温度系数变化在－100%～－30%/℃，响应时间为 10s。这可能是由于 VO_2在 67℃以上时呈规则的四方晶系的金红石结构，当温度降至 67℃以下时，VO_2晶格畸变，转变为单斜结构，这种结构上的变化，使原处在金红石结构中氧八面体中心的 V^{4+}离子的晶体场发生变化，使得 V^{4+}的

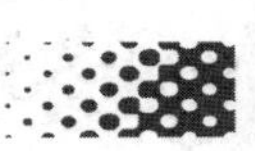

3d 带产生分裂，从而导致 VO_2 由导体转变为半导体。

CRT 热敏电阻陶瓷的应用主要是利用其在特定温度附近电阻剧变的特性，用于电路的过热保护和火灾报警等方面。在剧变温度附近，电压峰值有很大变化，这是可以利用的温度开关特性，用以制造以火灾传感器为代表的各种温度报警装置。与其他相同功能的装置相比，由于无触点和微型化，因而具有可靠性高和反应时间快等特点。以前难以制造的在 35s 内即能开始动作的火灾传感器，现在由于有 CTR 热敏电阻而有可能实现。

9.3.2 压敏陶瓷

压敏陶瓷主要用于制作压敏电阻，它是对电压变化敏感的非线性电阻。

压敏陶瓷是指具有非线性伏安特性曲线、对电压变化敏感的半导体陶瓷。它在某一临界电压以下电阻值非常高，几乎没有电流，但当超过这一临界电压时，电压将急剧变化，并且有电流通过。随着电压的少许增加，电流会很快增大。压敏电阻陶瓷的这种电流-电压特性曲线如图 9-12 所示。由图可见，压敏电阻陶瓷的 *I-V* 特性曲线不是一条直线，其电阻值在一定电流范围内是可变的。因此，压敏电阻又称非线性电阻，用这种陶瓷制作的器件叫非线性电阻器。

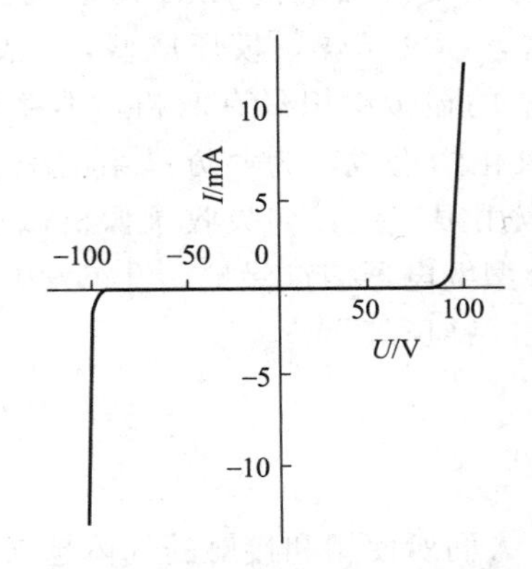

图 9-12 氧化锌压敏陶瓷的伏安特性曲线

习惯上把压敏电阻正常工作时流过的电流称漏电流，为使电阻器可靠，漏电流要尽量小，控制在 50～100μA。电压温度系数是温度每变化 1℃时，零功率条件下测得压敏电压的相对变化率，控制在 -10^{-3}～10^{-4}℃$^{-1}$。压敏陶瓷电阻器的种类很多，有 ZnO 压敏电阻、SiC 压敏电阻、$BaSiO_3$ 压敏电阻等。

ZnO 压敏电阻陶瓷材料，是压敏陶瓷中性能最优的一种材料，具有高非线性、大电流和高能量承受能力，是极性半导体，具有纤维锌矿型结构。其生产方法是在 ZnO 中加入 Bi、Mn、Co、Ba、Pb、Sb、Cr 等元素的氧化物，工艺流程如图 9-13 所示。

氧化锌压敏电阻器是利用 ZnO 的弱电场、高电阻和达到一定电场时电流急剧上升的特性，广泛用于弱电场和强电场领域。典型成分包括 ZnO、Sb_2O_3、Bi_2O_3、CoO、MnO 和 Cr_2O_3，各为 0.5%（摩尔分数）。以上氧化物粉末经球磨混合、喷雾干燥、压制成所需形状，在 1000～1400℃下烧结。然后上银电极、钎焊引线，封装在聚合物中。显微组织由导电的 ZnO 颗粒组成，平均尺寸直径约为 10μm，完全被富集添加阳离子的偏析层所包围。偏析层厚度约为几微米，阻挡层厚约 100nm。在 ZnO-BiO_3 系中，实际存在三个相：ZnO 晶

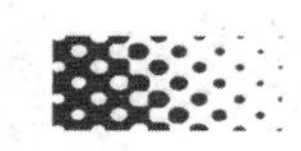

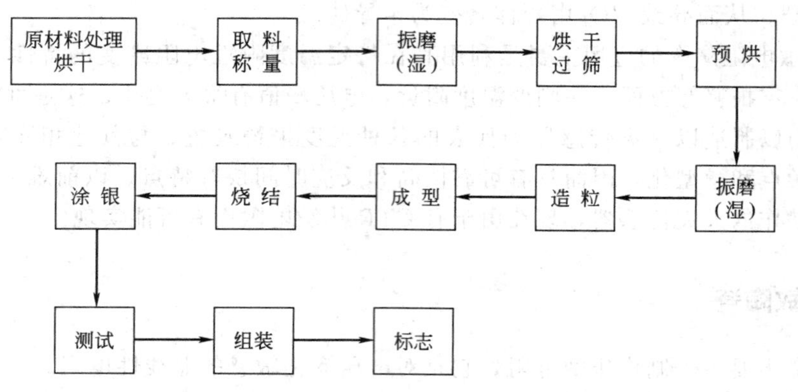

图 9-13 ZnO 压敏电阻陶瓷材料生产工艺流程

粒、晶界相和第三相颗粒。ZnO 晶粒是主相。由于 ZnO 晶粒间的晶界相太薄，只有在三个 ZnO 晶粒交接处，晶界相才清晰可见。晶界相是高铋区。第三相颗粒具有尖晶石结构，大致分子式为 $Zn_7S_2O_{12}$。阻挡层厚度约为 100nm，每阻挡层的宏观击穿电压 U_g 为 2～3V，成分和工艺对 U_g 影响不大。

近来发展了以稀土氧化镨为主要添加剂的 ZnO 压敏陶瓷。ZnO 粉末和少量 Pr_6O_{11}、Co_3O_4、Cr_2O_3和 K_2CO_3等混合，喷雾干燥，模压成型，在高于 1100℃下烧结。电极在烧结圆片相对的两面。ZnO-Pr_6O_{11}的显微组织只有两相，不存在第三相绝缘颗粒，主晶相为 ZnO 晶粒。晶界相主要由镨的氧化物组成，为六方晶系的 Pr_2O_3，是在烧结时通过反应形成的。ZnO 变阻器在弱电领域应用很广泛，如吸收录像机微型电机电噪声，彩电显像管放电吸收，防半导体元件静电，小型继电器接点保护，汽车发电机异常输出功率电压吸收，电子线路上抑制尖峰电压和电火花、稳压等。

9.3.3 气敏陶瓷

随着现代科学技术的发展，人们所使用和接触的气体越来越多，因此，要求对这些气体的成分进行有效的分析、检测。尤其是易燃、易爆、有毒气体，不仅与人们的生命财产有关，而且还直接影响到人类的生存环境，所以必须有效地对这些气体进行监测和报警，避免火灾爆炸及大气污染等情况的发生，各种气体传感器因此应运而生。半导体气敏陶瓷传感器由于具有灵敏度高、性能稳定、结构简单、体积小、价格低、使用方便等特点，成为迅速发展新技术所必需的陶瓷材料。

气敏陶瓷可分为半导体式和固体电解质式两大类。半导体气敏陶瓷一般又可分为表面效应和体效应两种类型。按制造方法和结构形式可分为烧结型、厚膜型及薄膜型。但通常气敏陶瓷是按照使用材料的成分划分为 SnO_2、ZnO、Fe_2O_3、ZrO_3等系列。

9.3.3.1 气敏陶瓷的性能

半导体表面吸附气体分子时，半导体的电导率将随半导体类型和气体分子种类的不同而变化。吸附气体一般分物理吸附和化学吸附两大类。前者吸附热低，可以是多分子层吸附，无选择性；后者吸附热高，只能是单分子吸附，有选择性。两种吸附不能截然分开，可能同时发生。

被吸附的气体一般也可分两类。若气体传感器材料的功函数比被吸附气体分子的电子亲

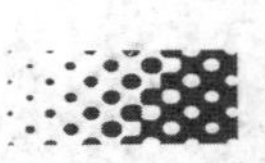

和势小，则被吸附气体分子就会从材料表面夺取电子而以阴离子形式吸附。具有阴离子吸附性质的气体称为氧化性（或电子受容性）气体，如 O_2、NO_x 等。若材料的功函数大于被吸附气体的离子化能量，被吸附气体将把电子给予材料而以阳离子形式吸附。具有阳离子吸附性质的气体称为还原性（或电子供出性）气体，如 H_2、CO、乙醇等。

氧化性气体吸附于N型半导体气敏材料上或还原性气体吸附于P型半导体气敏材料上，都会使载流子数目减少，电导率降低；相反，还原性气体吸附于N型半导体气敏材料上或氧化性气体吸附于P型半导体气敏材料上，会使载流子数目增加，电导率增大。

由于气敏半导体陶瓷传感器要在较高温度下长期暴露在氧化性或还原性气氛中，因此要求半导体陶瓷元件必须具有物理和化学稳定性。除此之外，还必须具有下列特性。

(1) 气体选择性　对于气敏元件来说，气体的选择性比可靠性更为重要。若元件的气体选择性能不佳或在使用过程中逐渐变劣，都会给气体测试、控制或报警带来很大的困难。

提高气敏元件的气体选择性可采用下述几种办法，只有适当组合应用这些方法，才能获得理想的效果。这些方法是：①在材料中掺杂金属氧化物或其他添加物；②控制调节烧结温度；③改变气敏元件的工作温度；④采用屏蔽技术。

(2) 初始稳定、气敏响应和复原特性

① 初始稳定：元件的通电加热，一方面用来灼烧元件表面的油垢或污物，另一方面可起到加速被测气体的吸、脱过程的作用。通电加热的温度通常为200～400℃。在这一过程中，元件的电阻首先是急剧下降，一般经2～10min后达到稳定输出状态，称为初始稳定状态。达到初始稳定状态以后才可以用于气体的正常检测。

② 气敏响应：将达到初始稳定状态的元件，迅速移入被测气体中，其电阻值减小（或增加）的速率称为元件的气敏响应速率特性。一般用响应时间来表示响应速率，即移入被测气体之后至元件电阻值稳定所需要的时间。

③ 复原：测试完毕，把元件置于普通大气环境中，其阻值复原到保存状态数值的速率称为复原特性。可以用恢复时间来表示复原特性。

气敏元件的响应时间和恢复时间越小越好，这样接触被测气体时能立即给出信号，脱离气体时又能立即复原。

(3) 灵敏度及长期稳定性　反映元件对被测气体敏感程度的特性称为该元件的灵敏度。气敏半导体材料接触被测气体时，其电阻发生变化，电阻变化量越大，气敏材料的灵敏度就越高。假设气敏材料在未接触被测气体时的电阻为 R_0，而接触被测气体时的电阻为 R_1，则该材料此时的灵敏度为 $S=R_1/R_0$。

灵敏度反映气敏元件对被测气体的反应能力，灵敏度越高，可检测气体的下限浓度就越低。

气敏半导体陶瓷元件的稳定性包括两个方面：一是性能随时间的变化；二是气敏元件的性能对环境条件的忍耐能力。

环境条件如环境温度与湿度等会严重影响气敏元件的性能，因此，要求气敏元件的性能随环境条件的变化越小越好。

元件的长期稳定性直接关系到元件的使用寿命，改善稳定性的方法主要是通过加入添加剂和调节烧结温度，以控制材料的烧结程度。

9.3.3.2　典型的气敏陶瓷

SnO_2 系气敏陶瓷是最常用的气敏半导体陶瓷，是以 SnO_2 为基材，加入催化剂、黏结剂等，按照常规的陶瓷工艺方法制成。SnO_2系气敏陶瓷制作的气敏元件有如下特点。

① 灵敏度高，出现最高灵敏度的温度较低，约在300℃。

② 元件阻值变化与气体浓度呈指数关系。在低浓度范围，这种变化十分明显，因此适用于检测微量低浓度气体。

③ 对气体的检测是可逆的，而且吸附、解吸时间短。

④ 气体检测不需复杂设备，待测气体可通过气敏元件电阻值的变化直接转化为信号，且阻值变化大，可用简单电路实现自动测量。

⑤ 物理、化学稳定性好，耐腐蚀，寿命长。

⑥ 结构简单，成本低，可靠性高，耐振动和抗冲击性能好。

SnO_2气敏元件由SnO_2烧结体、内电极和兼做电极的加热线圈组成。利用SnO_2烧结体吸附还原气体时电阻减少的特性，来检测还原气体，已广泛应用于家用石油液化气的漏气报警、生产用探测报警器和自动排风扇等。SnO_2系气敏元件对酒精和CO特别敏感。

真空沉积的SnO_2薄膜气敏元件，可检测出气体、蒸气中的CO和乙醇。这种气敏元件的制备，是在铁氧体基底上真空沉积一层SiO_2，再在SiO_2层上真空沉积SnO_2薄膜，并在SnO_2中掺Pd，使之具有敏感性。

已进入实用化的SnO_2系气敏元件对于可燃性气体，例如H_2、CO、甲烷、丙烷、乙醇、酮或芳香族气体等，具有同样程度的灵敏度，因而SnO_2气敏元件对不同气体的选择性就较差。

SnO_2厚膜是以SnO_2为基体，加$Mg(NO_3)_2$和ThO后再加$PdCl_2$作为催化剂，在800℃煅烧1h，球磨粉碎成粉末，加硅胶黏结剂，然后分散在有机溶剂中制成可印刷厚膜的糊状物，最后印刷在Al_2O_3底座上，同Pt电极一起在400～800℃烧成。以铂黑作催化剂的SnO_2厚膜传感器，有选择地检测出氢和乙醇，而CO不产生可识别信号。Qyabu等认为是因贵金属催化剂作用使H_2分解，从而改变SnO_2半导体性，提高SnO_2对氧化-还原条件的敏感性。

AsH_3同SnO_2厚膜表面接触时，分解出的H^+与AsH和SnO_2的表面发生氧化反应形成氢氧基或氧空位。由于形成氢氧基的质子传导机制而提高SnO_2的电导性，空位也提高SnO_2的电导性，故SnO_2薄膜传感器可检测出0.6×10^{-6}的微量物质存在，避免了使用贵金属。

9.3.4 湿敏陶瓷

湿度与人类的生活、生产有着密切的关系。湿敏陶瓷能将湿度信号转变为电信号。湿敏器件广泛被用于湿度指示、记录、预报、控制和自动化。如在纤维、食品、粮食、制药、弹药、造纸、建筑、医疗、气象、电子等工业中用于对过程控制，用于空调设备检测和控制湿度。湿度传感器对陶瓷的要求是：可靠性高、一致性好、响应速度快、灵敏度高、抗老化、寿命长、抗其他气体侵袭和污染，在尘埃烟雾中保持性能稳定和检测精度。

湿敏陶瓷材料可分为金属氧化物和半导体陶瓷两类。湿敏器件一般是电阻型，即由电阻率的改变来完成功能转换。其电阻率ρ为10^{-2}～$10\Omega\cdot m$。其导电形式一般认为是电子导电和质子导电，或者两者共存。不论导电形式如何，湿敏陶瓷根据其湿敏特性可分为当湿度增加时，电阻率减小的负特性湿敏陶瓷和电阻率增加的正特性湿敏陶瓷两种。按工艺过程可将湿敏半导体陶瓷分为薄膜型、烧结型和厚膜型。

9.3.4.1 湿敏陶瓷的技术参数及湿敏特性

湿度有两种表示方法，即绝对湿度和相对湿度，一般常用相对湿度表示。相对湿度（RH）为某一待测蒸气压与相同温度下水的饱和蒸气压之百分比值。

湿敏元件的技术参数是衡量其性能的主要指标，下面列出一些主要参数。

① 测湿量程：在规定的环境条件下，湿敏元件能够正常地测量的湿度范围称为测湿量程。测湿量程越宽，湿敏元件的使用价值越高。

② 灵敏度：湿敏元件的灵敏度可用元件的输出量变化与输入量之比来表示。对于湿敏电阻器来说，常以相对湿度变化1%时电阻值变化的百分率表示。

③ 响应时间：响应时间标志湿敏元件在湿敏变化时反应速率的快慢。一般以在相应的起始湿度和终止湿度这一变化区间内，63%的相对湿度变化所需时间作为响应时间。一般说来，吸湿的响应时间较脱湿的响应时间要短些。

④ 分辨率：指湿敏元件测湿时的分辨能力，以相对湿度表示。

⑤ 温度系数：表示温度每变化1℃时，湿敏元件的阻值变化相当于多少相对湿度的变化，其单位为%/℃。

9.3.4.2 典型的湿敏半导体陶瓷介绍

（1）高温烧结型湿敏陶瓷　这类陶瓷是在较高温度范围（900～1000℃）烧结的典型多孔陶瓷，气孔率高达30%～40%，具有良好的透湿性能。

$MgCr_2O_4$-TiO_2系陶瓷以MgO、Cr_2O_3、TiO_2粉末为原料（纯度均为99.9%，碱金属杂质低于0.001%），经纯水湿磨混合、干燥、压制成型，在空气中于1200～1450℃下烧结6h，制得的孔隙度25%～35%的多孔陶瓷。TiO_2含量低于30%时陶瓷呈P型半导性。加Ti^{4+}能和Mg^{2+}一起溶于尖晶石结构的八面体空隙中，Cr^{3+}则进入四面体空隙。当TiO_2含量大于40%时，由于TiO_2的氧空位，陶瓷呈N型半导性。RH由0%到100%时电阻急剧下降。导电性因吸附水而增高，其导电机制为离子导电。多孔陶瓷晶粒接触表明，Cr^{3+}和吸附水反应形成OH^-时，就提供可活动的质子H^+。当相对湿度增大时，形成多层氢氧基，质子H^+可和水分子形成H_3O^+。当存在大量吸附时，H_3O^+会水解，质子传输过程处于支配地位。金属氧化物陶瓷表面存在不饱和键，易吸附水，$MgCr_2O_4$-TiO_2陶瓷在表面形成水分子，很易在压力降低或温度稍高于室温时脱附，故具有很高的湿度活性，湿度响应快（约12s），对温度、时间、湿度的稳定性高，已用于微波炉的程序控制等。根据微波炉蒸汽排口处传感器相对湿度反馈信息，调节烹调参数。还可制成对气体、温度、湿度都敏感的多功能传感器。

（2）低温烧结型湿敏陶瓷　这一类湿敏陶瓷的特点是烧结湿度较低（一般低于900℃），烧结时固相反应不完全，烧结后收缩率很小。其典型材料有Si-Na_2O-V_2O_5系和ZnO-Li_2O-V_2O_5系两类。

Si-Na_2O-V_2O_5系湿敏陶瓷的主晶相是具有半导性的硅粉。实际上，大量游离的硅粉在烧结时由Na_2O和V_2O_5助熔并黏结在一起，并不发生固、液相反应。烧结时Na_2O、V_2O_5和部分Si在硅粉粒表而形成低共熔物，黏结成机械强度不高的多孔湿敏陶瓷。其阻值为10^2～$10^7\Omega$，且随相对湿度以指数规律变化，测量范围为25%～100%。

Si-Na-V系湿敏陶瓷的感湿机理是由于Na_2O和V_2O_5吸附水分，使吸湿后硅粉粒间的电阻值显著降低。Si-Na-V系湿敏元件的优点是温度稳定性强，可在100℃下工作，阻值范围可调，工作寿命长。缺点是响应速度慢，有明显湿滞现象，只能用于湿度变化不剧烈的场合。

对于湿敏陶瓷的感湿机理，目前尚缺乏一种能适合任何情况的理论来加以解释。较常见的理论解释是粒界势垒论和质子导电论，前者适合于低湿情况（＜40%），后者适合于高湿情况（＞40%）。离子-电子或质子-电子综合导电机理是：假定吸湿后多孔陶瓷由固定晶粒和吸附水（也称准液态水）两相组成，分别具有晶粒电阻和吸附水电阻，导电时是准液态水导电和晶粒导电的综合导电。此机理可解释较多现象。

9.3.4.3　湿敏半导体陶瓷的应用

湿敏陶瓷的应用日益广泛，而应用对材料提出了各种要求。主要有：

① 稳定性、一致性、互换性要好。

② 精度高，使用湿区宽，灵敏度适当，在10%～95%湿度区间内，要求阻值变化在3个数量级。低湿时阻值尽可能低，使用湿度区间越宽越好。

③ 响应快，湿滞小，能满足动态测量的要求。

④ 湿度系数小，尽量不用温度补偿线路。

⑤ 可用于高温、低温及室外恶劣环境。

⑥ 多功能化。

湿敏陶瓷材料最多的是用作湿度传感器件，有着十分广泛的应用前景，主要用途可见表9-6。

表9-6　陶瓷传感器的应用领域及用途

行业	应用领域	使用温湿度范围		备注
		温度/℃	湿度/%RH	
家电	空调机	50～40	40～70	控制空气状态
	干燥机	80	0～40	干燥衣物
	电炊灶	5～100	2～100	食品防热、控制烹调
	VTR	－5～60	60～100	防止结露
汽车	车窗去雾	－20～80	50～100	防止结露
医疗	治疗器	10～30	80～100	呼吸器系统
	保育器	10～30	50～80	空气状态调节
工业	纤维	10～30	50～100	制丝
	干燥机	50～100	0～50	窑业及木材干燥
	粉体水分	5～100	0～50	窑业原料
	食品干燥	50～100	0～50	
	电器制造	5～40	0～50	磁头、LSI、IC
农、林、畜牧业	房屋空调	5～40	0～100	空气状态调节
	茶田防冻	－10～60	50～100	防止结露
	肉鸡饲养	20～25	40～70	保健
计测	恒温恒湿槽	－5～100	0～100	精密测量
	无线电探测器	－50～40	0～100	气象台高精度测定
	湿度计	－5～100	0～100	控制记录装置
其他	土壤水分			植物培育、泥土崩坍

9.3.5　其他敏感陶瓷简介

敏感陶瓷除前面所介绍的热敏、压敏、气敏和湿敏陶瓷外，作为新兴技术材料还有磁

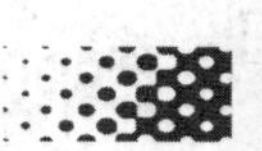

敏、光敏、离子敏和多功能复合敏感陶瓷等。磁敏陶瓷是指能将磁性物理量转变为电信号的陶瓷材料，可利用其磁阻效应制成多种器件，在科研和工业生产中用来检测磁场、电流角度、转速、相位等。光敏半导体陶瓷受光照射后，由于陶瓷电特性不同及光子能量的差异，产生不同光电效应，具有光电导、光生伏特和光电发射效应等。利用光敏陶瓷可以制成光电二极管、太阳能电池等，是未来将大力发展的清洁能源材料。离子敏陶瓷是指能将溶液或生物体内离子活度转变为电信号的陶瓷，用它制成的离子敏半导体传感器是化学传感器的一种。在实际应用中，往往要求一个敏感元件能检测两个或更多个环境参数而又互不干扰，因此，有必要发展多功能敏感陶瓷的传感器，使敏感陶瓷器件多元化、集成化，更好地与计算机技术配合使用，迅速处理大量的信息，更好地完成所要求的检测功能。相信未来敏感陶瓷的技术将会更加完善。

9.4　压电陶瓷

9.4.1　压电陶瓷概述

在没有对称中心的晶体上施加压力、张力或切向力时，晶体发生与应力成比例的介质极化，同时在晶体两端面将出现正负电荷（正压电效应）。反之，当在晶体上施加电场引起极化时，晶体将产生与电场强度成比例的变形或机械应力（逆压电效应）。这两种正逆效应统称为压电效应。晶体是否出现压电效应，由构成晶体的原子和离子的排列方式，即结晶的对称性所决定。晶体按对称性分为 32 个晶族，其中有对称中心的 11 个晶族不呈现压电效应，而无对称中心的 21 个晶族中有 20 个呈现压电效应。

压电陶瓷属于固体无机材料，一般是用把必要成分的原料进行混合、成形和高温烧结的方法，由粉粒之间的固相反应和烧结过程而获得的微细晶粒不规则集合而成的多晶体。烧结状态的铁电陶瓷不呈现压电效应，但是，当在铁电陶瓷上施加直流强电场进行极化处理时，则陶瓷各个晶粒的自发极化方向将平均地取向于电场方向，因而具有近似于单晶的极性，并呈现出明显的压电效应。利用此种压电效应将铁电性陶瓷进行极化处理所获得的陶瓷就是压电陶瓷。所有的压电陶瓷也都应是铁电陶瓷。

9.4.2　压电陶瓷的性能参数

经过人工极化后的铁电陶瓷就成为具有压电性能的压电陶瓷，除压电性能外，还具有一般介质材料所具有的介电性能和弹性性能。压电陶瓷是一种各向异性的材料，因此，表征压电陶瓷性能的各项参数在不同方向上表现出不同的效值，并且需要较多的参数来描述压电陶瓷的各种性能。

（1）机械品质因数

$$Q_m = \frac{\text{谐振时振子储存的机械能}}{\text{谐振时振子每周期所损耗的机械能}} \times 2\pi \tag{9-5}$$

机械品质因数是衡量压电陶瓷材料的一个重要参数。它表示在振动转换时，材料内部能量消耗的程度。机械品质因数越大，能量的损耗越小。产生损耗的原因在于内摩擦。机械品质因数可以根据等效电路计算而得：

$$Q_m=\frac{1}{c_1\omega_a R_1} \tag{9-6}$$

式中，R_1为等效电阻；ω_a为串联谐振频率；c_1为振子谐振时的等效电容。

当陶瓷片作径向振动时，可近似地表示为：

$$Q_m=\frac{1}{4\pi(c_0+c_1)R_1\Delta f} \tag{9-7}$$

式中，c_0为振子的静态电容，F；Δf 为振子的谐振频率 f_r与反谐振频率 f_a之差，Hz。

不同的压电器件对压电陶瓷材料的 Q_m值有不同的要求，多数陶瓷滤波器要求压电陶瓷的 Q_m值要高，而音响器件及接收型换能器则要求 Q_m值要低。

（2）机电耦合系数　机电耦合系数 K 是综合反映压电材料性能的参数，它表示压电材料的机械能与电能的耦合效应。机电耦合系数可定义为：

$$K^2=\frac{\text{电能转变为机械能}}{\text{输入电能}}(\text{逆压电效应}) \tag{9-8}$$

$$K^2=\frac{\text{机械能转变为电能}}{\text{输入机械能}}(\text{正压电效应}) \tag{9-9}$$

机电耦合系数是压电材料进行机-电能量转换的能力反映，它与机-电效率是完全不同的两个概念。它与材料的压电常数、介电常数和弹性常数等参数有关，因此，机电耦合常数是一个比较综合性的参数。

从能量守恒定律可知，K 是一个恒小于 1 的数。压电陶瓷的耦合系数现在能达到 0.7 左右，并且能在广泛的范围内进行调整，以适应各种不同用途的需要。

压电陶瓷元件的机械能与元件的形状和振动模式有关，因此对不同的模式有不同的耦合系数。例如对薄圆片径向伸缩模式的耦合系数为 K_p（又称平面耦合系数）；薄形长片长度伸缩模式的耦合系数为 K_{31}（横向耦合系数）；圆柱体轴向伸缩模式的耦合系数为 K_{33}（纵向耦合系数）；薄片厚度伸缩式的耦合系数为 K_t；方片厚度切变模式的耦合系数为 K_{15}等。

（3）弹性系数　根据压电效应，压电陶瓷在交变电场作用下，会产生交变伸长和收缩，从而形成与激励电场频率（信号频率）相一致的受迫机械振动。将具有一定形状、大小和被覆工作电极的压电陶瓷体称为压电陶瓷振子（简称振子）。实际上，振子谐振时的形变是很小的，一般可以看作是弹性形变。反映材料在弹性形变范围内应力与应变之间关系的参数为弹性系数。

压电陶瓷材料是一个弹性体，它服从胡克定律：在弹性限度范围内，应力与应变成正比。对于压电陶瓷，因为应力作用下的弹性变形会引起电效应，而电效应在不同的边界条件下，对应变又会有不同的影响，就有不同的弹性柔顺系数和弹性刚度系数。

（4）压电常数和压电方程　压电常数是压电陶瓷重要的特性参数，它是压电介质把机械能（或电能）转换为电能（或机械能）的比例常数，反映了应力或应变和电场或电位移之间的联系，直接反映了材料机电性能的耦合关系和压电效应的强弱。压电常数直接建立了力学参量和电学参量之间的联系，同时对建立压电方程有着重要的应用。压电方程是反映压电陶瓷力学参量与电学参量之间关系的方程式。

9.4.3　压电陶瓷材料

从晶体结构上看，钙钛矿型、钨青铜型、焦绿石型、含铋层结构的陶瓷材料具有压电性

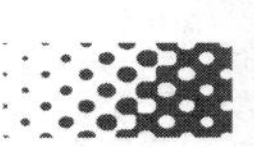

能，目前，最常用的压电陶瓷钛酸钡、钛酸铅、锆钛酸铅都属于钙钛矿型晶体结构。

压电陶瓷生产工艺大致与普通陶瓷工艺相似，同时具有自己的工艺特点。

压电陶瓷生产的主要工艺流程：

配料—球磨—过滤，干燥—预烧—二次球磨—过滤，干燥—过筛—成型—排塑—烧结—精修—上电极—烧银—极化—测试。

$BaTiO_3$（钛酸钡）是在研究具有高介电常数钛酸盐陶瓷的过程中偶然发现具有压电特性的。$BaTiO_3$具有钙钛矿型晶体结构，在室温下它是属于四方晶系的铁电性压电晶体。钛酸钡陶瓷通常是把 $BaTiO_3$ 和 TiO_2 按等物质的量混合后成形，并于 1350℃左右烧结 2～3h 制成的。烧成后在 $BaTiO_3$ 陶瓷上被覆银电极，在居里点附近的温度下开始加 2000V/mm 的直流电场，用在电场中冷却的方式进行极化处理。极化处理后，剩余极化仍比较稳定地存在，呈现出相当大的压电性。

由于 $BaTiO_3$ 陶瓷制造方法简便，最初被用于朗之万型压电振子，并于 1951 年把它装在鱼群探测器上进行实用化试验获得成功。但是，这种陶瓷在特性方面还没有完全满足要求。它的压电性虽然比水晶好，但比酒石酸钠差；压电性随温度和时间的变化虽然比酒石酸钠小，但又远远大于水晶等。因此，后来又进行了改性。

$BaTiO_3$ 陶瓷压电性随温度和时间的变化大是因为其居里点（约 120℃）和第二相变点（约 0℃）都在室温附近。如在第二相变点温度下晶体结构在正交-四方晶系之间变化，自发极化方向从（011）变为（001），此时介电、压电、弹性性质都将发生急剧变化，造成不稳定。因此，在相变点温度，介电常数和介电耦合系数出现极大值，而频率常数（谐振频率×元件长度）出现极小值。这种 $BaTiO_3$ 陶瓷的相变点可利用同一类元素置换原组成元素来调节改善，因而改良后的 $BaTiO_3$ 陶瓷得以开发并付诸实用。

用 $CaTiO_3$ 转换一部分 $BaTiO_3$ 时居里点几乎不变，但使晶体的第二相变点向低温移动，当转换 16%时，第二相变点变成－55℃。由于随着 $CaTiO_3$ 置换量的增加压电性降低，所以实用上最大转换量仅限于 8%（摩尔分数）左右。

同时，当用 $PbTiO_3$ 来转换 $BaTiO_3$ 时，居里点向高温移动，而第二相变点移向低温区，矫顽场增高，从而可获得性能稳定的压电陶瓷。然而，当 $PbTiO_3$ 的转换量过多时，虽然温度特性得到改善，但因压电性降低，故实用上最大置换量限制在 8%（摩尔分数）左右。在工业上已制造出居里点升至 160℃ 和第二相变点降至－50℃，且容易烧结的 $Ba_{0.88}Pb_{0.88}Ca_{0.04}TiO_3$ 陶瓷。这种陶瓷因其居里点高，已在超声波清洗机等大功率超声波发生器以及声呐、水听器等水声换能器等方面得到了广泛应用。

另一方面，$BaTiO_3$ 铁电性的发现成为探索新型氧化物铁电体的转折点，在此基础上研究了与转换 $BaTiO_3$ 所获得的 $BaTiO_3$、（Ba、Pb）TiO_3、$PbZrO_3$、（Ba、Pb）ZrO_3 等有类似结构的 ABC_3 型铁电体，如 $NaNbO_3$、$NaTaO_3$、$KNbO_3$、$KTaO_3$ 等的压电性。

$PbTiO_3$ 于 1936 年已人工合成，但由于它在居里点（490℃）以下的结晶各向异性大，烧结后的晶粒容易在晶界处分离，得不到致密的、机械强度高的陶瓷，同时由于矫顽场大，极化困难，所以长期以来没能获得实用。人们对抑制 $PbTiO_3$ 陶瓷晶粒生长和对增加晶界结合强度效果较显著的添加物（$Bi_{2/3}TiO_3$、$PbZn_{1/3}Nb_{2/3}TiO_3$、$BiZn_{1/2}O_3$、$Bi_{2/3}Zn_{1/3}$、Li_2CO_3、NiO 等）进行了研究，并通过在 $PbTiO_3$ 中同时添加 $La_{2/3}TiO_3$ 和 MnO_2 等研制成密度高、机械强度大、可进行高温电场极化处理的具有高电阻率的陶瓷。这种陶瓷在 200℃下加 6000V/mm 的电场保持 10min，很容易极化。由于这种陶瓷介电常数小，耦合系数的各向异性大，所以容易抑制副共振的影响，而且由于具有各种压电特性的温度和时间变化小等特征，作为甚高频段（VHF）用陶瓷谐振子，正获得广泛应用。

9.4.4 压电陶瓷的应用

近年来，随着航天、电子、计算机、激光、微声和能源等新技术的发展，对各类材料器件提出了更高的性能要求。压电陶瓷作为一种新型功能材料，在日常生活中，制成压电元件广泛应用于传感器、气体点火器、报警器、音响设备、超声清洗、医疗诊断及通信等装置中。它的重要应用大致分为压电振子和压电换能器两大类。前者主要利用振子本身的谐振特性，要求压电、介电、弹性等性能稳定，机械品质因数高。后者主要是将一种能量形式转换成另一种能量形式，要求机电耦合系数和品质因数高。压电陶瓷的主要应用领域如表 9-7 所示。

表 9-7 压电陶瓷材料应用范围举例

应用领域		主要用途举例
电源	压电变压器	雷达、电视显像管、阴极射线管、盖克计数管、激光管和电子复印机等高压电源和压电点火装置
信号源	标准信号源	振荡器、压电音叉、压电音片等用作精密仪器中的时间和频率标准信号源
信号转换	电声换能器	拾声器、送话器、受话器、扬声器、蜂鸣器等声频范围的电声器件
	超声换能器	超声切割、焊接、清洗、搅拌、乳化及超声显示等频率高于 20kHz 的超声器件
发射与接收	超声换能器	探测地质构造、油井固实程度、无损探伤和测厚、催化反应、超声衍射、疾病诊断等各种工业用的超声器件
	水声换能器	水下导航定位、通信和探测的声呐、超声测探、鱼群探测和传声器等
信号处理	滤波器	通信广播中所用各种分立滤波器和复合滤波器，如彩电中频滤波器；雷达、自控和计算机系统所用带通滤波器、脉冲滤波器等
	放大器	声表面波信号放大器以及振荡器、混频器、衰减器、隔离器等
	表面波导	声表面波传输线
传感与计测	加速度计、压力计	工业和航空技术上测定振动体或飞行器工作状态的加速度计、自动控制开关、污染检测用振动计，以及流途计、流量计和波面计等
	角速度计	测量物体角速度及控制飞行器航向的压电陀螺
	红外探测器	监视领空、检测大气污染浓度、非接触式测温及热成像、热电探测、跟踪器等
	位移发生器	激光稳频补偿元件、显微加工设备及光角度、光程长的控制器
存储显示	调制	用于电光和声光调制的光阀、光闸、光变频器和光偏转器、声开关等
	存储	光信息存储器、光记忆器
	显示	铁电显示器、声光显示器、组页器等
其他	非线性元件	压电继电器等

9.5 半导体陶瓷

9.5.1 半导体陶瓷的导电特性

物质可根据其导电性的大小分为导体、半导体和绝缘体，在室温时如果按材料的电阻率

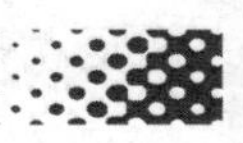

大小一般划分如下：

导体 $\rho<10^{-2}\Omega\cdot cm$

半导体 $10^{-2}\Omega\cdot cm<\rho<10^{9}\Omega\cdot cm$

绝缘体 $\rho>10^{9}\Omega\cdot cm$

绝缘体又称为电介质。大多数陶瓷是绝缘体，少数是导体，也有一部分是半导体。

由于半导体陶瓷有独特的电学性能，同时还具有优良的力学性能、热性能和良好的化学稳定性，因而已成为当代科学技术中不可缺少的重要材料。

由于陶瓷材料的结合键为离子键和共价键，它的导电载流子随电场强度、温度的变化而改变。在低温弱电场作用下，主要是弱联系间隙离子参加导电；随电场强度增加，联系强的基本离子也可能参加导电，高温时呈现电子导电。按其载流子性质不同，陶瓷材料的电导又分为电子电导和离子电导。

金属材料的导电机制为自由电子导电，温度升高增加晶格的热振动，增大电子的散射概率，降低电子的迁移率，使电导率减小。对于陶瓷材料，温度升高，一方面使离子的扩散系数增大，另一方面有更多电子被激发到导带上。虽然晶格热振动的加剧能导致电子迁移率的降低，但由于前面两个因素在半导体陶瓷中占支配地位，所以总的趋势是电导率随温度升高而增大。

由于陶瓷的电导率是由横穿晶界的电导率和沿晶界的电导率之和。因而控制晶粒整体电阻率和偏析于晶界的杂质种类及界面上原子价补偿效应，就能控制总体的电导率，获得所需要的半导体陶瓷材料。如利用 CdS 型半导体陶瓷中过剩的 Cd 离子的晶界扩散，在晶界区形成 P 型半导体层。

9.5.2 半导体掺杂陶瓷及其应用

1985 年出现的一类新的半导体型非线性光学材料——半导体微晶掺杂玻璃，具有大的非线性、快速响应时间、室温下操作以及成本低等优点，使其在全光学开关、简并四波混频、光学双稳和光学相位共轭等光学信息处理和光计算中有着潜在用途。

半导体掺杂陶瓷举例：基础玻璃成分（质量分数）：SiO_2 40%～60%；B_2O_3 0～10%；Al_2O_3 0～2%；P_2O_5 0～3%；TiO_2 1%～10%；F0～2%；Na_2O+K_2O 10%～30%；ZnO 10%～30%。引入掺杂如 CdO、$CdCO_3$、CdS、S、Se 等，采用弱还原气氛熔制。该类陶瓷光谱特性重复性差，其原因是玻璃熔制过程中掺杂组分挥发严重。影响挥发的因素很多，如玻璃组成、熔制温度、掺杂组分的比例、氧化还原剂的引入、制备手段等。笔者认为如采取密封熔制、低温熔制或覆盖分步加料等，可有效控制挥发。随 Se 含量增加，带隙能减少，光谱吸收带边缘向长波方向移动；随 Cd 含量增加，带隙能增加，吸收带边缘向短波方向移动；而 S 含量增加到一定量后，会使玻璃呈棕色；Zn 含量超过一定量时难以显晶。玻璃经成形、粗退火后于 430～650℃、6～24h 显晶。微晶尺寸不仅决定于掺杂物比例，同时是显晶温度和时间的函数。温度或时间增加均使微晶尺寸变大；而微晶越小，其带隙能越大。微晶平均直径在 2～8nm，其吸收边缘呈台阶形。归因陶瓷的量子限效应，与非量子限玻璃相比，吸收难于饱和，大的饱和表明陶瓷中杂质中心数目大，杂质中心提供了第三能级，即增加光量子容量。

$BaTiO_3$、$ZnTiO_3$ 半导体陶瓷在几十电子伏特能量的电子冲击下，就使其表面放射出二次电子，具有高的二次电子发射系数、高电阻率，容易获得正电阻或零电阻温度系数，耐气候污染、耐电子烧蚀、耐热，满足二次电子倍增管对材料的要求，并具有结构简单，对磁场不敏感、高增量、背景噪声低等优点。先采用挤压法成形为圆细管，然后在1300～1450℃下烧结，最后在两端加上电极而成。已广泛用于微量电子和离子的测量，软X线和紫外线测量，核裂变、地震探测，宇宙线计数等。

9.5.3 陶瓷半导体元件

陶瓷半导体元件是一种新型“电-火”转换元件，它以陶瓷材料为基体，掺以适当比例的半导体材料，如TiO_2、SiO_2、Cu_2O、Fe_2O_3等金属氧化物。有两种制成形式：一种是经过先制坯，按照规定工艺烧结成团块式半导体；另一种则是在陶瓷基体上涂上半导体材料釉膜烧结而成涂层式半导体。

陶瓷半导体在宏观上不具有像晶体二极管那样的单向导电性，但是由于它内部材料的异向性，使各部位的导电性极不均匀，其电阻值一般在几十千欧至0.5MΩ之间，并具有负温度系数。

只要给陶瓷半导体的两端施加一定的电压，电流就流过，但在其截面上的电流分布是极不均匀的。往往在呈现电阻极小的区域，电流密度很快上升，该区域就很快被加热。由于材料本身具有负温度系数，这个区域的电阻值随着发热而减小，使流过的电流继续增长，更加发热。当电流密度达到10^{-3}～10^{-2}A/mm^{2}时，导致电子产生“雪崩”式热游离，使温度迅速上升，沿半导体表面形成火花放电。利用这一特性可以制成半导体电嘴。陶瓷半导体电嘴具有如下特点：①放电电压低，在130V以上就能表面放电；②放电火花能量大；③不受周围介质、温度等影响，在水中、冰里均能正常发火，可在－55℃环境中冷启动，也能在800℃环境中正常工作；④有很快的“自净”作用，即油污和积炭可经表面强烈的放电作用而被清洗；⑤可用于各种燃油的直接点火；⑥安全可靠、寿命长。

利用陶瓷半导体电嘴可制成低压高效能点火器。最先用于航空发动机的点火系统，现已广泛用于电力锅炉点火、石油管道加热站、纺织印染行业中的煤气加热设备等方面。

NTC主要用于通信及线路中温度补偿及测温。PTC用于温度检测、温度补偿，它的控流功能，用于自控发热、彩电消磁、过流防止等。低阻PTC材料用于办公自动化设备及汽车。对高温（300℃）PTC的需求也有增长，但必须解决使用老化问题。PTC-双金属组合器件，可用于定温控温及时间延迟等，使用广泛。PTC在中小功率自控加热应用方面有广阔天地，等待开发。

变阻器由于电子设备小型化及布置更紧凑，生成噪声的倾向增大，需要新的旁路电容器，有好的温度稳定性及吸噪声性能。这使得同时具有变阻器功能的$SrTiO_3$半导电容器的应用逐渐普遍，用于保护半导线路，吸收噪声。

9.6 磁性陶瓷

磁性陶瓷分为含铁的铁氧体陶瓷和不含铁的磁性陶瓷。铁氧体和铁粉芯永久磁铁是磁性瓷的代表。铁氧体是作为高频用磁性材料而制备的金属氧化物烧结磁性体，可分为硬磁铁氧体和软磁铁氧体两种。前者不易磁化也不易消磁，主要用于磁铁及磁存储元件；软磁容易磁化及去磁，磁场方向可以变化，可用于对交变磁场响应的电子部件。磁性陶瓷一般主要是指

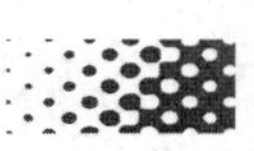

铁氧体，其分子式为多种，有 MFe_2O_3、MFe_2O_4、$MFeO_{12}\cdot MFeO_3$、$MFe_{12}O_{19}$等，M 代表一价或二价金属离子，主要有 Mg、Zn、Mn、Ba、Li，或三价稀土金属 Y、Sm 等。铁氧体属半导体，金属和合金材料的电阻率低（$10^{-8}\sim10^{-6}\Omega\cdot m$），损耗较大，无法适用于高频。而陶瓷质磁性材料电阻率较高（$1\sim10^{6}\Omega\cdot m$），涡流损失小，介质损耗低，所以广泛用于高频和微波领域，在商用频率到毫米波范围内可以多种形态得到应用。金属磁性材料的应用频率不超过 100kHz。铁氧体的缺点是饱和磁化强度低，居里温度不高，不适合在高温式低频大功率条件下工作。尽管如此，由于不同种类的铁氧体具有不同的特殊磁学性能，它们在现代无线电电子学、自动控制、微波技术、电子计算机、信息储存、激光调制等方面都得到了广泛的应用。

9.6.1　磁性陶瓷的磁学基本性能

（1）固体的磁性　固体的磁性在宏观上是以物质的磁化率 X 来描述的。对于处于外磁场强度 H 中的磁介质，其磁化强度 M 为：

$$M=XH \tag{9-10}$$

磁化率为：

$$X=M/H=\mu_0 M/B_0$$

式中，μ_0为真空的磁导率，$\mu_0=4\pi\times10^{-7}$ H/m；B_0为磁场在真空中的磁感应强度，T。

$$B_0=\mu_0 H \tag{9-11}$$

按照磁化率 X 的数值，固体的磁性可分成下面几类：

① 逆磁体：这类固体的磁化率是数值很小的负数，它几乎不随温度变化。X 的典型数值约为-10^{-5}。

② 顺磁体：其磁化率是数值较小的正数，它与温度 T 成反比，$X=\mu_0 C/T$，称为居里定律，式中，C 是常数。

③ 铁磁体：其磁化率是特别大的正数，在某个临界温度 T_c以下，即使没有外磁场，材料中也会出现自发磁化；在高于 T_c的温度，它变成顺磁体，其磁化率服从居里-外斯定律

$$X=\mu_0 C/(T-T_c) \tag{9-12}$$

④ 亚铁磁体：这类材料在温度低于居里点 T_c时像铁磁体，但其磁化率不如铁磁体那么大，它的自发磁化强度也没有铁磁体的大；在高于居里点的温度时，它的特性逐渐变得像顺磁体。

⑤ 反铁磁体：其磁化率是小的正数。

反铁磁性和亚铁磁性的物理本质是相同的，即原子间的相互作用使相邻自旋磁矩呈反向平行。当反向平行的磁矩恰好相抵消时为反铁磁性，部分抵消而存在合磁矩时为亚铁磁性，所以，反铁磁性是亚铁磁性的特殊情况。亚铁磁性和反铁磁性，均要在一定温度以下原子间的磁相互作用胜过热运动的影响时才能出现。对于这个温度，亚铁磁体仍叫居里温度（T_c），而反铁磁体叫奈耳温度（T_N）。在这个临界温度以上，亚铁磁体和反铁磁体同样转为顺磁体，但亚铁磁体的磁化率 X 和温度 T 的关系比较复杂，不满足简单的居里-外斯定律。反铁磁体则在高于奈耳温度以上（$T>T_N$）的范围，磁化率随温度的变化仍可写成居里-外斯定律的形式：

$$X=\mu_0 C/(T+T_N) \tag{9-13}$$

图 9-14 表示在居里点或奈耳点以下时铁磁性、反铁磁性及亚铁磁性的自旋排列。

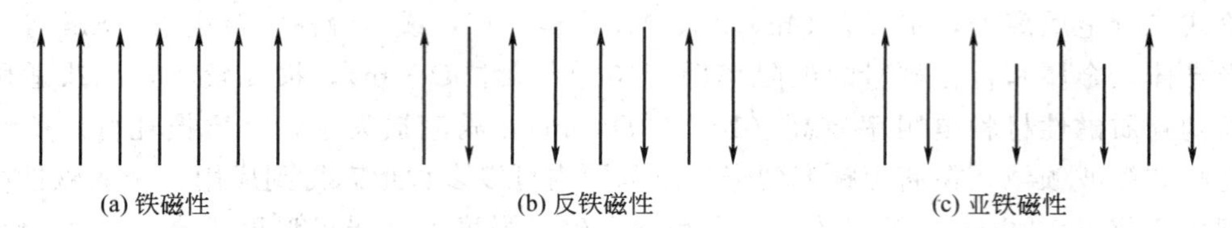

图 9-14 铁磁性、反铁磁性、亚铁磁性的自旋排列

(2) 磁滞回线 表征磁性陶瓷材料各种主要特性的是如图 9-15 中所示的磁滞回线。图中横轴表示测量磁场 H（外加磁场），纵轴表示磁感应强度 B。磁介质处于外磁场 H 中，当外磁场 H 按照 $-H_m \rightarrow -H_c \rightarrow 0 \rightarrow H_c \rightarrow H_m$ 方向变化时，磁感应强度 B 则按 $-B_m \rightarrow -B_r \rightarrow 0 \rightarrow B_r \rightarrow B_m$ 顺序变化。这里，把 H_c 称为矫顽力（矫顽场），H_m 称为最大磁场，B_r 称为剩余磁感应强度，B_m 称为最大磁感应强度（或叫饱和磁感应强度）。

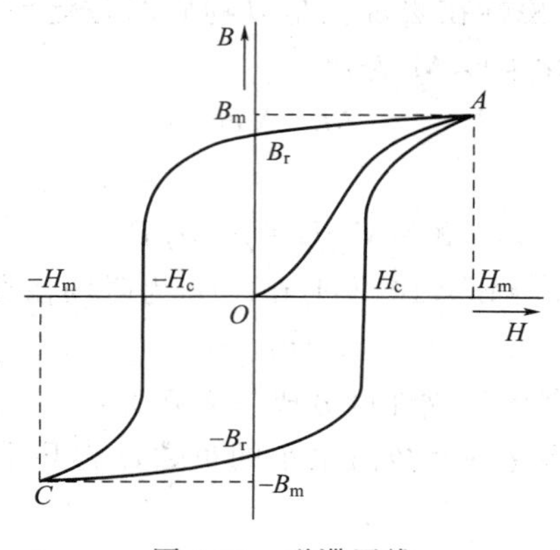

图 9-15 磁滞回线

(3) 磁导率 μ 磁导率是表征磁介质磁化性能的一个物理量。铁磁体的磁导率很大，且随外磁场的强度而变化；顺磁体和抗磁体的磁导率不随外磁场而变，前者略大于 1，后者略小于 1。

对铁磁体而言，从实用角度出发，希望磁导率越大越好。尤其现今，为适应数字化趋势，磁导率的大小已成为鉴别磁性材料性能是否优良的主要指标。

由磁化过程知道，畴壁移动和畴内磁化方向旋转越容易，磁导率 μ 值就越大。要获得高 μ 值的磁性材料，必须满足下列三个条件：

①不论在哪个晶向上磁化，磁能的变化都不大（磁晶各向异性小）。

②磁化方向改变时产生的晶格畸变小（磁致伸缩小）。

③材质均匀，没有杂质（没有气孔、异相），没有残余应力。

如果以上三个条件均能满足，磁导率 μ 就会很高，矫顽力 H_c 就会很小。金属材料在高频下，涡流损失大，μ 值难以提高，而铁氧体磁性陶瓷的 μ 值很高，即使在高频下也能获得很高的 μ 值。若能找到使磁晶各向异性常数 K_1 和磁致伸缩系数 λ_s 同时变小的合适的化学组成，就可提高 μ 值。目前，铁氧体可以获得的最高 μ 值大约为 40000，但实际应用的工业产品，其 μ 值约为 15000。

(4) 最大磁能积 $(BH)_{max}$ 图 9-16 的磁化曲线可以来说明最大磁能积的意义。把该图第Ⅱ象限的磁化曲线相应于 A 点下的 BH 乘积（即图中阴影部分）称为磁能积，退磁曲线

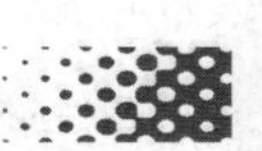

上某点下的 BH 乘积的最大值与该磁体单位体积内储存的磁能的最大值成正比，因此用 $(BH)_{max}$ 表示最大磁能积。$(BH)_{max}$ 随铁氧体种类而不同。

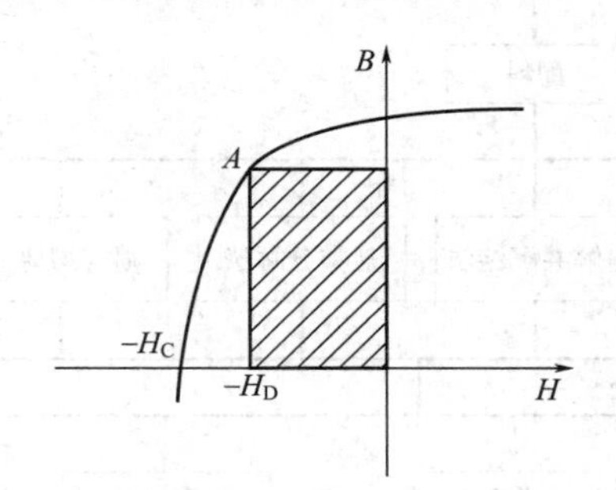

图 9-16 B-H 曲线与 $(BH)_{max}$ 关系

9.6.2 磁性陶瓷的分类

铁氧体陶瓷是以氧化铁和其他铁族、稀土族氧化物为主要成分的复合氧化物，按晶体结构可以把它的分成三大类：尖晶石型（MFe_2O_4）、石榴石型（$R_3Fe_5O_{12}$）、磁铅石型（$MFe_{12}O_{19}$）。其中 M 为铁族元素，R 为稀土元素。按铁氧体的性质及用途又可分为软磁、硬磁、旋磁、矩磁、压磁、磁泡、磁光及热敏等铁氧体。按其结晶状态又可分为单晶和多晶体铁氧体，按其外观形态又可分为粉末、薄膜和体材等。

常用的多晶铁氧体生产最后都要通过烧结达到致密化，因此要求获得微细、均匀，具有一定烧结活性的铁氧体粉末。铁氧体粉料的制备方法有氧化物法、盐类热分解法、共沉淀法和喷雾干燥法等。成型可采用干压成型、磁场成型、热压铸成型、冲压成型、浇铸成型、等静压和挤压成型等方法。烧结可分在空气中、气氛或热压中进行。性能良好的多晶取向铁氧体采用磁场取向成型和热压法制造，常用生产工艺如图 9-17 所示。

此外，还可以用溅射法、化学气相沉积法及液相外延法等技术生产铁氧体的单晶薄膜。而铁氧体的多晶薄膜多采用电弧等离子体喷涂法、射频溅射法、气相法、喷雾热分解法、涂覆或化学附着后烧成法及金属真空蒸发高温氧化方法来进行制备。

9.6.3 磁性陶瓷材料及其应用

（1）软磁铁氧体　软磁铁氧体是目前各种铁氧体中品种最多应用最广泛的一种磁性材料，其通式为 $M^{2+}O\text{-}Fe_2O_3$，特点是起始磁导率 μ_0 高，这样相同电感量要求的线圈的体积可以缩小。对它的要求是磁导率的温度系数要小，以适应温度的变化；矫顽力要小，以便在弱磁场下容易磁化，也容易退磁而失去磁性。此外，它们的损耗因素要少、电阻率要大，适用于高频下使用。比较常用的软磁铁氧体有尖晶石型的 MnZn 铁氧体、LiZn 铁氧体，及磁铅石型的高频铁氧体如 $Ba_3Co_2Fe_{24}O_{41}$ 等。软磁铁氧体主要用于各种电感线圈的磁芯、天线磁芯、变压器磁芯、滤波器磁芯、录音机和录像机磁头等。软磁铁氧体又称为磁芯材料。由于软磁铁氧体易于磁化和退磁，作为对交变磁场响应良好的电子部件，广泛应用。大屏幕电视及精确显示电视的普及，加上办公自动化设备中开关电源的应用，使磁性材料市场日益扩大。

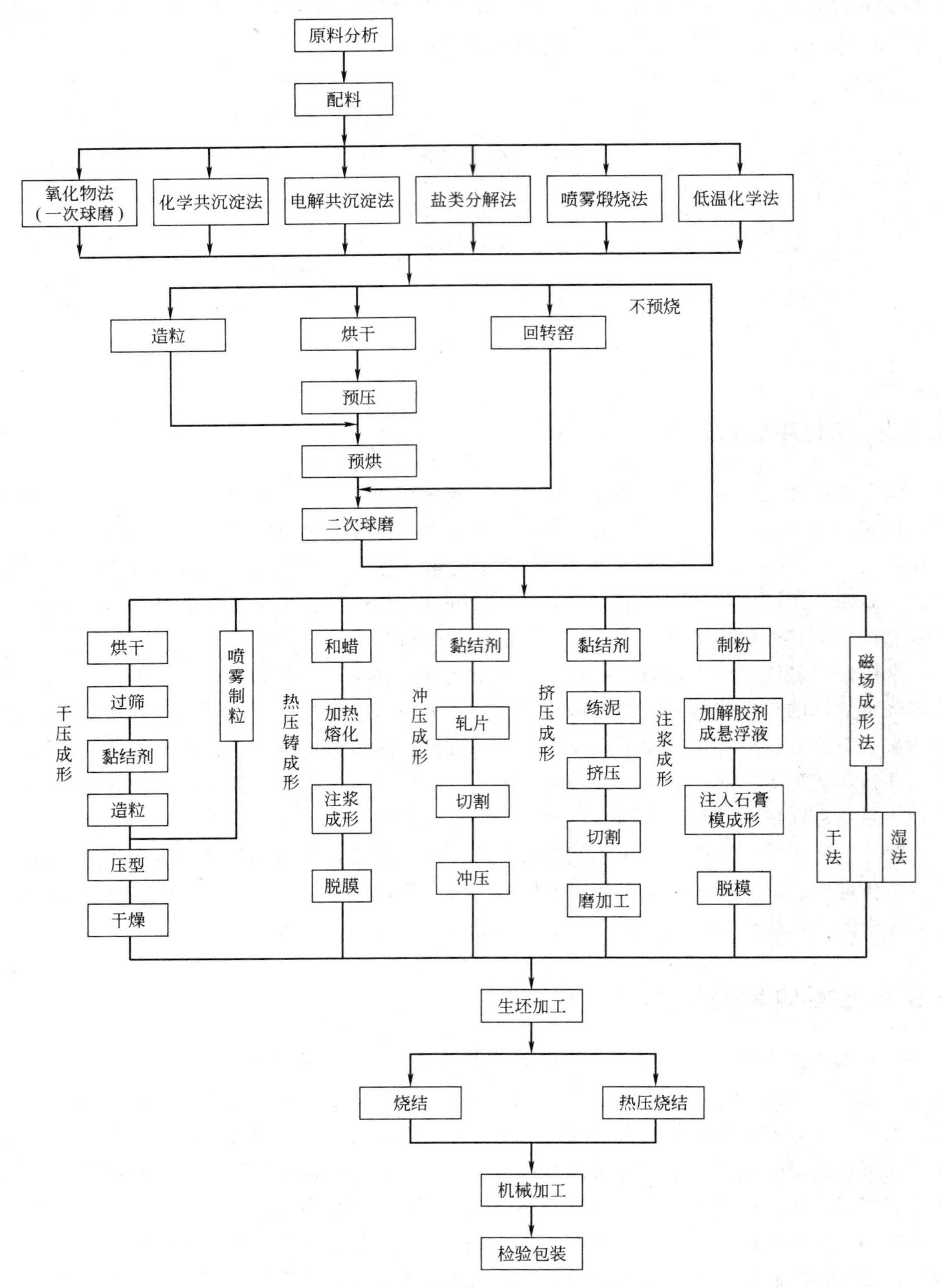

图 9-17 铁氧体生产工艺流程

通常在音频、中频及高频范围用尖晶石型铁氧体，如 Mn-Zn 铁氧体、Ni-Zn 铁氧体和 Li-Zn 铁氧体等；在超高频范围（大于 10^8 Hz）用磁铅石型铁氧体，如 Co-Zn 铁氧体。

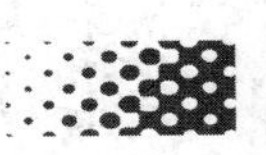

(2) 硬磁铁氧体　硬磁铁氧体又称永磁铁氧体，其矫顽力大，是一种磁化后不易退磁，能长期保留磁性的铁氧体，一般可作为恒稳磁场源。

硬磁铁氧体的主要性能要求与软磁铁氧体相反。首先要求矫顽力大，剩磁 B_r 大，较高的最大磁能积 $(BH)_{max}$，这样才能保证保存更多的磁能，磁化后既不易退磁，又能长久保持磁性。此外，还要求对温度和时间的稳定性好，又能抗干扰等。作为永磁材料，上面三个参数越大越好。

硬磁铁氧体的化学式为 $MO\text{-}6Fe_2O_3$（$M=Ba^{2+}$、Sr^{2+}），具有六方晶系磁性亚铅酸盐型结构。例如钡铁氧体可表示为 $BaO \cdot 6Fe_2O_3$，但实际材料中，当 $BaO:Fe_2O_3=1:(5.5\sim5.9)$ 时能得到最好的磁性能。

永磁铁氧体的性能除与配方有关外，还与制备工艺密切相关。因此在生产硬磁铁氧体的工艺过程中，延长球磨时间，并适当提高烧成温度（1100～1200℃）（过高烧成温度反使晶粒由于重结晶而长大），可有效地提高矫顽力。磁性亚铅酸盐型六方晶系，其 c 轴是易磁化轴，若在其粉末上附加磁场，则各微粒就沿其 c 轴的磁场方向整齐排列。把经高温合成和球磨过的粉末，在磁场下模压成型，烧结后可得到各晶粒沿 c 轴的磁场方向排列整齐的烧结物。除去磁场后，各晶粒的磁矩仍保留在这个方向上。这种各向异性硬磁铁氧体的磁能积要比各向同性的大 4 倍。

硬磁铁氧体主要用于磁路系统中作永磁材料，以产生稳恒磁场，如用于制作扬声器、助听器、录音磁头等各种电声器件及各种电子仪表控制器件，以及微型电机的磁芯等。

(3) 旋磁铁氧体　旋磁铁氧体又称微波铁氧体，是一种在高频磁场作用下，平面偏振的电磁波在铁氧体中按一定方向传播过程中，偏振面会不断绕传播方向旋转的一种铁氧体材料。偏振面因反射而引起的旋转称为克尔效应；因透射而引起的旋转称为法拉第效应。旋转铁氧体主要是用于制作微波器件。

由于金属磁性材料的电阻小，在高频下的涡流损失大，加之趋肤效应，磁场不能达到内部，而铁氧体的电阻高，可在几万兆赫的高频下应用，因此，在微波范围几乎都采用铁氧体。旋磁铁氧体主要用作微波器件，故又称为微波铁氧体。铁氧体在微波波段中具有许多特殊性质和效应，目前，主要利用铁氧体如下三方面特性制作微波器件：

① 铁磁共振吸收现象：用于制作工作在铁磁共振点的器件，例如共振式隔离器。

② 旋磁特性：用于制作各种工作在弱磁场的器件，例如法拉第旋转器等。

③ 高功率非线性效应：用于制作非线性器件，例如振荡器、参量放大器、混频器等。

法拉第旋转效应有反倒易性，当传播方向与磁场方向一致时偏振面右旋，相反时则左旋。利用这种旋转方向正好相反的特性，不仅可制调制器、调谐器等微波倒易性器件，还可用作大型电子计算机的外存储器-磁光存储器。因为通过控制这两种不同取向对偏振状态的不同作用，即可作为二进制的“0”和“1”，从而达到信息的“读”“写”功能。利用铁氧体这种磁光材料制作的存储器具有很高的存储密度（10^7 位/cm^2），比一般的磁鼓、磁盘存储器要高 $10^2\sim10^3$ 倍。

(4) 矩磁铁氧体　矩磁铁氧体是指具有矩形磁滞回线、矫顽力较小的铁氧体。矩磁铁氧体主要用于电子计算机及自动控制与远程控制设备中，用于制作记忆元件（存储器）、逻辑元件、开关元件、磁放大器的磁光存储器和磁声存储器。矩磁材料在磁存储器中主要用于制作环形磁芯，至今仍是内存储器中的主要材料，而且随着计算机向大容量和高速化发展，矩磁铁氧体磁芯也向小型化发展，现已能制造出 15.24×10^{-7}cm 的磁芯。

矩磁铁氧体磁芯的存储原理是这样的：利用矩形磁滞回线上与磁芯感应强度 B_m 大小相近的两种剩磁状态 $+B_r$ 和 $-B_r$，分别代表二进制计算机的“1”和“0”。当输进 $+I_m$ 电流脉冲信号时，相当于磁芯受到 $+H_m$ 的激励而被磁化至 $+B_m$，脉冲过后，仍保留 $+B_r$ 状态，表示存入信号“1”。反之，当通过 $-I_m$ 电流脉冲后，则保留 $-B_r$ 状态，表示存入信号“0”。在读出信息时可通入 $-I_m$ 脉冲，如果原存为信号“0”，则磁感应的变化由 $-B_r$ 变至 B_m，变化很小，感应电压也很小（称为杂音电压 V_n），近乎没有信号电压输出，这表示读出“0”。而当原存为信号“1”时，则磁感应由 $+B_r$ 变至 B_m，变化很大，感应电压也很大，有明显的信号电压输出（称为信号电压 V_s），表示读出“1”。这样，根据感应电压，就可判断磁芯原来处于 $+B_r$ 或 $-B_r$ 的剩磁状态。利用这种性质就可以使磁芯作为记忆元件，判别磁芯所存储的信息。

利用上述性质，还可以使磁芯作为开关元件，若令 V_s 代表“开”，V_n 代表“关”，便可得到无触点的开关元件。对磁芯输入信号，从其感应电流上升到最大值的 10% 时算起，到感应电流重又下降到最大值的 10% 的时间间隔定义为开关时间。铁氧体磁芯的开关时间 t_a 很小，约为 10^{-14} s 级。

利用上述性质还可以做成逻辑元件，把磁芯绕上不同的线圈并按一定的方式连接起来，就可得到能完成各种逻辑功能的逻辑元件。

常温下的矩磁铁氧体材料有 Mn-Mg 系、Mn-Zn 系、Cu-Mn 系、Cd-Mn 系等，在 $-65\sim+125$℃ 温度范围内的材料有 Li-Mn、Li-Ni、Li-Cu、Li-Zn 和 Ni-Mn、Ni-Zn 等，它们大多为尖晶石结构，使用较多的是 Mn-Mg 系和 Li 系。

（5）磁泡材料　磁泡材料是一种新型磁存储材料，应用广泛。

磁泡因用于计算机存储，因而引起人们的广泛注意与重视。所谓磁泡，就是铁氧体中的圆形磁畴。磁性晶体一般由许多小磁畴组成，在每个磁畴内部，原子中的电子自旋由于交换作用排列成平行状态，因而磁畴表现为自发磁化。磁畴之间由一定厚度的畴壁彼此相隔。由于各原子磁矩是逐渐由一个方向转到另一方向的，因此在磁畴壁上有交换能以及由晶体的磁各向异性加在一起的畴壁能。当它的单轴磁各向异性强度大于表面磁化引起的退磁场强度的自发磁化时，在退磁状态下出现弯曲的条状磁畴。这时磁畴的磁化方向只能取向上或向下任一种方向。垂直于薄片施加向下的磁场，逐渐增加磁场强度，有利于磁化向下的磁畴扩张，于是磁化向上的磁畴逐渐缩小，并且在磁场增加到一定程度时，磁化向上的磁畴便缩成圆柱状。这时，力图使磁畴扩大的静磁能与迫使磁畴缩小的磁场能及磁畴能的和，正好处于平衡状态，所以形成圆柱状的磁畴。如再继续加强向下方向的磁场强度，圆柱状的磁畴就会进一步缩小以至消失。正是这种圆柱状磁畴的形状以及在外加磁场控制下具有自由移动的特征，所以被称为磁泡。由于磁泡受控于外加磁场，在特定的位置上出现或消失，而这两种状态正好和计算机中二进制的“1”和“0”相对应，因此可用于计算机的存储器。

对磁泡材料，要求透明度尽量高，磁泡的迁移速率要快，材料的化学稳定性和力学性能要好。从目前已取得的研究成果看，正铁氧体 $RFeO_3$（R 是稀土元素）和石榴石型铁氧体是最合适的磁泡材料。而石榴石更优，其磁泡直径小，迁移率高，是已实用化的磁泡材料。它是以无磁性的钆镓石榴石（$Gd_3Ga_5O_{12}$）作衬底，以外延法生长能产生磁泡的含稀土石榴石薄膜。

由于磁泡的大小只有数微米，所以单位面积存储（记忆）的信息量非常大，鉴于此，作为记忆信息元件，人们自然寄希望于磁泡材料。磁泡存储器具有容量大、体积小、功耗小、

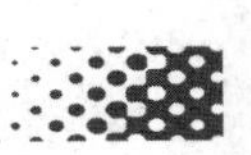

可靠性高等优点。例如，一个存储容量为1.5×10^6位的存储器体积只有$16.4cm^3$，消耗功率只有5～10W，而目前相同容量的存储器却要消耗功率1000W。

（6）磁记录材料　随着现代科学技术的发展，磁记录已广泛应用于社会生活的各个方面。主要的磁记录介质有磁带、硬磁盘、软磁盘、磁卡片及磁鼓等。从构成上看有磁粉涂布型磁材料和连续薄膜型磁材料两大类。对磁粉和磁性薄膜等磁记录材料一般有如下的要求：

a. 剩余磁感应强度B_r高；

b. 矫顽力H_c适当地高；

c. 磁滞回线接近矩形，H_c附近的磁导率dB/dH尽量高；

d. 磁致伸缩小，不产生明显的加压退磁效应；

e. 基本磁特性（B_r、H_c等）的温度系数小，不产生明显的加热退磁效应；

f. 磁层均匀，厚度适宜，记录密度越高，磁层越薄。

磁粉涂布层磁记录材料主要有下面三种：

① γ-Fe_2O_3磁粉。目前在录音磁带、计算机磁带、软磁盘和硬磁盘的制备中，主要是用γ-Fe_2O_3磁粉。制备针状γ-Fe_2O_3的过程为：a. 制备细小针状α-FeOOH晶体；b. 在上述晶种上生长所需尺寸的针状α-FeOOH；c. α-FeOOH脱水，制备α-Fe_2O_3；d. α-Fe_2O_3还原为Fe_2O_3磁粉。将Fe_3O_4氧化为γ-Fe_2O_3。

② 包钴的γ-Fe_2O_3磁粉。γ-Fe_2O_3磁粉掺入Co后，矫顽力明显增大，但由于加热退磁及应力退磁效应显著，尚未得到实用，而采用在γ-Fe_2O_3粒子上包敷一层氧化钴的方法，可制备矫顽力高达143.2kA/m的磁粉（Co的包敷量为质量分数9.6%）。

不论是γ-Fe_2O_3磁粉，还是包钴的γ-Fe_2O_3磁粉，均需用针状γ-FeOOH粒子为起始原料。γ-FeOOH的形貌对磁性有直接影响。若γ-FeOOH粒子具有枝杈，将在转变为α-Fe_2O_3的过程中被粉碎或在脱水过程中出现孔洞，致使磁特性被破坏。

③ CrO_2磁粉。CrO_2磁粉是1967年美国杜邦公司首先研制成功的。由于粒子的形貌很好，CrO_2磁带的录放特性非常好，缺点是磁头磨损大，化学稳定性较差。

连续薄膜型磁记录材料的制备可采用干法或湿法。溅射法，真空蒸镀法和离子喷镀法属前者，为物理方法。含有少量Co的γ-Fe_2O_3粉末是最近研制出的高磁能积磁粉。它通常采用溅射法制备。溅射γ-Fe_2O_3薄膜有以下优点：

① 用添加Co的方法容易控制薄膜矫顽力；

② 同基板黏着力强；

③ 不怕氧化，稳定性好；

④ 薄膜厚度和磁性的均匀性好；

⑤ 采用阳极化的高纯度铝合金基板，平直度和粗糙度均很高，容易减小磁头的浮动高度，提高磁记录密度。

参考文献

[1] 殷庆瑞，祝炳和．功能陶瓷的显微结构、性能与制备技术．北京：冶金工业出版社，2005.

[2] 徐政，倪宏伟．现代功能陶瓷．北京：国防工业出版社，1998.

思考题

1. 简述结构材料和功能材料的性能特点。
2. 简述常用的敏感陶瓷的特点。
3. 简述功能材料制备对原料的要求。